やっては
いけない
原発ゼロ

澤田哲生

エネルギーフォーラム

図4-1 2011年4月末の空間線量率

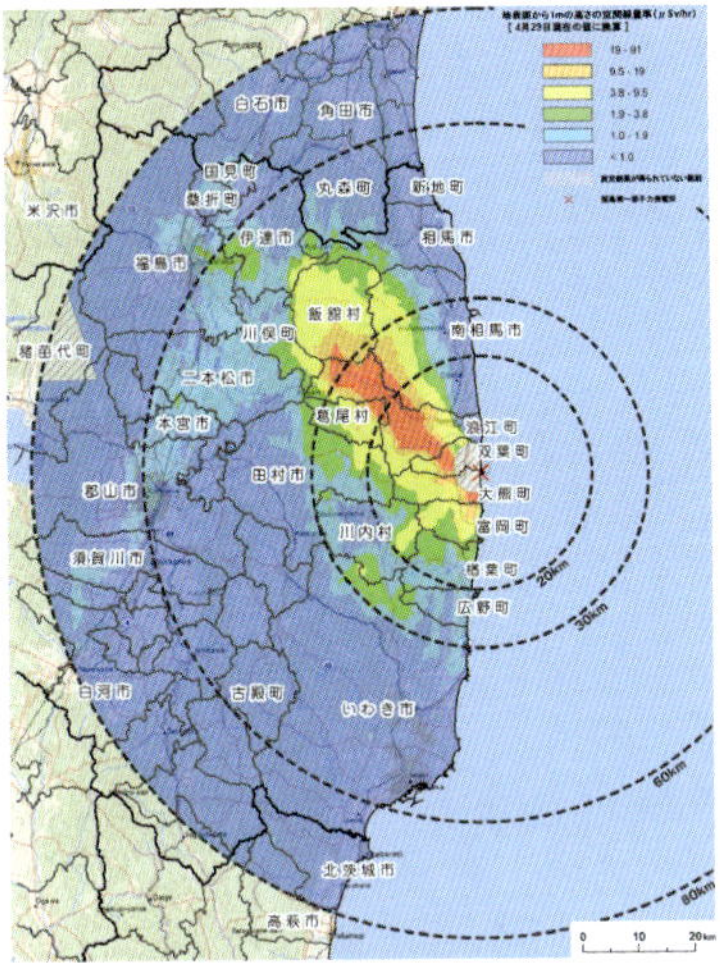

出典：文部科学省・米国 DOE

図4-2 2012年の空間線量率

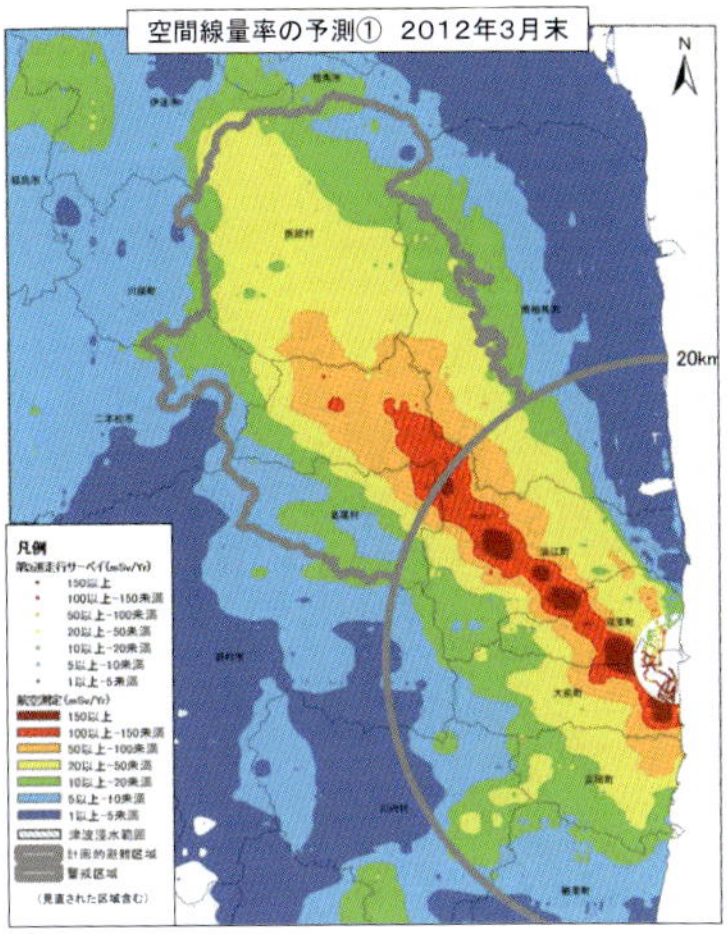

出典：復興庁

図 4-3 2017 年の空間線量率

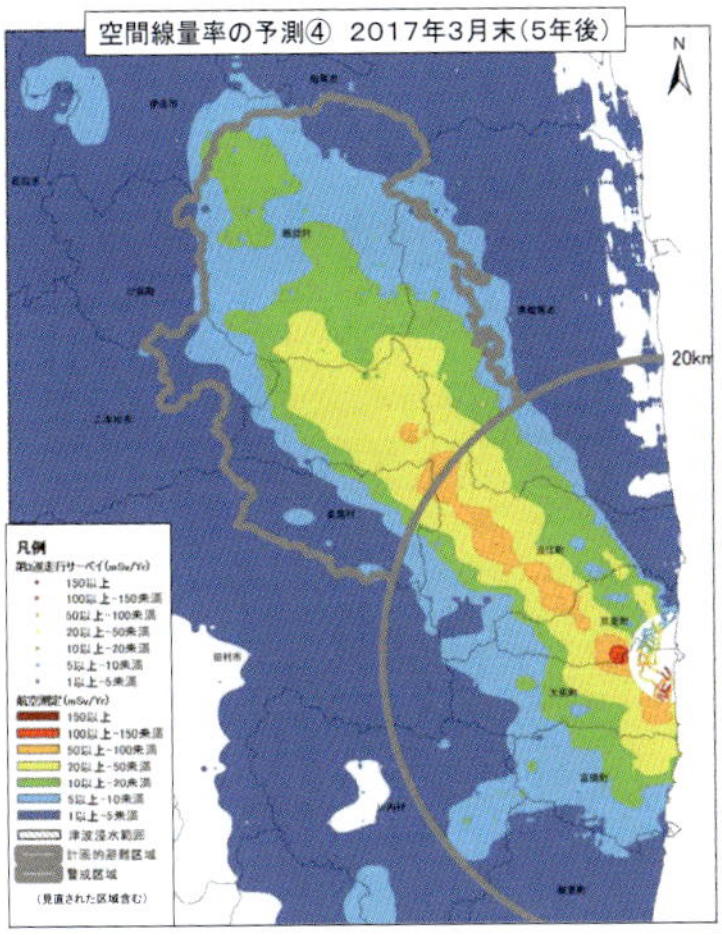

出典：復興庁

図 4-4 2022 年の空間線量率

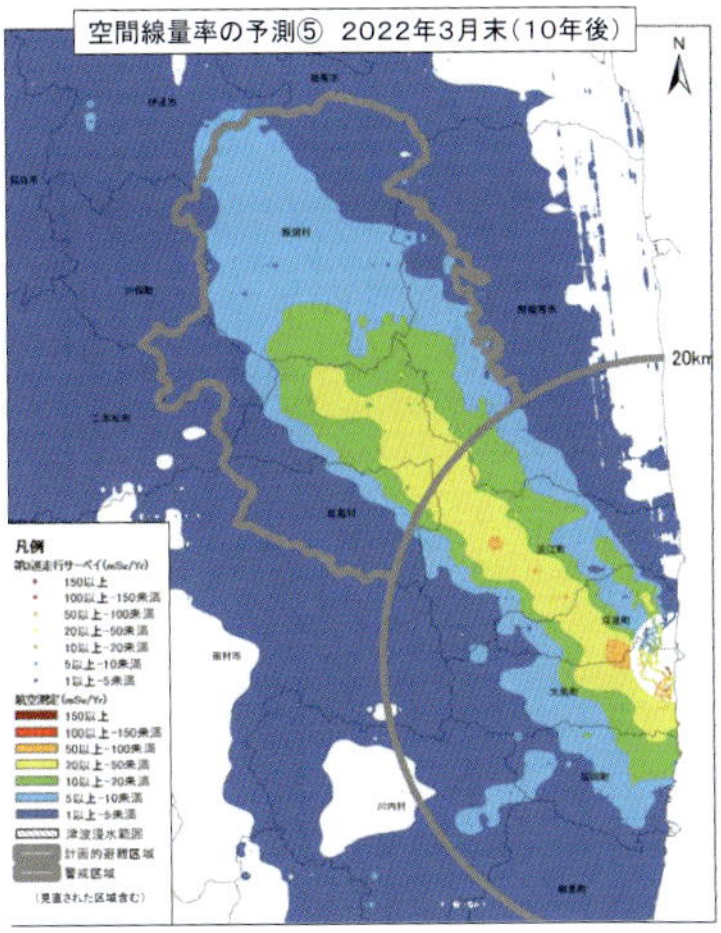

出典：復興庁

図 6-6　科学的特性マップ

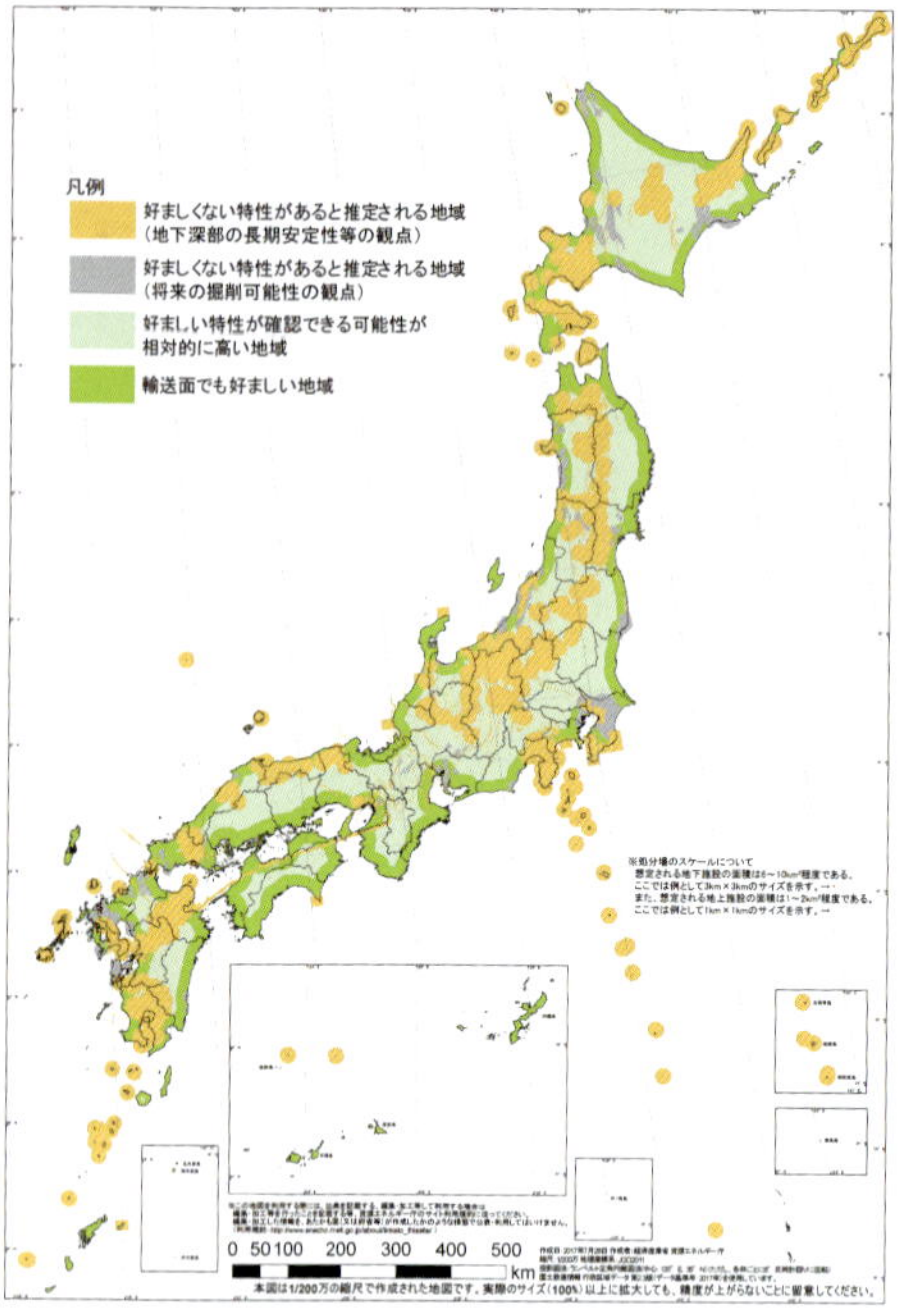

出典：原子力発電環境整備機構

図 6-7　首都圏の科学的特性マップ

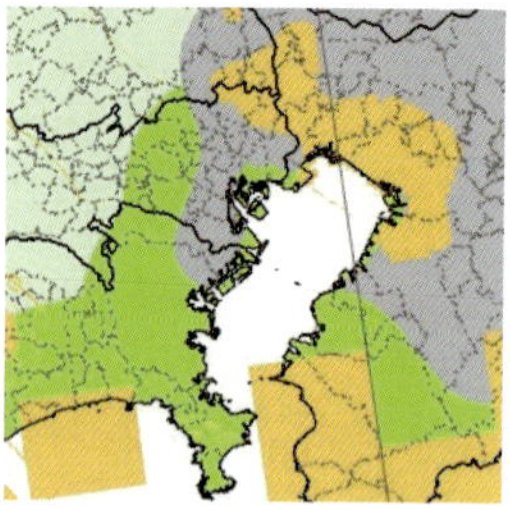

出典：原子力発電環境整備機構

図 6-8　京阪神の科学的特性マップ

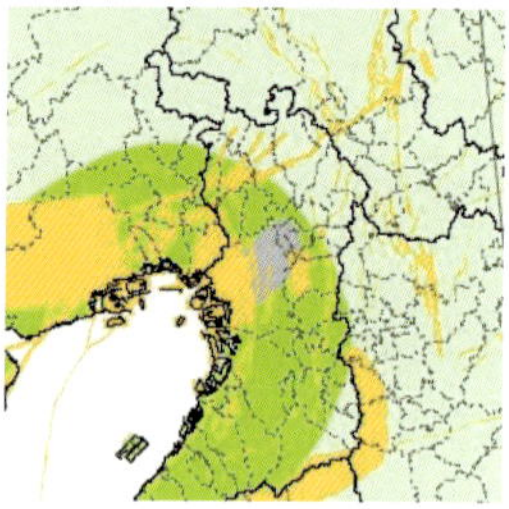

出典：原子力発電環境整備機構

図 10-1　2017 年 4 月 30 日（日曜日）の九州電力需給実績

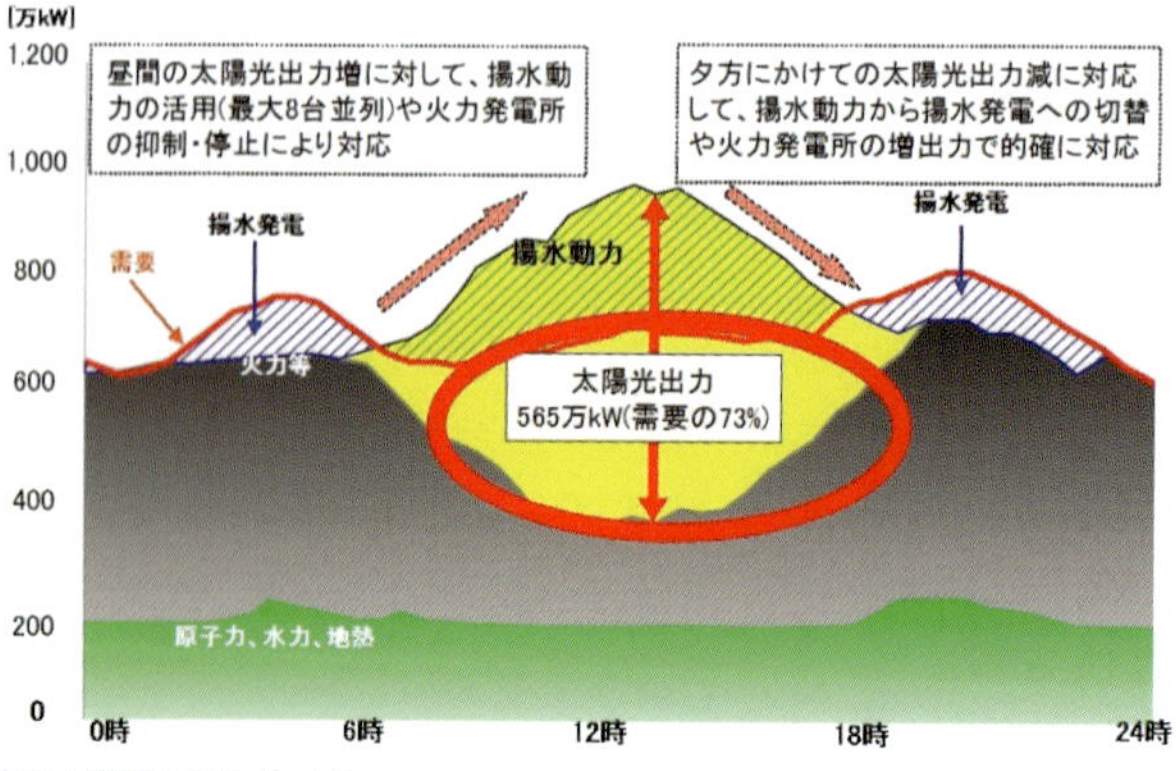

出典：資源エネルギー庁

まえがき

私がこの本を書きたい、いやむしろ書かなければならないと思った動機は、一人の中学生の新聞投書にありました。2018年の3月初旬のことでした。この中学生は、〃原子力発電を日本は推進すべきか、抑制すべきか。先日、学校の授業で、原子力発電についてより深く理解するために、社会科の先生、化学科の先生、そして大学からお呼びした原子力の研究者から三つの違う視点の講義を受け、濃密な学習をすることができた〃と書いています[※1]。

分野のまったく異なる3つの講義によって、より幅広い考え方に出会うことで、より良い方向性を探っていけるのだと思ったとも言っています。そして、〃若者は自分が既に知っている少しの情報だけで、つまり独断と偏見で物事を決めつけがちである。私も気づかずにそうしていたのだろう。より柔軟な考えを持てる大人になれるよう努力したい。〃としめくくっていました。

小泉純一郎さんの書かれた『原発ゼロ　やればできる』をはじめとして、今世の中の書店を覗いたり、ネットで検索したりしますと、「原発ゼロ」「脱原発」の本や情報はたくさん出まわっています。

一方、「原発が必要」といった主張やその根拠は世間にはほとんど出まわっていません。

日本から外に目を向ければ、世界は決して脱原発に向かっていません。むしろ、原発の利用を拡大する方向に向かっています。その理由も本書で示したいと思ったのです。

２０１６年12月に東京工業大学で『甲状腺検査って……どうなんだろう?』と題して白熱教室を開催しました。

東日本大震災で起きた福島第一原発の事故をふまえて、県内の子どもたちの健康を長期的に見守るために福島県が甲状腺（超音波）検査を実施しています。このことについて予備知識がなくてもよいから一から考えてみようという試みでした。※2
福島県浜通りから来た高校生が自分たちの体験や思いを語り、それを起点にして、首都圏から参加した高校生20名ほどとの間で対話が繰り返されました。

このような催しを開いた理由は、福島県の高校生たちが、長期にわたる低レベルの放射線の影響について〝相場観〟を持ちたいと考えていることにありました。

このなかなか一筋縄ではいかない低レベルの放射線被ばくに関して、新しい理論がここ数年で切り開かれて来ています。その内容も本書で紹介します。

２０１８年の12月には、全国から集まった中学生や高校生とともに、青森県の六ヶ所村を訪ねました。

それは高レベル放射性廃棄物の最終処分について学び、対話する会でした。その中でのハイライトのひとつは、核燃料サイクルの施設が誘致される前の時代から長年地元で暮らしてきた3名の女性との対話でした。この方々は、自分たちが一時的であれ、高レベル放射性廃棄物のガラス固化体を中間貯蔵している、そこに寄せる思いを都会の人々、特に若い人たちと共有したいという熱い思いがありました。

福島県や新潟県の原子力発電所で作られた電気は、その全部が首都圏で使われていました。その結果として出てきたのが〝核のごみ〟つまり放射性廃棄物なのですから。その一部が今、六ヶ所村で一時的に保管されています。自分たちの使った電気を他県に依存してきました。そのごみの一部も今、本州の北の果てにある。このことは都会からきた生徒たちには重い事実です。

今や〝出稼ぎ〟という言葉もピンとこない生徒たちには、自分たちのお祖母さんと同じぐらいの世代の女性の方々の話には驚くことばかりだったようです。そして、現在は一時的に保管されているガラス固化体を将来どこに持って行くことができるのかということへの関心が一層深まったようでした。

この問題に無関心であることや知識がないことによってある種の分断が生まれており、それを埋めたいという思いが沸き起こってきたのではないでしょうか。知りたいという欲求や共感したいという心がなければ何かを共有することはできません。共有しているものがなければ、分断の隙間が容易に生まれます。

私は、日本の試験施設である岐阜県の瑞浪超深地層研究所も北海道の幌延深地層研究センターにもなんども足を運んでいますが、２０１９年の９月には、フィンランドの最終処分施設『オンカロ』を視察する機会を得ました。オンカロの坑道に入って現場をこと細かに視察して私が思ったことは「これなら日本にも〃オンカロ〃はできる」でした。

２０１３年にオンカロを見て「これは日本ではとてもできないと思った」と言ったという小泉さんとは真逆の実感を持ったのです。

２０１９年の３月中旬、都内の高校生約20名と引率の先生方が福島第一原子力発電所、被災した富岡町、そして新設されているメガソーラーの現状を見に行く機会があり、私も同行させていただきました。

参加した生徒さんのひとりの感想が、同年３月22日の朝日新聞朝刊・声に掲載されました。

被災地を訪れ痛感した「分断」

畠山　粋（高校生　16）

福島の原発事故について学校で学習していたから知っているつもりでした。しかし先日、スタディーツアーで被災地の現状を見て、ほとんど何も知らなかったことに気づきました。

2日間の滞在中、道を歩く住民の方には一度も会いませんでした。富岡町の夜の森地区には帰宅困難区域との境目がありました。他の街でも家の前に張られたバリケードを見ました。ご近所なのに、自宅に戻れる人と戻れない人がいます。避難指示が解除されて、戻りたい人もいれば戻りたくない人もいます。

福島の人と東京に住む私たちの間にも意識の差があると感じました。私たちは東日本大震災の記憶がある最後の世代だと思います。被災地についてもっと関心を持って理解し、3・11で生じた溝を埋められるよう努力すべきだと感じています。

私はこの本を、〝今ある分断〟を埋めることに役立ててほしいという思いで書きました。なぜ、この分断が生じてしまったのでしょうか。世の中には意図して分断を生み出そうとする人もいます。そして、発言力の大きい一部の人々がその分断をさらに深めている現状には立ち尽くすような思いしかありません。

分断と対立の先にはたしてどんな未来があるでしょうか。

私たちは原発や放射線の問題にどのように向き合っていくべきなのでしょうか。

未来を背負っていく若い世代や私たちに、問題を抱えながらこれからできることは何でしょうか。

私たちにできることは、まず、知ろうとすることではないでしょうか。あることを知ろうと思えば、その知識を得るチャンスは意外にも身近にあるものです。ひとつの手がかりが得られれば、そこからどんどんと繋がりが広がって行く――そんな道が目の前にひらけてくると思います。

その問題が重要だと気がついていても、面倒臭いと思ったり、興味がわかなかったりなどの理由で、知ろうともしない人が結構多いのが現実ではないでしょうか。あるいは自分にとって心地よい話だけに耳を傾けてしまっているのではないでしょうか。

そのような思いの底には、面倒なことは「他人事」として済ませ、できるだけそれには近寄りたくない、つまりNIMBY（Not In My Backyard）があるのではないでしょうか。

私たち専門家の役割のひとつは、このような他人事あるいは他人任せにしている人々に対して、それが実は〝自分ごと〟なのかもしれないと考えるきっかけをつくるお手伝いをすることではないかと考えています。

本書がそのようなお手伝いの端緒になればと願ってやみません。

※1　毎日新聞２０１８年3月3日　東京朝刊　みんなの広場　異なる意見聞き考え柔軟に＝中学生・小澤杏子・15　https://mainichi.jp/articles/20180303/ddm/005/070/032000c

※2　http://chihoyorozu.hatenablog.com/entry/2016/12/14/045724

目次

トリチウム処理水とは／地球上にはどこでもトリチウムがある／トリチウムの健康影響／原発から日常的に放出されているトリチウム／東京電力福島第一原子力発電所のトリチウム処理水／韓国も福島第一のトリチウムに匹敵する量を環境に放出している／トリチウム処理水の今後―サブドレンのトリチウム水はすでに流している―風評被害――100ベクレルの轍／小泉環境大臣の姿勢について

第1章

なぜ私は原子力をやり続けたほうが良いと思うのか

SDGsから見る

なぜ私は原子力をやり続けたほうが良いと考えるのかを、次の3つの点から説明したいと思います。

①エネルギーセキュリティ（エネルギーの安定供給）

②リサイクル

③気候変動

これらは、国連が推進するSDGs（エスディージーズ）と深い関わりがあります。SDGs（Sustainable Development Goals）とは、2015年9月の国連サミットで採択された「持続可能な開発のための2030アジェンダ」にて記載された2016年から2030年までの国際目標です。17項目からなります。

このうち特に、目標7：エネルギーを皆に、そしてクリーンに、目標12：つくる責任つかう責任、そして目標13：気候変動に具体的な対策を、について原子力の果たす役割にきわめて大きいものがあると思います（図1－1）。

それらを順に見ていきましょう。

図 1-1 SDGs

出典：外務省

安定的で安価な原発による電気はエネルギーセキュリティに欠かせない

ＳＤＧｓの７番目の目標は、すべての人々に手ごろで信頼でき、持続可能かつ近代的なエネルギーへのアクセスを確保することです。

原子力発電は、再生可能エネルギー（再エネ）とは違い天候に左右されずに昼夜コンスタントに運転ができます。つまり、とても安定した電源なのです。しかも夜間の電力需要は昼間よりも少ないので、需要と供給のバランスから夜間電力は昼間より安価に設定でき、夜間に操業がシフトできる製造業などにとってはとてもありがたい電源になります。

エネルギーセキュリティの要はエネルギー自給率

日本にとって第二次世界大戦は、石油を確保するための戦争でした。ＡＢＣＤ包囲網とは、１９３０年代後半から日本に対して行われた経済封鎖の名称です。America（米国）、Britain（英国）、China（中国）、Dutch（オランダ）によって経済制裁が行われたのです。特に１９４１年８月には、日本に対して石油の全面禁輸が実施されました。これを契機に石油を絶たれた日本は戦争へと突き進んでいったのです。１９４１年12月８日の真珠湾攻撃です。

１９７０年代に二度にわたってオイルショックが起きて、原油価格は高騰し、日本には大きな経済的混乱が起こりました。特に１９７４年には、物価が前年比で23％も上昇しました。

このように重要なエネルギー資源を海外に依存していたために、戦争や経済的な大混乱が国民を苦しめたのです。そのような苦い経験から、日本はなんとかしてエネルギーの自給率を上げようとしてきたのです。

日本は、世界第４位のエネルギー消費国ですが、２０１５年のエネルギー自給率はわずかに８％です（図１‐２）。これは先進国の中でも非常に低い値です。

つまり、エネルギー資源のほとんどをいまだに海外からの輸入に頼っているのが私たちの実情です。

原子力発電では、燃料のウランの費用が発電コストに占める割合が低く、また、いったん

図 1-2　主要国のエネルギー自給率 2015 年　（日本：2016 年）

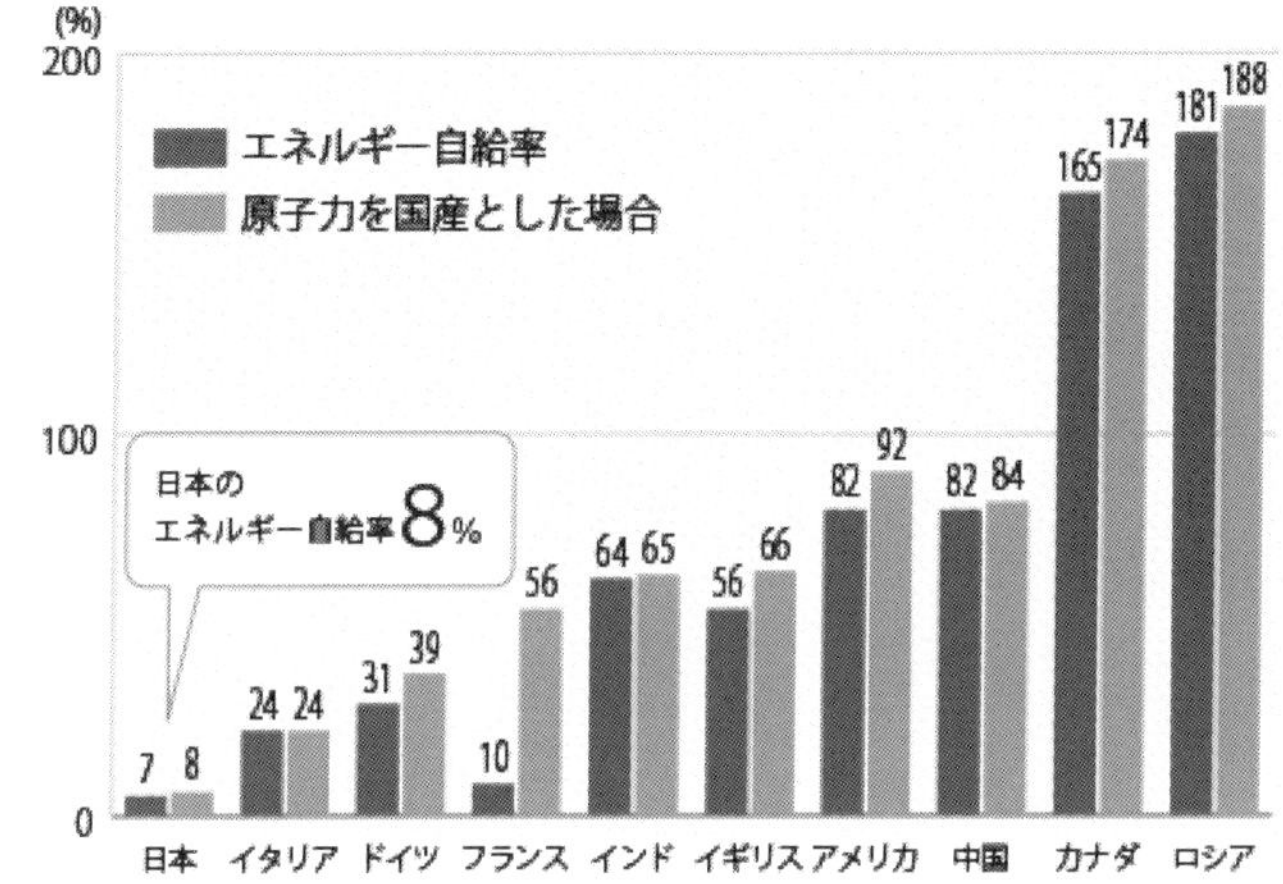

出典：東京電力

輸入すれば非常に長期にわたって使い続けることができます。そのために、原子力発電で得たエネルギーは準国産エネルギーと見なされています。

日本のエネルギー自給率の推移を見れば、１９８０年代から原子力発電の比率が増えて行き、３・11前は自給率が約20％ありました。

フランスは日本同様、化石燃料資源に乏しい国ですが、原子力で８割近い電力を賄っているので、原子力を含めたエネルギー自給率は56％になっています（図１－３）。

化石燃料の安定供給を脅かす
——シーレーンとは何か

原子力発電の燃料の原料になるウランは、主にオーストラリアやカナダなどから輸入し

図 1-3　日本のエネルギー自給率の推移

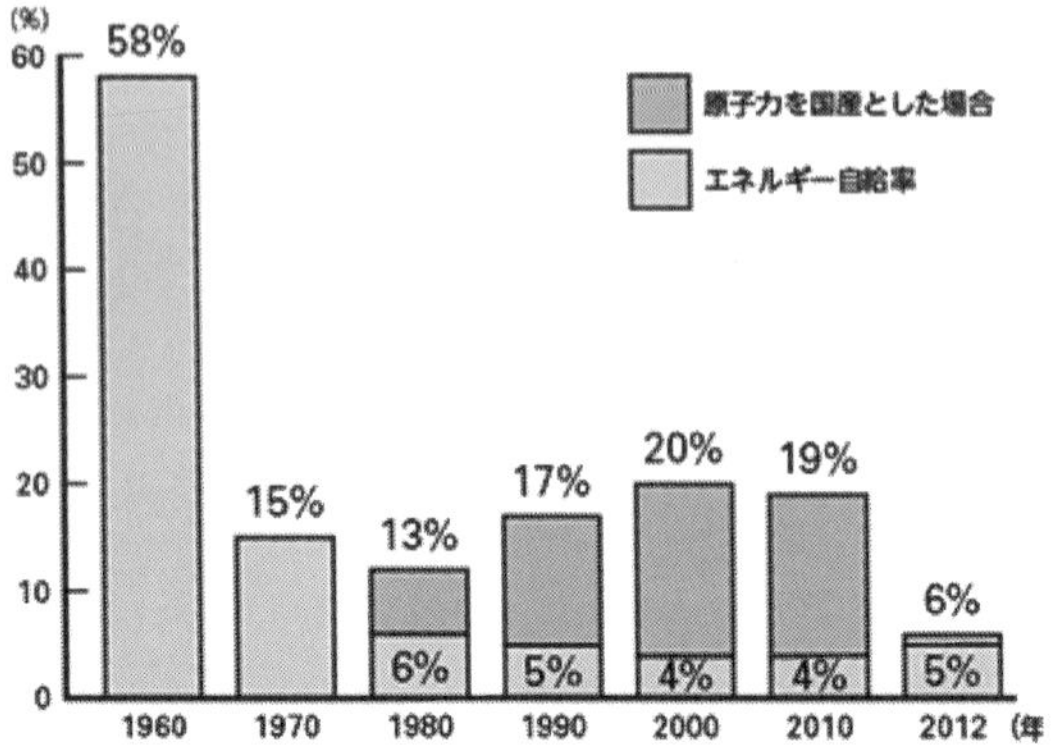

※生活や経済活動に必要な一次エネルギーのうち、自国内で確保できる比率をエネルギー自給率という。原子力の燃料となるウランは、一度輸入すると数年間使うことができることから、原子力は準国産エネルギーと位置づけられている。

出典：資源エネルギー庁

ています。これらの国々は日本の友好国であり、政情も安定していますので、ウランが供給されなくなるという事態はとても考えにくいです。

一方、火力発電に用いる石炭、天然ガス、石油も１００％輸入に頼っていますが、輸入先の国々には、中東や東南アジアのように政情があまり安定していない国々が含まれています。石炭タンカーが一度に運べる量は、４万～８万トン程度ですが、火力発電所は、その量の石炭を２、３日で消費してしまいます。天然ガスや石油も同様です。そのために、輸出国から日本までの海上輸送路には、石炭、石油、天然ガスを運ぶタンカーがまさに数珠つなぎになっているわけです。中東のホルムズ海峡に出没する海賊は有名ですが、海

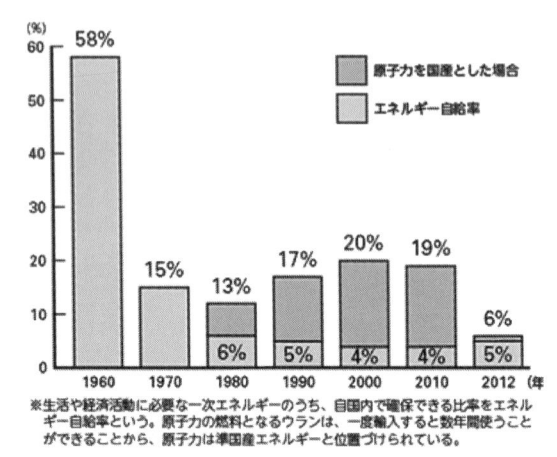

賊よりもより大きな脅威があります。それは、お隣の中国です。「一帯一路」の掛け声のもと、中国が世界中の港湾の要所要所を影響下におき始めています。また、日本にとっては海上輸送の生命線ともいえる南シナ海では、南沙諸島に中国が人工島を盛んに建造し、自国の軍事拠点にしています。その気になれば、いつでも海上封鎖ができる体制を着実に敷いているのです。

このようなユーラシア大陸の東南縁辺に沿って流れる海上輸送路をシーレーン（sealane）と言います。シーレーンは、日本をはじめとするアジアが牽引するグローバルエコノミーを支える物流の大動脈です。

このシーレーンを実効支配することが中国の重要な目標になっています。そうなれば、日本が輸入に頼っている化石燃料の輸送路は、中国の意のままになってしまうわけです。化石燃料、特に石油や天然ガスは、普段は見えにくいのですが、そういった不安定な供給路に依存しているわけです。

日本が石炭を最も多量に輸入しているのはオーストラリアなので、石炭船は南シナ海を通らないから大丈夫と考えるかもしれません。それは大きな間違いです。石油の供給が途絶えれば、石炭や天然ガスなどの他の化石燃料の価格が高騰するなどの影響が、ドミノ倒し的に及んで大混乱になるのです。

図 1-4　日本の生命線シーレーンと南シナ海

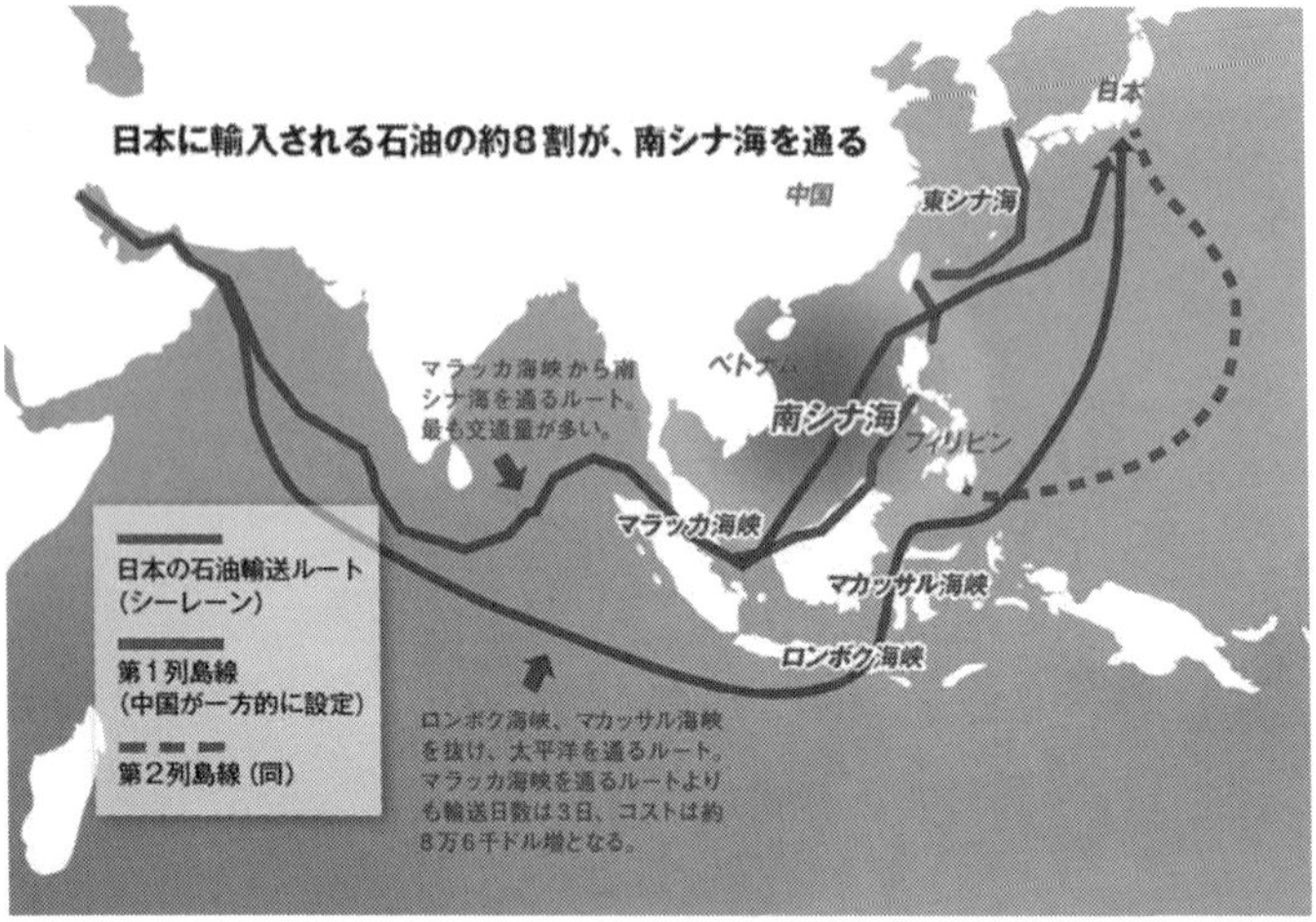

また、図1‐4中の第一列島線および第二列島線とは、中華人民共和国の軍事戦略上の〝線引き〟がここにあるということを示しています。中国の戦闘力の影響範囲をここまで広げていくという目標線です。これらの線が対米防衛線になるわけです。第一列島線の中には沖縄や尖閣諸島も含まれています。

原子力は大きなエネルギー備蓄基地

原子力発電では、いったん炉心に燃料を入れて発電を始めると、最長で3年程度は燃料の補給がなくても発電をし続けることができます。

原子力発電の場合、100万キロワットの発電所を1年間運転するためにはウラン燃料が約21トン必要です（図1‐5）。

図1-5　100万kWの発電所に年間必要な燃料

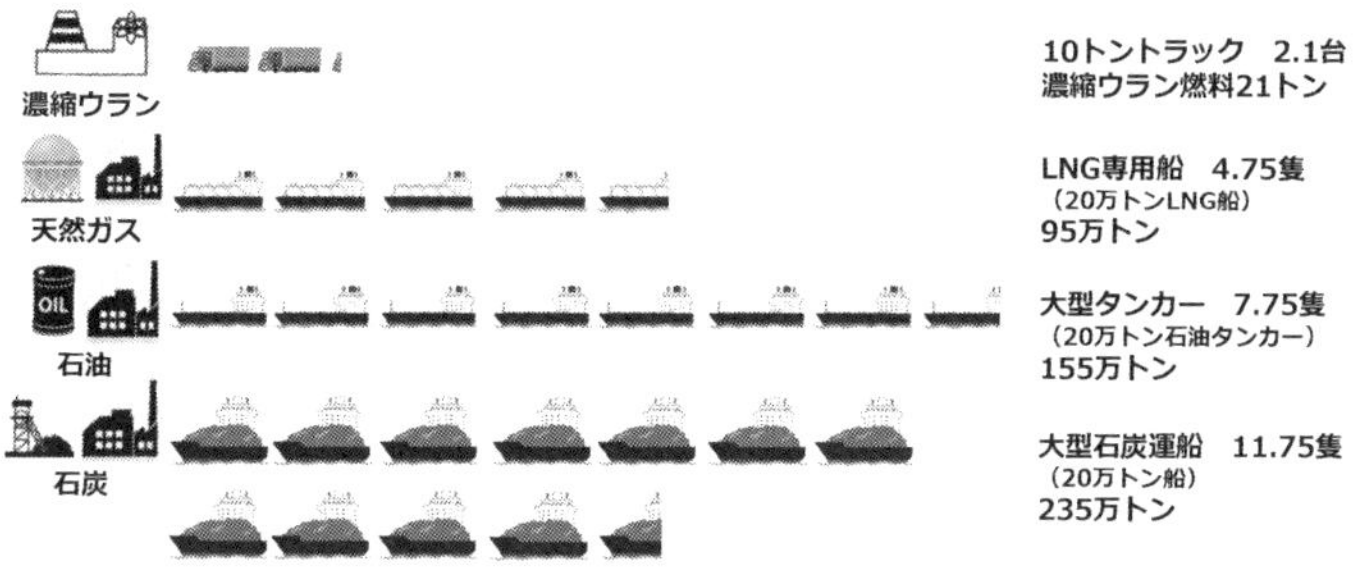

出典：資源エネルギー庁

一方、１００万キロワットの火力発電所を１年間運転するには、天然ガスなら95万トン、石油では１５５万トン、石炭の場合には２３５万トンが必要です。しかも、これらの化石燃料はタンカー１隻分を２、３日で消費してしまいます。かたや、原発は3年です。ざっくりいって３００倍も長期間燃料補給なしに電気を生み出し続けるのです。まさに原発は〝電気を生みつつ備蓄している〟といえるでしょう。この備蓄性能は、日本のような資源小国にとってはとてもありがたい性質です。

エネルギーセキュリティ（エネルギー安全保障）の要は、エネルギーの安定的な供給ですから、原子力発電は、日本のエネルギーセキュリティに欠かすことのできない選択肢であると私は考えます。

MOTTAINAI!——原子力を手放すことは

２００４年にケニア人女性のワンガリ・マータイさんが

ノーベル平和賞を受賞しました。そのマータイさんが２００５年に講演などに招待されて日本にやってきました。マータイさんが日本で最も感銘を受けたのが「もったいない」という日本語です。この言葉に込められた〝まだ役に立つのに無駄にするのは惜しい〟という思いが、マータイさんが日頃考えてきた思いにぴったりと一致したのです。

マータイさんは、長年の環境問題を解決する活動に心血を注いできました。その活動の合い言葉が「３Ｒ（リデュース・リユース・リサイクル）」でした。そして日本語の〝もったいない〟という言葉が、３Ｒをたった一言で見事に言い表していることを知ったのです。

そこで、マータイさんは英語で〝MOTTAINAI〟と綴り、そこに込められた３Ｒの考え方を世界に広めようと、今日までさまざまな活動をしてきています。私たちの住む地球は、多種多様で深刻な脅威によって破壊される危機にあります。そのような危機を減らすには、資源のムダづかいをなくし（リデュース）、使える物はとことん再利用（リユース）し、リサイクルできるものはとことんサイクルをして使い倒す（リサイクル）のです。

太陽光発電が残す有毒ゴミ

太陽光パネルの普及の勢いは凄まじいものがあります。太陽光パネルの寿命は20年程度とされています。ですから、いま敷設されているパネルも20年経てば廃棄物になります。

太陽光パネルは表面がガラスで覆われているのでわかりにくいですが、その中身はシリコンウエハーです。この太陽光パネルの本体にはさまざまな有害物質が含まれています。代表的な有害物質はガリウムヒ素やカドミウムです。ヒ素は発がん性のある猛毒物質です。カドミウムは肝臓障害から骨軟化症を引き起こします。日本では、カドミウムの環境汚染でイタイイタイ病が発生し、社会的な大問題になりました。

太陽光パネルは、このような毒物を含みますので、劣化して雨水にさらされると溶け出して環境を汚染し、人に悪い影響をもたらすことが考えられます。このようなことは今のところあまり問題にはなっていませんが、パネルが大量に敷設されて自然災害などによる破損や長期間の使用による劣化が進めば大問題化する可能性があります。太陽光パネルのリサイクル技術はまだありません。廃棄するにはお金がかかりますので、このままでは、寿命を終えたパネルが人家の屋根や環境中（丘陵地、河川敷、田畑など）に放置されそうです。

図１‐６は、低圧の太陽光発電所を運用している事業者への調査結果です。やがてくる廃棄に備えて、その資金を確保しているかどうかですが、74％が確保していないと答えています。低圧とは発電規模が50キロワット以下の太陽光発電所です。高圧の場合でも54％が確保していないと答えています。

３・11以降、急速かつ大量に太陽光パネルが日本に設置されましたが、今から20年以上経

図 1-6　太陽光パネルの廃棄・リサイクルの費用を確保しているのか

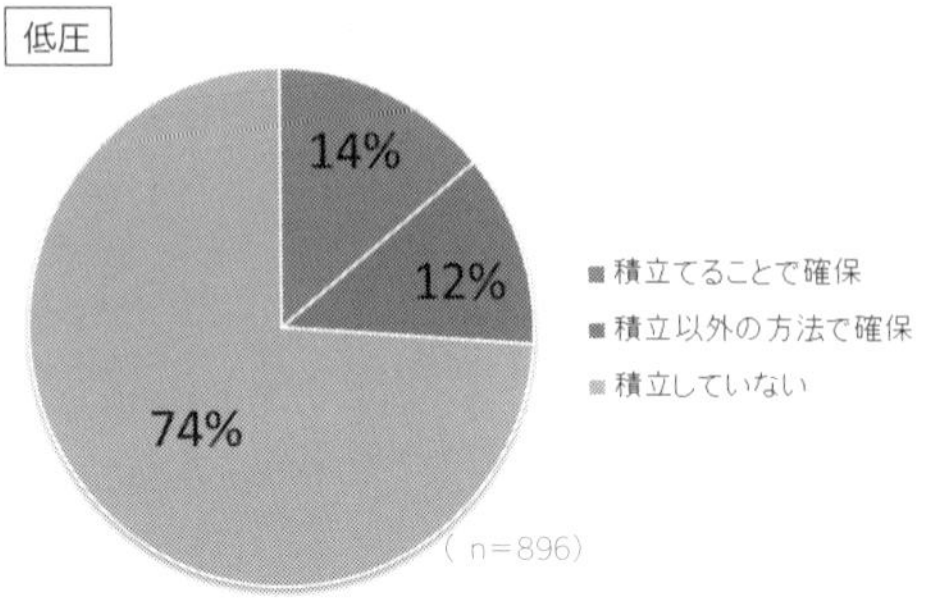

出典：経済産業省

つと、それらが一斉に廃棄物になり始めます。

環境省の試算では、２０３０年代から廃棄物が増えて、もっとも多い年で年間に80万トンのパネルが廃棄物になります。２０４０年代に向けて一時的に落ち込みますが、その後もじわじわと増えていく見込みです（図１‐７）。

このように、太陽光発電が本当に環境に優しいのかどうかについては大きな疑問が残ります。

原発のリサイクル能力

原子力発電所から出てくる〝核のごみ〟つまり使用済みの燃料は、そのリサイクルの方法が確立しています。まだ本格的な運転には至っていませんが、青森県の六ヶ所村に、原発から出てきた使用済みの燃料を再処理する施設があります。

日本で動いている原子力発電所は、軽水炉といわれるタイプです。軽水炉で使った燃料は、リサイクルして再

図 1-7　太陽光パネルの廃棄量の予想

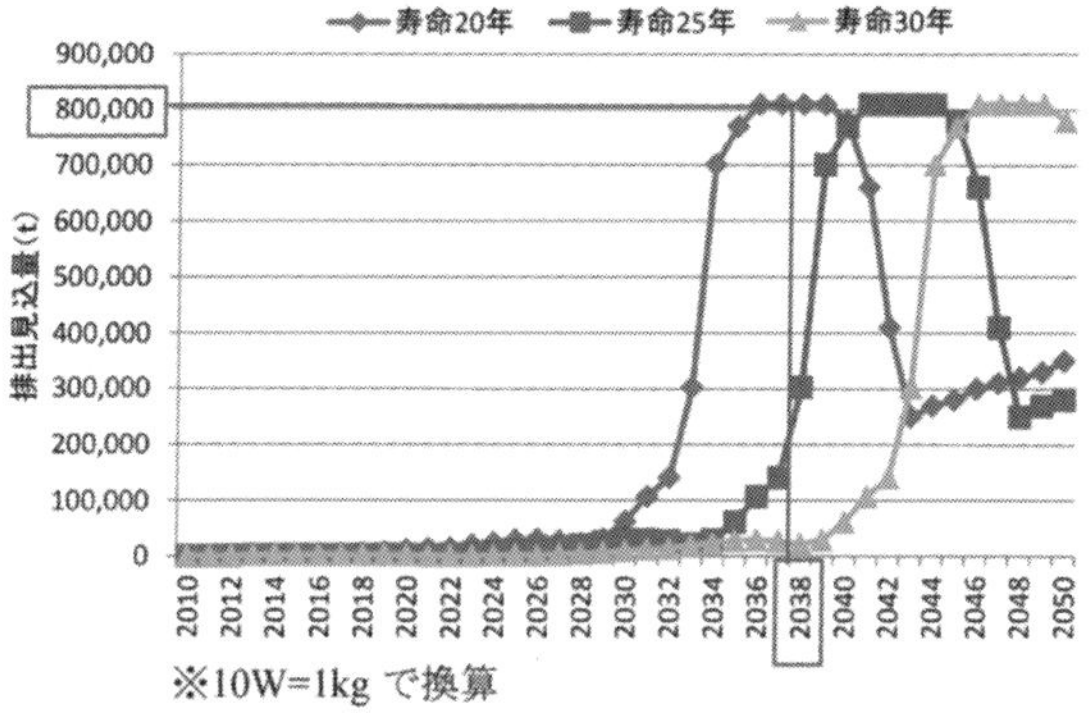

出典：環境省

利用できる燃料を取り出してまた使います。ただし、取り出した燃料が少し劣化するので、一回しかリサイクルできません。軽水炉では、最初に炉心に入れた燃料の1%程度しか使っていません。リサイクルしても数%程度の利用率です。残りの90%以上は利用しないことになってしまいます。これは「MOTTAINAI」。そこで科学者たちが考案したのが、高速増殖炉です。高速増殖炉では、使用前と使用後で炉心全体でならしてみると燃料が劣化しないようにすることができます。そうすると、リサイクルも1回だけではなく何回もできるようになります。これをマルチサイクルと呼びます。

　マルチサイクル実現の要は、高速増殖炉と再処理施設です。日本は、高速増殖炉の原型炉〝もんじゅ〟をやめてしまうと決めましたが、マルチサイクルの実現に向けた開発研究は、今後も進めていく方針に

図 1-8
世界の５つの原子力利用国家はマルチサイクルを目指している
(© 河田東海夫)

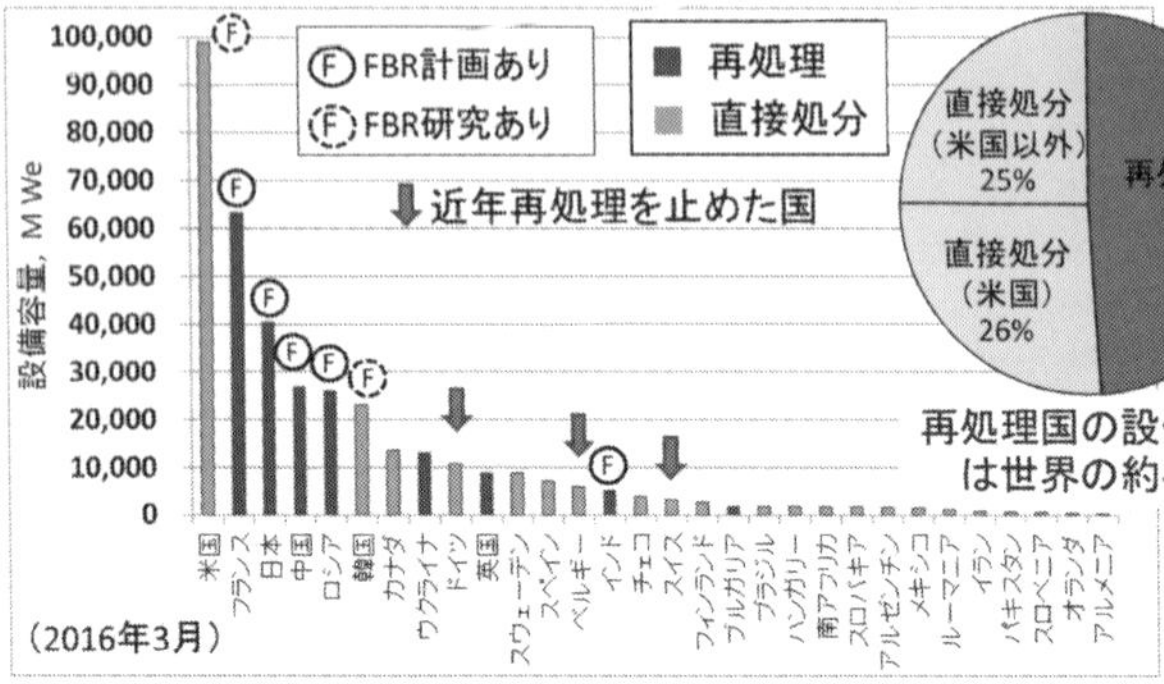

- 大国では米国のほうがむしろ例外⇔エネ資源と土地が豊かな国
- 再処理国は将来高速増殖炉サイクルを目指す
  → 長期的な資源有効利用と高レベル廃棄物処分の負担軽減
- 近年再処理を止めたのは、脱原発国か小原発国のみ

は変わりがありません。ところで、世界では、一体どれほどの国々がこのマルチサイクルを目指しているのでしょうか。

図１‐８は、世界で原子力発電を行っている国々を、再処理をしている、あるいはしようとしている国と、一回きりで使い捨て（これを直接処分と言います）にしようとしている国に分類したものです。

原子力に積極的な国は、米国を除くと高速炉と再処理を軸にして、核燃料を徹底的に使い回すことを目指しています。米国は、シェールオイルやガスのおかげもあって、今やエネルギー資源が不足していないという事情があります。再処理を行っている国は、高速増殖炉と組み合わせたマルチサイクルの実現を目指しています。近年、再処理を止めたのは、ドイツ・ベルギー・スイスといった脱原発国や原子力による発電量がそもそもあまり多くない国です。

気候変動を抑えるために原子力の力は大きい

最近では２０１８年の夏の〝7月豪雨〟は、その前年に続いて広島地域はじめ広範に大きな被害をもたらしました。かってはなかったような集中豪雨が日本の各地を襲う事態が頻発しています。集中豪雨のみならず台風も然りです。同年9月4日に徳島県に上陸した台風21号は〝スーパー台風〟と呼ばれ、近畿地方を中心に大きな被害を出しました。関西国際空港が高潮で冠水し、強風で流されたタンカーが空港連絡橋に衝突したために、空港が孤立してしまったことは記憶に新しいところです。

何かが今までと違っているようだ――。気候変動、つまり極端な高温や大雨の頻度が長期的に増加する傾向が顕著になってきています。その背景には、地球温暖化が関わっているとみられます。

気候変動と地球温暖化の関わりあいは

地球温暖化により、長期的な傾向としては地球の平均気温が上がってきています。そうすると、地域ごとの気温は不規則に変動しながらも、極端に暑くなる頻度が徐々に増えてきているのです。雨に関していうと、地球温暖化による長期的な気温の上昇にともなって、大気中の水蒸気が増えます。すると、雨をもたらす低気圧などの強さが変わらなかったとしても、水蒸気が多い分だけ割り増しで雨が降る傾向になり、大雨の頻度が徐々に増えていきます。

このように地球の温暖化はきわめてゆゆしい問題で、結果的に多くの人命や財産を奪うことになっています。

このような気候変動を引き起こす地球の温暖化は、何が原因になっているのでしょうか。大気中の二酸化炭素濃度が上昇すると地球の温暖化が進みます。その因果関係は科学的にはっきりしています。

地球の温暖化の原因は二酸化炭素などの温暖化ガス

地球温暖化は、二酸化炭素などの温室効果ガスが大気中に増加することにより起こります。現在では、大気中の二酸化炭素濃度は４００ｐｐｍに達しています。18世紀後半に英国から産業革命が起こりましたが、それ以前は２８０ｐｐｍだったことがわかっています。４割増えたということです。人間はさまざまな活動において、石炭、石油、天然ガスなど化石燃料を大量に燃やして二酸化炭素を大気中に排出してきました。それが、二酸化炭素濃度を増加させたことは間違いありません。

電気を供給するために世界中で多数の火力発電所が動いています。発電方式ごとにどれくらいの二酸化炭素の量を排出しているかを図1-9に示しました。

二酸化炭素の排出については、発電するときに排出されるもののみではなく、ライフサイクル全体でどうなのかという視点で見ます。原子力であれば、燃料のウラン鉱石の採掘から精製や加工施設の建設と稼働、発電所の建設から運転、廃止、廃棄物の処分とライフサイクルの全てを見ます。その間に発生する二酸化炭素排出量をすべて調査し算出したものがライフサイクルCO_2排出量です。

図1-9は発電源ごとに、1キロワット時の電気を得る際に出るライフサイクルCO_2の量を比較したものです。

原子力発電は、ウラン燃料の製造や発電所の建設などの過程においてCO_2を排出します。しかし、運転中にはCO_2を排出しません。

火力発電に比べて、原子力発電の出すCO_2量は格段に少ないのがわかります。また、ここで注目していただきたいのは、風力発電や太陽光発電に比べても原子力発電の出すCO_2

図1-9　発電方式ごとのライフサイクルCO_2排出量

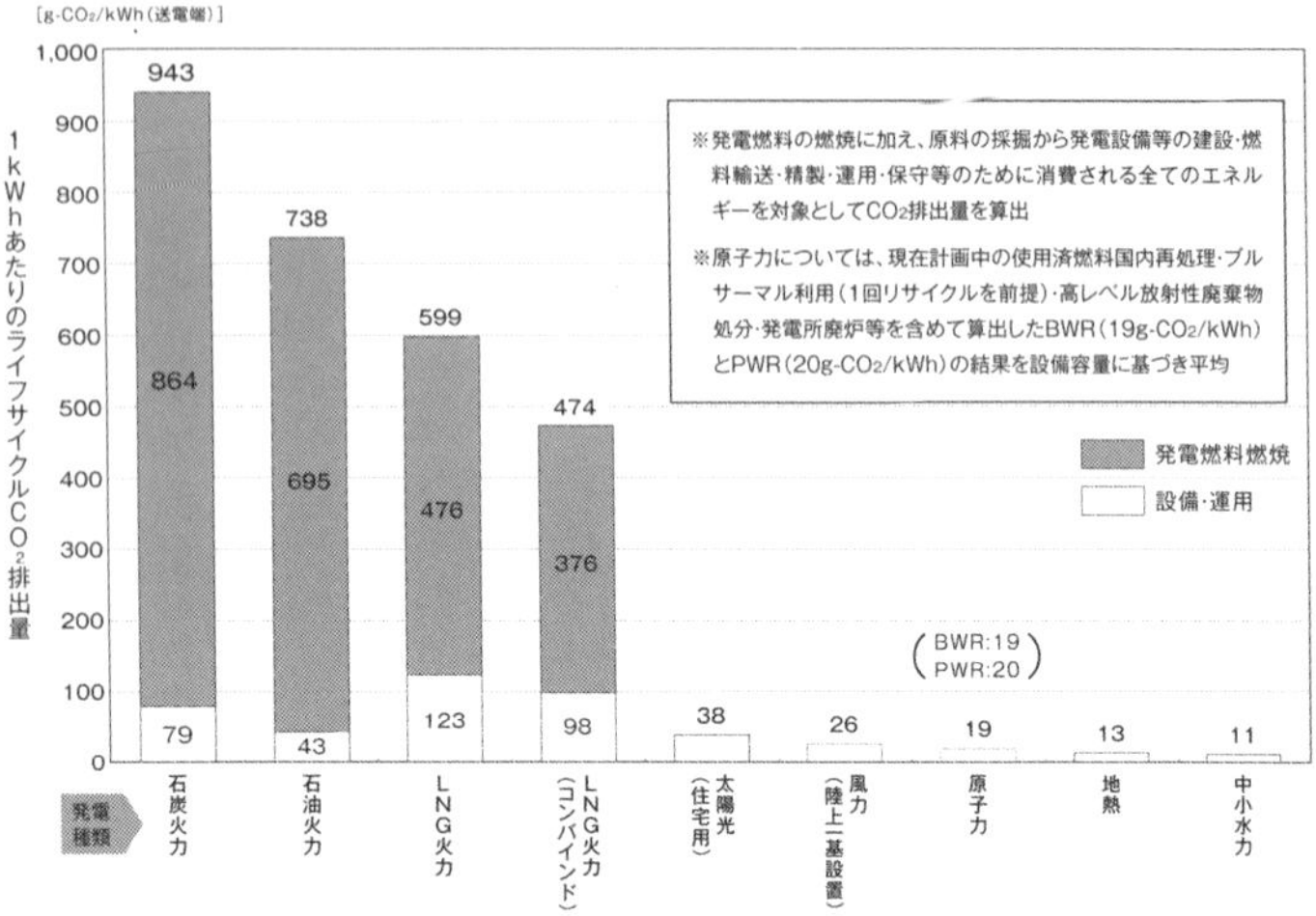

出典：「原子力・エネルギー図面集」一般財団法人日本原子力文化財団

量がそう大差ないという事実です。

このことは、原子力発電が地球温暖化の抑制に優れた電源であることを裏づけています。

排出量目標を日本は達成できているか

地球の温暖化や気候変動を防止するために世界平均気温上昇を2℃以内に抑えるという目標を立てています。最近では、2℃以内ではまだ足りなくて1・5℃以内にしようと言っています。そのもとに各国が目指すべきCO_2の排出量目標値が決められています。

フランスは、日本同様に資源小国ですが、原子力発電で78％の電気を賄っているために、CO_2の排出量目標をすでに達成して

図 1-10　ヨーロッパの主要国と日本の CO_2 排出量と発電構成

変動再エネには調整電源としての火力が必要

EU主要国・日本のCO2排出係数と発電構成 (2015年)

	スウェーデン	フランス	デンマーク	スペイン	EU平均※	ドイツ	日本
	11gCO2/kWh	46gCO2/kWh	174gCO2/kWh	293gCO2/kWh	311gCO2/kWh	450gCO2/kWh	540gCO2/kWh
安定ゼロエミ	87%	88%	15%	35%	43%	25%	12%
	安定再エネ:52% 原子力:35%	安定再エネ:11% 原子力:78%	安定再エネ:15% 原子力:0%	安定再エネ:14% 原子力:21%	安定再エネ:16% 原子力:27%	安定再エネ:11% 原子力:14%	安定再エネ:11% 原子力:1%
変動再エネ	10%	5%	51%	21%	13%	18%	4%
	太陽光: 0% 風力: 10%	太陽光: 1% 風力: 4%	太陽光:2% 風力: 49%	太陽光:3% 風力: 18%	太陽光:3% 風力:10%	太陽光:6% 風力:12%	太陽光:3% 風力:1%
火力	2%	7%	34%	44%	44%	56%	84%
	石炭: 0% ガス: 1% 石油: 1%	石炭: 2% ガス: 4% 石油: 1%	石炭: 25% ガス: 6% 石油: 4%	石炭: 19% ガス: 19% 石油: 7%	石炭: 25% ガス: 16% 石油: 3%	石炭: 44% ガス: 10% 石油: 2%	石炭: 32% ガス: 40% 石油: 12%

※OECD加盟国のみ

出典：IEA CO_2 emissions from fuel combustion 2017, 総合エネルギー統計より作成

います。

日本もこれに倣って、２００９年の民主党政権では、原子力発電で５割の発電をするという目標を掲げていましたが、３・11でそれも吹き飛んでしまいました。

わりと最近でも「原発を止めても電気は足りているではないか」と言った人がいました。とある大企業の幹部です。日本では、震災後は火力発電を大規模に焚き増ししているという事実があまり知られていないようです。原子力発電所による発電が震災前に比べて減ってしまった分は、火力発電所の大規模な焚き増しで補っています。震災後の２０１６年で、火力発電が占める割合は83・８％です。震災前の２００９年は61・７％でした。

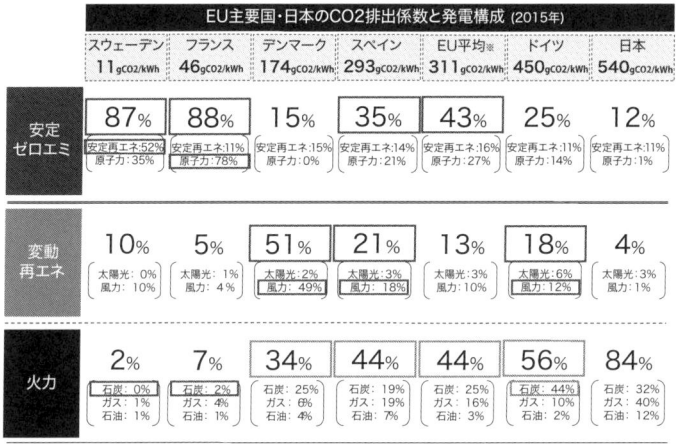

この急速な火力発電依存は原子力発電所の稼働停止によるものです。

この結果、震災前の2010年の日本の発電によるCO2排出量は3・25億トンでしたが、震災後の2014年には4・69億トンにまで1・44倍に急増しています。これを1キロワット時の電気を得るためにどれだけCO2排出しているかという排出係数で見ると、2010年は352g‐CO2／キロワット／時だったのが、2014年には552g‐CO2／キロワット／時と1・56倍になっています。これは驚くべき増え方です。

では、原発の替わりに再エネを増やしていくとどうなるのでしょうか。

そこで、再エネ先進国と思われているドイツは、どうなっているかを見て見ましょう。図1‐10に示しましたように、2015年時点でドイツでは450グラムものCO2を1キロワット時の電気を作るために排出しています。この値はEU諸国の平均値の1・5倍にもなります。なぜなのでしょうか？

ドイツは、2005年頃には21％近い電気を、発電時にはCO2を排出しない原子力で発電していました(図1‐11)。その原発の発電量は2015年では14％に減っています。また、この間に太陽光発電はほぼゼロから6％に増えています。

この間、石炭火力の割合はほとんど減っておらず、44％というとても高い比率を維持したままです。つまり、太陽光発電や風力発電を増やしてもCO2排出量はほぼ横ばいです。

図1-11　ドイツにおけるこれまでの電源構成の遷移と今後の目標

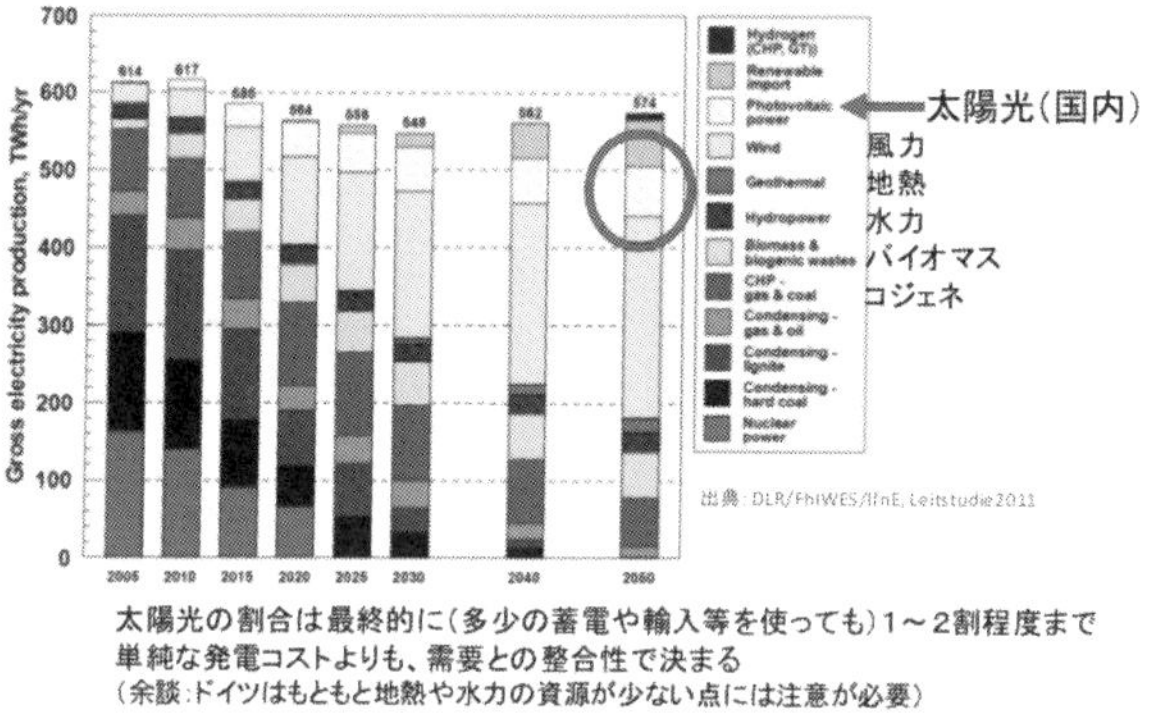

出典：https://www.slideshare.net/KeiichiroSakurai/ss-69585354

まず、原子力の発電量を減らしているので、その分を火力の焚き増しで補っています。そして、太陽光や風力といった自然エネルギーは不安定な変動電源なので、変動による不足分を補うために火力発電を焚き増ししてバックアップ電源にしています。原発を減らすのと、自然エネルギー（再エネ）を増やしたことのダブルパンチで、CO_2の排出量が一向に減っていないのです。

ですから、気候変動を抑えるためにCO_2の排出量を減らすうえで、原発の果たす役割はとても大きく無視できません。再エネを増やすことばかりに注力するのではなく、むしろ原子力と再エネが共存する社会を目指すのが、脱炭素社会を実現していくうえで最も実現可能な選択肢になるのではないでしょうか。

第2章

小泉さんの著書『原発ゼロ、やればできる』のどこがおかしいのか

「原発は安全・低コスト・クリーン」、これは全部ホントだ

元総理の小泉純一郎さんは、その近著『原発ゼロ、やればできる』の中で、「原発をつくりたがる人たちが口にする三つのメリット―安全・低コスト・クリーンエネルギー―が、すべてウソだったということです」と言い切っています（同書9頁）。本当にそうなのでしょうか？

原発はどれくらい安全になったのか？

小泉さんは、その著書の中で原発の安全について次のように書いています。

> 故障によって国を丸ごと壊せる機械は、原発だけです。したがって、原発は絶対に事故を起こしてはいけない。しかし、絶対に事故を起こさない科学技術はないのだから、そもそも原発はつくってはいけなかった。つくってしまった原発は、動かしてはいけない。動いている原発は止めなければいけない。―つまり、すべて廃炉にして「原発ゼロ」にすることが、絶対に原発事故を起こさないただひとつの方法なのです。二〇一一年三月の福島原発事故は、それを私たちに思い知らせました。

完全な安全、つまり絶対安全はありません。すなわちゼロリスクはないことは、もはや誰の目にも明らかです。かつての「安全神話」が誤りであったことを2011年3月11日の福島第一原発事故は私たちに思い知らせました。確かに、小泉さんが言う通り、「絶対に事故を起こさない科学技術」はありません。原子炉の炉心燃料が溶けるような事故を過酷事故といいます。過酷事故が起こる確率を完全にゼロにすることはできません。

しかし、過酷事故が発生する確率をできるだけ低くし、万一起こった場合にもその影響、特に放射性物質の放出量をできるだけ小さくするための対策を手厚くすることはできます。

確かに、かつての「安全神話」の反省をすることなく、これまでと同じ安全基準のままで原発を動かしてはならないでしょう。しかし、原発事故を起こさないために、原発を動かさない、〝動いている原発を止める、そして、すべて廃炉にして「原発ゼロ」にする〟しか方法がないのでしょうか。原子力発電所のそもそもの仕組みが「丸ごと国を壊す」ものなのではなく、それを扱う人間の側に問題があったのではないでしょうか。「安全神話」を捨て、謙虚に、福島第一原発事故の原因を見極めたうえで安全対策を追加することで、原発事故が国を丸ごと壊すところまでいかなくすることは可能です。それこそが福島第一原発事故が私たちに示した最大の教訓ではないでしょうか。

3・11後、日本の原子力発電所では、〝追加的な安全対策〟が非常に手厚くほどこされてきています。過酷事故の起こる確率をできるだけ低くし、万が一過酷事故が起こった際に放射性物質の放出量を最小限に止めるための対策です。この追加的安全対策の主なものは、地震や津波に対する対策の強化、非常時の電源の強化、多量の水源の確保などです。福島第一原子力発電所において、事故の影響をより一層深刻にした水素爆発を防止する工夫も大きく改善されています。また、放射性物質の環境への放出を極力抑えるフィルター式ベントも取り付けていくようになっています。その結果、万万が一過酷事故が起こったとしても、その際に環境に漏れ出る可能性のある放射性物質の量は、福島第一原発の事故時に比べると1000分の1程度以下に減少されると見積もられています。こうなれば、原子力発電所から2キロメートル以上離れていれば、すぐに避難しなくても家屋やビルなどの屋内に退避することによって人々の安全は確保できるのです。数日間は屋内にとどまって様子を見守り、必要ならばそのうえで避難をするというやり方で難をしのげるようになったのです。

つまり絶対安全はないのですが、〝原発の安全は格段に改善されている〟のです。安全性がどのように改善されているのかは、第3章で詳しく見ていきます。

原発は低コストか？

小泉さんの2つ目の論点は原発のコストです。小泉さんは、次のように4つのポイントを述べています。

①地元への交付金や補助金は原発のコストに含まれていない。（50頁）
②原発ほどコストの高い発電所はない。（53頁）
③さらにもうひとつ、原発のコストを押し上げるものがあります。それはいわゆる「核のゴミ」、使用済み核燃料をどう処分するかという問題です。（55頁）
④この30年間で〝もんじゅ〟には一兆円を超える税金が投入されました。それが水の泡となったのですから、国民にとっては夢どころか「悪夢の原子炉」です。（62頁）

地元への交付金や補助金は原発のコストに含まれていないのか

結論から言いますと、原発に関連する交付金や補助金は、発電コストに上乗せして原発の発電コストを算出しています。

原子力発電や他のさまざまな発電方式による電気のコスト評価は、２０１２年当時の民主党政権下で、経済産業省だけではなく、多くの専門家が集まってデータと知恵を出し合って検討されました。コスト等検証委員会と言います。また、その見直しを２０１５年に行っています（発電コスト検証ワーキンググループ）。

原発のコストは、発電原価と社会的費用に分けて考えます。

発電原価には、建設費、燃料費、運転維持費、核燃料サイクル費、廃炉費用などが含まれます。社会的費用には、事故リスク対応費用と政策経費があります。事故リスク対応費用には事故を起こした際に支払われる賠償金、除染費用、事故を起こした原子炉の廃止措置の費用などが含まれます。政策経費とは、国が執行する具体的な政策に使われる経費（費用）のことを言います。政策経費には、原発を立地する地域に支払われる交付金などが含まれます。

１キロワット時の電気を原発で作り出すには、福島第一原発の事故以前は５～６円程度かかるとされていました。コストが検証された結果、この原発の発電単価は見直され８・９円とされました。２０１５年の見直しの結果は、10・１円となっています。１円程度の幅があるのは、原発事故時の賠償金、事故を起こした原発の廃炉費用、土地の除染費用の見積もりの幅、原発の稼働率の差などを考慮したためです。

図 2-1　原子力発電所の発電コスト（10.1 円 /kWh のケース）

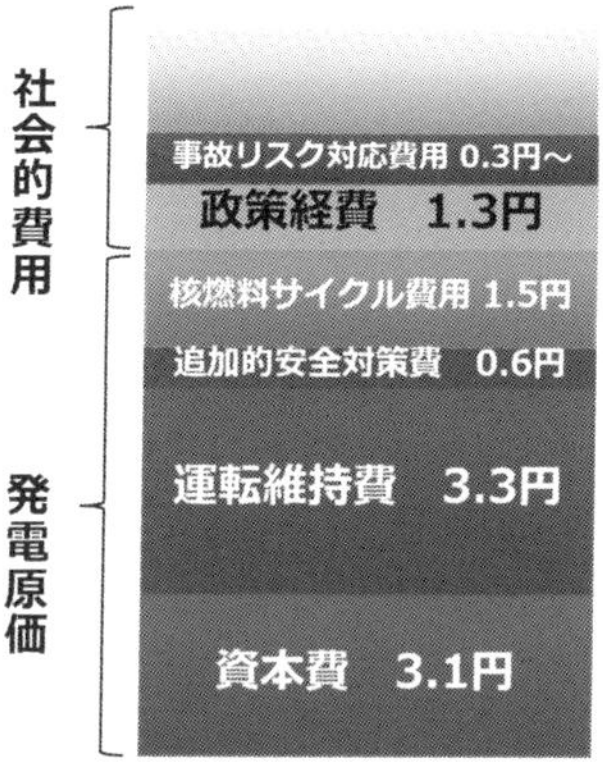

出典：資源エネルギー庁

原発の発電コストの内訳を図２－１に示します。

この図２－１が示すように、〝地元への交付金や補助金〟は、政策経費として原発のコストに含まれているのです。正確にいえば、これまでは税金で払っていたものを原発のコストに繰り入れて、10・1円という値段を出しているのです。

また、この発電原価の資本費には廃炉の費用も当然ですが含んでいます。福島第一原子力発電所は過酷事故を起こしてしまい、溶けた燃料が炉内に飛散しているという、とても取り扱いにくい状態になっています。しかし、このような事故を起こしていない普通の原子炉の廃炉は、必ずしも急ぐことではありません。廃炉の先進国である英国は、使用済みの燃料を抜き取って80～100年程度そのままの状態で管理してから行おうとしています。なぜなら100年も経てば、放射線のレベルが自然にかなり落ちているので、作業環境がずっと良くなります。廃炉作業をする人々の放射線被ばく線量も少なくなります。そのぶん廃炉作業にかかるコストも減ります。このように、急いでする必要のないものが廃炉なのです。英国の知恵は、廃炉は100年程度かけてやればよいものであって、そんなに急ぐものではないということです。決して〝100年かかってしまう〟ということではないのです。

原発コストに比べて再エネの発電コストはどうか？

図2-2が示すように、原発の発電コストはほかのさまざまな発電方式に比べて安いのです。太陽光（メガソーラーの場合）は24・2円、風力発電は21・6円です。家庭用の太陽光発電は規模が小さい分コスト高になります。

こうして比較すれば、小泉さんが何を見て〝原発ほどコストの高い発電所はない〟と言っているのかまったくわかりません。

再エネの特徴としては、燃料費がゼロであるというのが最大の利点です。その一方で、原発や火力発電に比べると、建設費や工事費などの資本費が高くなっています。また、再エネは政策経費が比較的割高になっています。その要因は、主に再生エネルギーの普及を後押しするための補助金（再生可能エネルギー発電促進賦課金‥再エネ賦課金）で、電気料金に上

図 2-2　各種の発電コストの比較

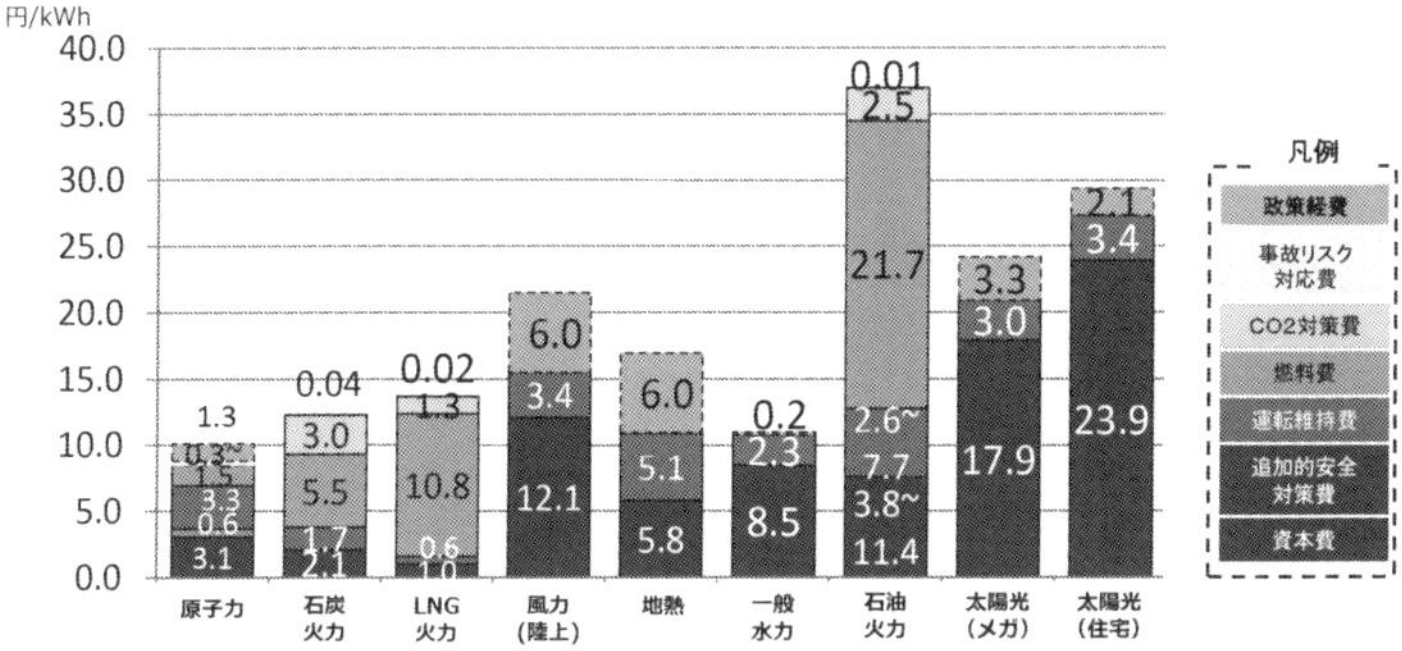

出典：資源エネルギー庁

乗せして徴収されるものです。

「核のゴミ」や「もんじゅ」のコストは含まれていないのか？

いわゆる「核のゴミ」のコストは、図２‐１の核燃料サイクル費用に含まれています。また、政策経費には高速増殖原型炉「もんじゅ」にかかる費用も含まれています。

このコスト検証のそもそもの始まりは、２０１２年当時の政権政党である民主党が脱原発政策を掲げるなかで実施されました。それは、〝原発は高い〟のではないかという慎重派に多くあった声を背景に、当時の政府が原発に大変厳しい見方をしていた状況のもとで行われました。

小泉さんは、「そして、核のゴミ処理のために投じてきたこれらの費用も、電力会社のいう『原発のコスト』

には算入されていないのです。そんなことでは「原発はコストが安い」という話に耳を貸せるわけがないではありませんか」（62頁）と言い切っています。

ところが、ここまでで見てきたように、小泉さんが、事細かにいちいち問題にしている各種の〝原発のコストを押し上げるもの〟をいくら積み上げても、相変わらず「原発はコストが安い」のです。

原発はクリーンか？

小泉さんの3つ目の論点はクリーンです。小泉さんはこう書いています。

> スリーマイル島、チェルノブイリ、そして福島で起きた事故を見れば、原発が「クリーン」だと思う人はまずいないでしょう。あれだけ放射性物質で周辺地域を汚染した原発を「環境にやさしい」などというのは、悪い冗談にしか聞こえません。（74頁）

確かに、小泉さんが言う通り、スリーマイル島、チェルノブイリ、そして福島で起きた福島第一原発事故により、周辺地域は放射性物質で汚染されてしまいました。しかし、原発の過酷事故だけが深刻な土壌汚染や健康被害をもたらすものなのでしょうか。現代文明は原発や化学工場などの危険なテクノロジーに囲まれています。そのわりに、化学工場事故の恐ろしさ、また、再生可能エネルギーについて言えば、廃棄される太陽光パネルが環境にもたらす緩やかな毒物汚染などが忘れられがちではないでしょうか。それについては第４章で詳しく解説したいと思います。

小泉さんは、原発が事故を起こした場合について「クリーンではない」、「環境にやさしいなんて悪い冗談にしか聞こえない」と言いますが、原発が正常に動いている場合はどうなのでしょうか。そもそも「クリーン」とか「環境にやさしい」とは、どういう意味なのでしょうか。

世界が躍起になっているのは、いかにしてクリーンな開発を持続的に進めて行くかです。気候変動枠組条約締約国会議（ＣＯＰ）などでどのようにしていくかが話し合われています。

クリーンな開発を持続的に進めて行く方法のひとつに、ＣＤＭ（クリーン開発メカニズム）があります。これは、発展途上国が行う温室効果ガス、とりわけ二酸化炭素排出量削減への取り組みを、先進国が資金や技術を提供して支援し、達成された排出量削減分を両国で分配することができる制度です。このように持続的発展においてクリーンか否かは、二酸化炭素排出量が多いのか少ないのかを指しています。

発電時に、原発や再エネが二酸化炭素を排出しないことはよく知られています。しかし、原発にしろ風力や太陽光にしろ、その製造や建設過程で二酸化炭素を出すこともよく知られています。発電することだけではなく、その発電所を造るための原材料の掘り出し、発電所の部品の製造や建設すべてを含む過程を〝ライフサイクル〟と言います。つまり、発電所づくりに関係するすべての製品の製造、輸送、販売、使用、廃棄、再利用の各段階をすべて対象にして、トータルの二酸化炭素排出量をはじきだすのがライフサイクル評価です。

二酸化炭素をどの程度出しているかは、このライフサイクル全般で見ないと意味がないというのが世界の標準的な考え方です。

ライフサイクルで見た二酸化炭素の排出量は図1‐9のようになっています。

原子力は、再エネと並んでライフサイクル二酸化炭素排出量がとても少ないのです。つまり〝原子力はクリーンである〟というのが現実なのです。

このように、小泉さんの主張「『原発は安全・低コスト・クリーン』、これは全部ウソだ」は何のことはありません。全面的に誤りなのです。

「原発ゼロ、やればできる」は、まさに精神論なのではないでしょうか？

確かにやればできるかもしれません。しかし、その先にエネルギー小国日本にはどのような未来が待っているのでしょうか？　はたして、小泉さんのこの精神論を表したワンフレーズに日本の未来を託すことができるのかどうか――。それを次章以降で皆さんと一緒に見ていきたいと思います。

特に、原発がエネルギー収支比において非常に優れていることは、第13章で詳しく説明します。同時に、太陽光発電や風力発電の自然エネルギーは、収支割れしていることも見ていきます。そして、このまま自然エネルギーに拘泥していけば、国の経済や果ては生態系までが滅亡していく可能性があることも、解説していきたいと思います。

第3章

安全性は格段に向上したのか？

私に一般市民の方からよく問いかけられるのは、原子力発電所、特にその安全性はどうなっているのかという素朴な疑問です。

市民の皆さんは、原子力発電所を見学する機会がなかなかないので、当然のことだと思います。

私は、中学校や高校からの依頼があって、エネルギーや原子力の話をしに出かけることがしばしばあります。そのような機会に3・11以降、原子力発電所の安全性を向上させるために、どのようなことがなされてきているのかを説明します。ある首都圏の中高一貫校で授業をした際に、生徒の中から「そんなに安全性が向上されているなんて聞いたことがない、3・11以前と大きな差がないと思っていた」という声が上がりました。どうして？　と聞けば、テレビ、新聞そしてインターネットでもそういう話がまったくないからという答えでした。そして、実際にどうなっているのかもっとよく知りたいとも言われました。

じゃあ、実物を見に行こうか……となりました。

保護者および先生方の理解が得られ、首都圏から近い浜岡原子力発電所を見学先に選びました。

浜岡原子力発電所で最も目につくのは、万里の長城のようだともいわれる総延長約1・6キロメートルの巨大な防波壁です。海抜22メートルもの高さの壁の下に立って見上げると、あちこちからため息のような感嘆の声が上がります。「すごいなあ。これで津波を防ごうというのかあ」、「津波は防げたとしても、それだけで大丈夫なの？」などなど、感嘆と新たなる疑問の声が次々と上がりました。

小泉純一郎さんは、著書『原発ゼロ、やればできる』で〝「原発は安全・低コスト・クリーン」、これは全部ウソだ。〟と繰り返し主張しています。そのなかでも特に、原発は今なお安全神話のなかにあるように書いています。

実際はどうなのか――原発の安全性がどのように改善されているのかを、一つひとつ丁寧に見ていきたいと思います。

安全性は格段に向上している

国会事故調査報告書のもたらしたもの――誤った見解

３・11後に、いくつかの事故原因調査委員会が立ち上がりました。それは、国会の事故調査委員会（黒川清委員長）、政府の事故調査委員会（畑村洋太郎委員長）、独立系事故調査委員会（北澤宏一委員長）などです。このなかでは、国民の代表である国会の事故調査が超党派の色合いもあって、最も公平さを保とうとしているともいえます。他の事故調査委員会の報告に比べますと、この黒川委員会の報告書の最大の特徴は、震度の大きな地震発生時に炉心を冷却するために機能し続けなければならない炉心周りの冷却用配管が、地震動によって機械的に壊れるかどうかを鋭く衝いた点でありました。結果的に黒川委員会は、3・11時に地震動が福島第一原子力発電所の各原子炉を襲った際に、とりわけ最も老朽化が進んでいた1号機において「地震動によって配管が壊れた結果、炉心損傷に至った可能性は否定できない」としたのです。事故後発足した原子力規制委員会は2014年10月に、国会事故調が呈した疑問に対して見解を発表しました。そのポイントは2つあります。

①津波到達までは、漏えいが発生したデータは見いだせない。

②仮に漏えいが発生した場合でも、保安規定上何らかの措置が要求される漏えい率を超えるものではない。仮に10時間程度の漏えいが継続しても漏えい量は少なく（2・3トン）、電源等の安全機能が健全であれば、炉心損傷が発生するとは考えられない。

特に②の中で言っていることが重要です。平たく言えば、電源が失われていなければ、燃料が溶けたりする炉心損傷にはなっていなかったというのです。非常用のディーゼル発電機などの電源が動かなくなったのは、津波による海水を被ったからだということがはっきりしています。

国会事故調査委員会の委員構成には疑問視する声がありました。それは委員の中に３・11の事故が起こるよりもはるか以前から強固に反原発を唱える人が何名か入っていたことです。特に大きな地震によって原子力発電所が壊れる可能性が大きいというような主張を繰り返ししていました。

こういった地震の専門家やメーカーで原子力の設計に携わったことがあるような方が声を大にして粘り強く主張されると、メディアなどを通じてついついその論が流布されやすくなることがあるのではないでしょうか。

黒川委員会の見解（国会事故調査報告書）は今でも国会議員の中に共有されています。それは、野党に限らず与党内にもしっかりとあり、いまだに誤った見解が共有されています。誤った見解とは『地震で原子炉は壊れる』というものです。それが、日本の各地で起こっている差し止めの仮処分申請に色濃く影を落としているのが事実です。

原子炉は大きな地震がくればすぐに自動的に止まる

もちろんどんな大きな地震がきても原子炉は壊れないということはありません。しかし、よほど大きな地震がきても大事には至らないような仕組みになっています。

原子力発電所は、計測器によって定められた大きさ以上の地震動を感知すれば、自動停止するようになっています。熊本地震の際（２０１６年４月）、近くの鹿児島県の川内原子力発電所が停止しなかったのは、その設定限度よりも十分に余裕を持って地震動が小さかったからでした。

一方、３・11の福島第一原子力発電所は、大きな地震動を計器が測定し、自動停止していました。そしてなおかつ原子炉周りの配管は壊れていなかったのです。

熊本地震から４カ月経った２０１６年８月26日、鹿児島県の三反園訓知事は、県庁に九州電力の瓜生道明社長を呼びつけました。知事は「県民の不安に応えるためにも、いったん川内原子力発電所を止めて再点検してほしい」と述べ、熊本地震の影響や原発周辺の活断層について調査と点検するよう求めました。これは全くもって理にかなわない話なのです。なんといっても、運転を止める必要がないほど原子炉が受けた地震の振動は十分に小さいものだったのですから。

再稼働の条件

２０１２年に大前研一さんが『原発再稼働最後の条件』（小学館）という著書を出版しました。サブタイトルは、～「福島第一」事故検証プロジェクト最終報告書～とあります。

国会や政府の事故調査委員会の報告書とはまったく異なる方法によって分析された結果を

事細かに表した著書です。本書はいわば〝感情論〟を排し、原発をひとつの工学的なものとして客観的に分析した内容を表したものです。３・11事故直後から、原子力発電所の運転や保守を行ってきた電力会社およびメーカーのエンジニアが結集して、福島第一原子力発電所の各原子炉が、そのような原因に基づいて、どのような経緯でシビアアクシデントに至ったかを事細かに調べました。主義主張やイデオロギー抜きに、原子力発電所をひとつの〝機械〟として、科学技術的なものの見方に立って客観的に分析したのです。そうした客観的な分析結果がまとめられているのが本書です。本書の著者は、大前研一さんになっていますが、事細かな分析を行って報告しているのは、東京電力や日立、東芝などの技術者です。彼らは、原発のメカニズムに最も詳しい人たちです。

福島第一原子力発電所の炉心が溶ける事故に至った最大かつ根本的な原因は津波にあり、そこでは、津波によって配電盤や電源を供給するケーブルが冠水し、必要な機器に電源が供給できなくなったことが致命的だったとあります。

原子力発電所は外から電気を供給してもらって動かしている場合があります。特に初めに始動するときに外部の電源を使います。これを他励式と言います。※1 そのための外部電源が途絶えてしまい、非常用に備え付けてあるディーゼル発電機も津波を被ってしまい壊れてしまいました。仮に電源が生きていた（あるいは復旧できた）としても、炉心の熱を最終的に除熱するための海水ポンプは津波の威力で破壊されてしまっていました。

３・11直後から、これらの点が逐一補強されてきたのです。それが各発電所に追加的に施された安全措置なのです。

追加的安全措置とは何か？

新規制基準はどのようなもの？

まず基本的な骨格がどのように変わったのかを見てみましょう。

２０１３年７月に原子力規制委員会は、福島第一原子力発電所の事故の分析に基づいて、それまでは規制の対象となっていなかったシビアアクシデント（重大事故）の対策を盛り込んだ新規制基準を策定しました。

これは、内部的な事象（機器の異常作動・損傷や人的過誤など）のみならず、外的事象（地震、津波、竜巻など）に対しても炉心が損傷や溶融しないようにするための最低限満たさなければならない要件です。

万が一炉心の損傷や溶融が起こったとしても、その影響を最小限にとどめることを狙った

図 3-1　新規制基準で新設・強化された項目

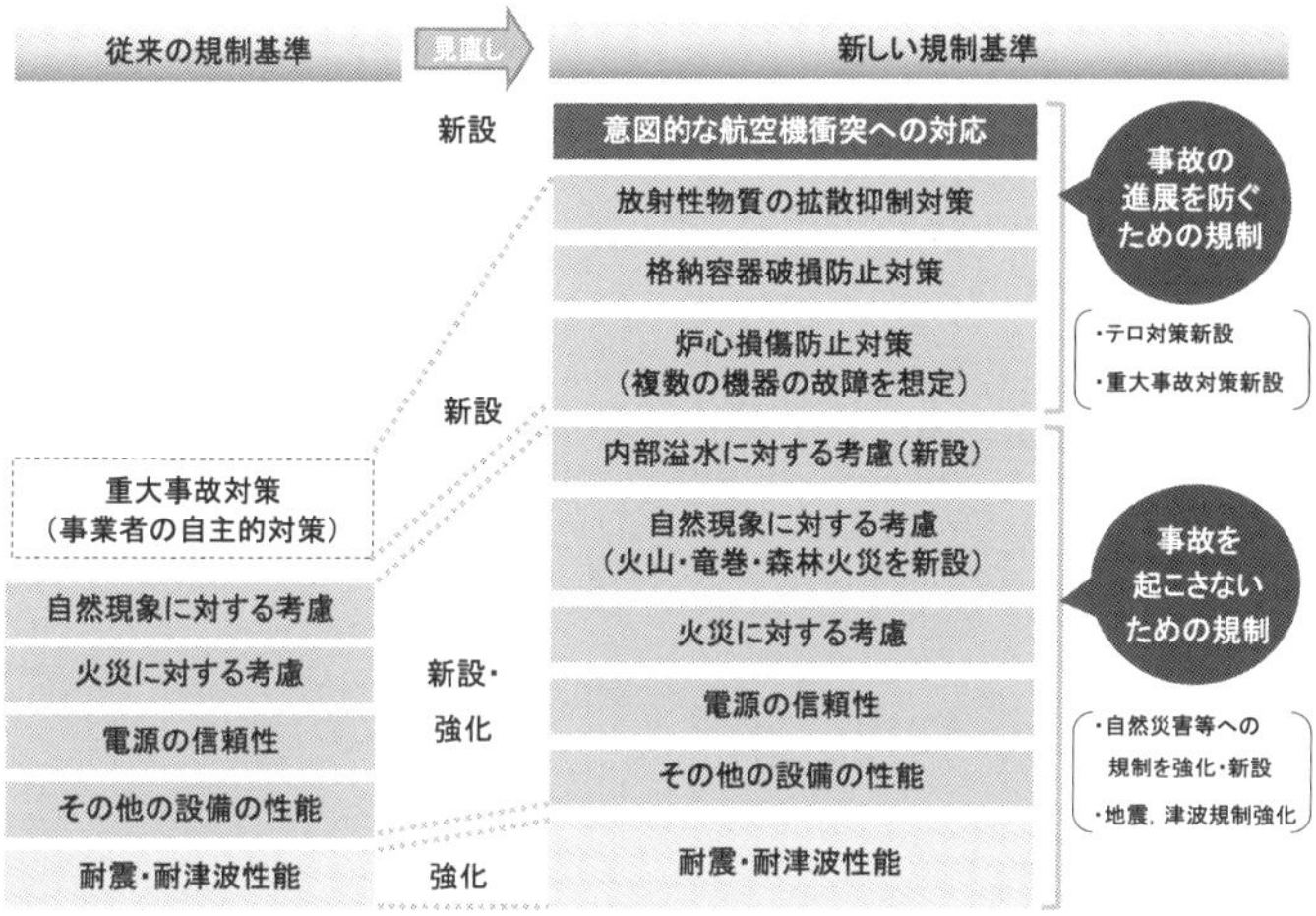

出典：中国電力資料

のが新規制基準です。

その考え方の新旧比較を以下に示します（図３-１）。新たに設けられたものと、従来からあったけれども、なお一層強化されたものがあります。後者の代表格が地震対策と津波対策なのです。

安全のための基本的な考え方はどう変わったのか

原子力の安全を確保するための基本的な考え方を『深層防護』と言います。深層防護とは聞きなれない言葉ですね。もともとは英国や米国のアイデアでDefense in depth（深みのある防御）の訳語が深層防護です。ただし、Defense in depthを日本語では、多重防護と訳して使っている場合があります。ちょっと紛らわしいことに、原子力の教科書には〃多重障壁（multiple barrier）〃という用語もあります。

多重障壁と多重防護はしばしば混同されていることがあります。多重防護（深層防護）は、安全確保のための基本的な考え方です。多重障壁は、放射性物質が炉心燃料から環境に漏れ出ようとする場合に障害となる壁です。多重防護は考え方で、多重障壁は実際にある壁、つまりモノです。

紛らわしいので、本書では深層防護を用います。

深層防護は、いくつかの独立した防護段階（レベル）によって成り立ちます。

国際原子力機関（ＩＡＥＡ）は深層防護を次のように規定しています。少し硬い文章ですがお付き合いください。

ＩＡＥＡの基本的安全原則による「深層防護」

- 事故の影響を防止し緩和する主な手段は「深層防護」である。深層防護は、多数の連続かつ独立の複数レベルの防護―ひとつひとつの防護は人や環境への有害な影響の防止に失敗し得る―を組み合わせることで遂行される。
- 万一あるレベルの防護が失敗あるいは喪失したとしても、次のレベルの防護がある。

適切に遂行されれば、深層防護はどのような単一の技術的、人的、組織的失敗も有害な影響につながらないことを保証する。また、有意な有害影響をもたらすような失敗が複数組み合わさって起こる確率を極めて低くすることを保証する。

・深層防護においては、異なるレベルの防護が独立して有効性を持っていなければならない。

さて、深層防護の防護レベルは、図３－２に示されるように５段階の層によって成り立っています。

実は３・11以前は、日本では規制の対象としては、第１層から第３層までしか考えていませんでした。

つまり、３・11以前、図３－２の第４層と第５層は、国家のなんらかの仕組み（例えば規制など）による縛りのない世界でした。関係者の自主努力の範囲だったということです。

燃料が溶けて果ては放射性物質が環境に放出される――そんな事態への対策は３・11後に福島第一原発に〝対策マニュアル〟があったことで世に知られました。しかし、実際にはそんな事態が想定されていなかったことは、マニュアルに基づく実地訓練がほとんどなされていなかったという事実が示しています。

内部的にはシビアアクシデントへの対策の意図はあったが、それは事実上忘れられていました。そして、対外的にはシビアアクシデントのような事故は起こらないと言い続けてきました。これこそが安全神話の実像でした。

しかし、3・11以降、第4層は国の規制の対象になりました。第4層では過酷事故[※2]（シビ

図 3-2 深層防護のしくみ

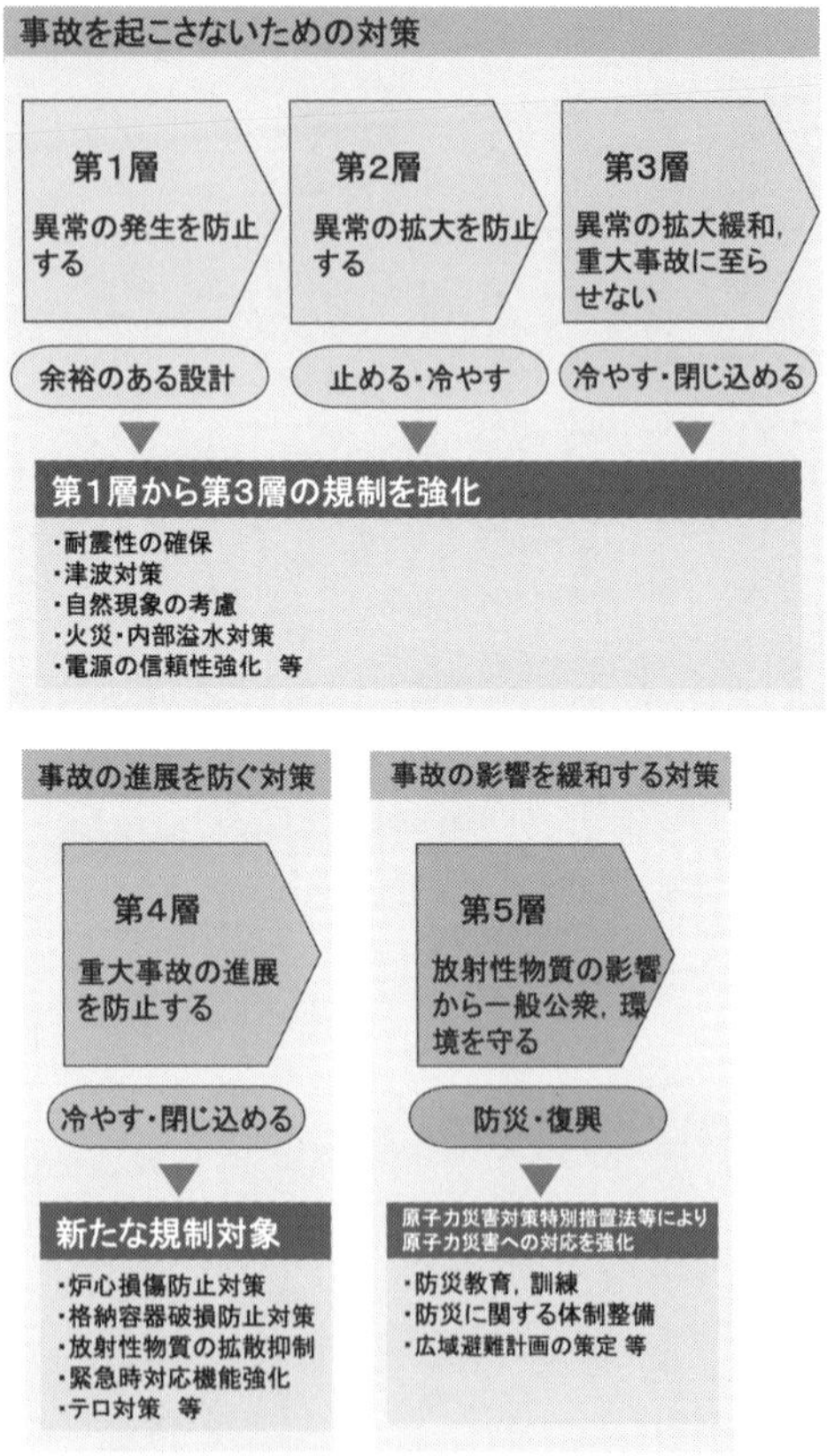

出典：中国電力資料

アアクシデント）対策やテロ対策が主要なものになります。具体的には、①原子炉の炉心が壊れたり溶けたりすることを防ぐための対策、②格納容器が壊れることを防ぐ対策、③放射性物質が環境にできるだけ出ていかないようにする対策、④重大事故発生時やテロなどのときも、原子炉の安全確保や様々な作業をしやすくするための機器や場所の強化・確保などになります。

第５層は、今では国や地方自治体が事業者と協力して対応することが法律で義務付けられるようになりました。

第１層から第３層までは、３・11以前にも規制の対象でしたが、今ではより強化されています。新たに強化された項目は、①耐震性の強化、②津波対策、③竜巻き、④火山噴火などの激甚な自然現象に対する対策、⑤発電所内の火災や溢水（水があふれること）への対策、⑥電源の信頼性の確保などがあります。

このようにして、３・11とは比較にならないような手厚い安全確保が、まずはその考え方、つまり深層防護の対象範囲の拡充（第４層と第５層の追加）、そして各層における個別安全対策の強化と拡充が行われてきたのです。

追加的安全措置の実態

では、一体どのような安全対策が福島第一原子力発電所事故の分析に基づいて追加されてきたのでしょうか。

どの発電所にも似通った追加的安全対策が施されています。例えば、島根原子力発電所（沸騰水型軽水炉）の場合、主な改善箇所は以下のようなものです。

①建物内外の扉への浸水対策
②屋外電気設備への浸水対策
③高圧発電機車の配備
④ガスタービン発電機の設置
⑤原子炉補機海水系代替注水ポンプの配備
⑥原子炉補機海水ポンプ電動機予備品の配備
⑦海水系ポンプエリアへの浸水対策
⑧消防ポンプ車等の配備
⑨防波壁の強化

安全確保を具体的に言えば、それは①止める、②冷やす、③閉じ込める、の3つです。

図 3-3　放射性物質を閉じ込める５重の壁

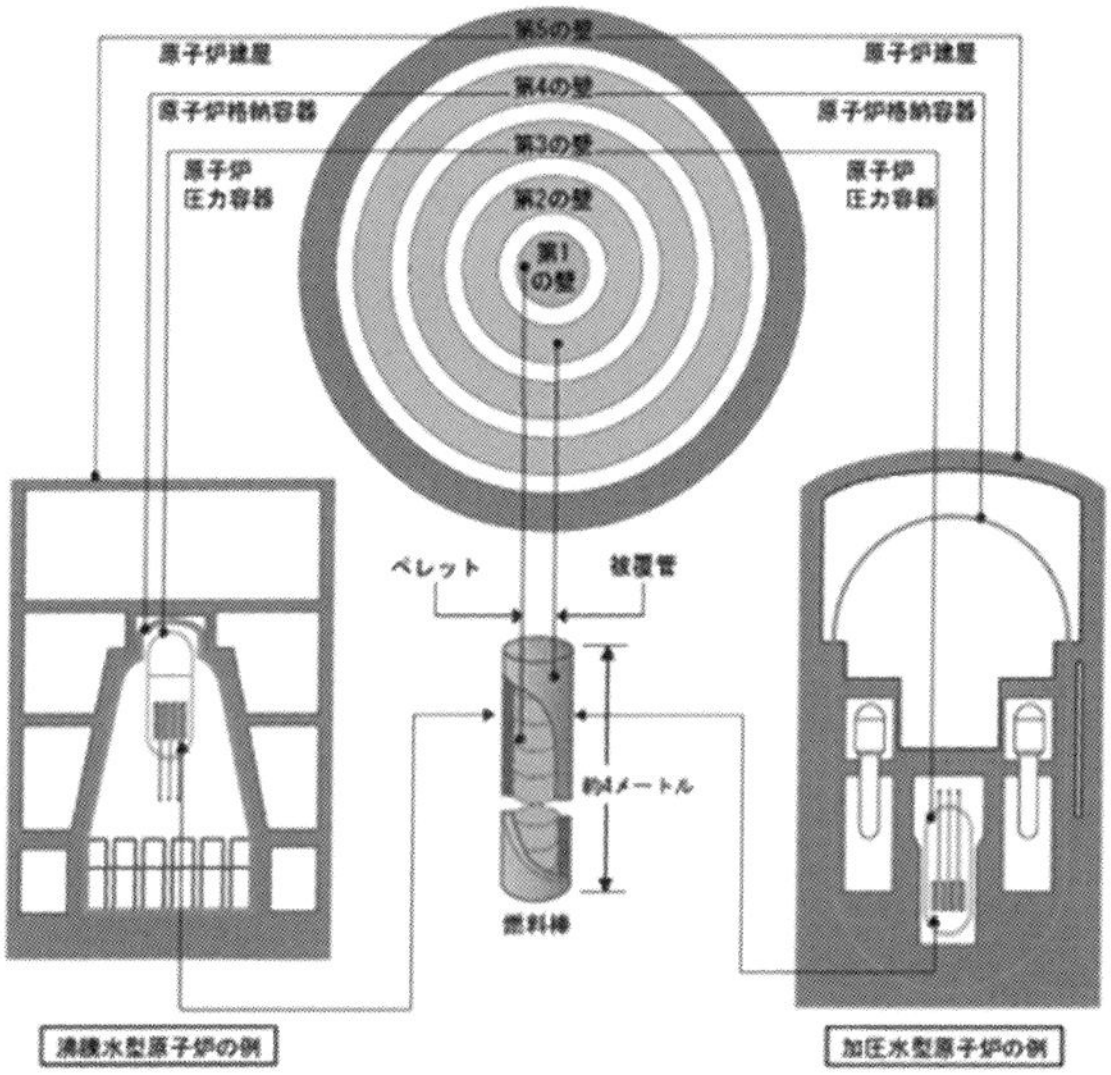

出典：電気事業連合会

原子炉は、強い地震が感知されれば直ちに核分裂連鎖反応が止まる仕組みを持っています。炉心の中で核分裂連鎖反応を支えている中性子を吸収するために制御棒を挿入します。制御棒は約1秒で挿入が完了します。その結果、燃えたぎるような炉心の火は一瞬にして消されてしまいます。しかし、原子炉ではたとえ核分裂連鎖反応が「止まった」としても、核燃料から熱（放射性物質の崩壊熱）が出ています。運転時に比べると格段に低いのですがジワジワと発生し続けるのでやっかいです。崩壊熱の程度は、運転時を１００％とすると、炉停止１分後で約４％、

1時間後で1%、そして1日後には0・5%になり、その後も減り続けますがなかなかなくなりません。

そのため、原子炉へ冷却水を注ぎ続けることによって燃料を「冷やし」続けることが必要です。また、万が一十分に冷やすことができなければ、放射性物質が外に出てくる可能性が出てきます。

放射性物質が外に出てこないように「閉じ込める」ことがとても重要です。そのために原子炉には放射性物質を閉じ込める〝5重の壁〟があります（図3-3）。

このなかでも第4の壁である〝格納容器〟は放射性物質を隔離する最後の砦ともいわれ、その破損は何としても避けなければなりません。そのために今ではフィルターベントと言って、格納容器内の放射性物質を含む気体をフィルターで濾し取って大気に出してやる装置をつけることになっています。

図3-4　福島第一原発での事故の進展

地震発生
原子炉自動停止
外部電源喪失
非常用電源起動
津波襲来
全電源喪失
冷却機能喪失
格納容器破損→水素爆発
放射性物質放出

言うまでもありませんが、福島第一原子力発電所の事故では、この〝止める〟ことには成功しましたが、〝冷やす〟と〝閉じ

込める〟が段階的に破られていきました。

福島第一原子力発電所の事故は、図３‐４のように進展して行きました。

まず原子炉は地震による大きな揺れを感知して自動的に停止しました。地盤が崩れたために送電鉄塔が倒壊し、外部からの電源供給が途絶えました。しかし、非常用のディーゼル発電機が正常に働いたおかげで、ポンプなどに電源が供給されました。その結果、炉心を冷やし続けることができるようになりました。

しかし、地震発生から約40分後から何回かに分けて想定を上回る大きな津波が押し寄せました。津波は原子力発電所の敷地内に侵入し、さらに原子炉建屋内部まで浸水する事態になりました。

津波の強大な力で、海側の屋外にあった冷却ポンプは破壊され、原子炉建屋内の地下に置かれていた非常用のディーゼル発電機などの重要な設備が使えなくなりました。そんな状態になっても炉心を冷やす装置（例えば、ＲＣＩＣ「原子炉隔離時冷却系」）がまだ動いていました。しかし、そのような装置を動かすには蓄電池が必要です。ところが、時間とともに電池切れになり、「冷やす機能」を失ってしまいました。

その結果、原子炉の核燃料から発生する熱を十分に冷やし切ることができなくなり、燃料が溶け始めました。いわゆる重大事故に至ってしまったのです。その後、格納容器の破損や水素爆発を起こしてしまい、大量の放射性物質を原子炉の外、周辺地域のみならず広範囲に放出してしまったのです。

福島第一原子力発電所の事故で明らかになったことは、津波の浸入や重大事故に備える対策が実に不十分だったということです。

日本にあるその他の原子力発電所では、福島第一のような重大事故を二度と起こさないため、さまざまな状況を総合的に判断して原子力発電所を襲う可能性のある地震の大きさを慎重に再評価しています。そのことも含めて、３・11後の原子炉の安全性の改善は次の４点に集約されます。

①想定し得る大きな地震に耐える
②津波を浸入させない
③冷やす機能を充実させ重大事故を引き起こさない
④万一重大事故に至っても、環境に漏れ出る放射性物質の量を極力少なくする

これら４つのことは主に機器を用いた対応です。それぞれの事態に対応できるように設備を強化したり、新たな機械や道具を設置したりするわけです。しかし、万が一のときにはどうしても人間が操作しなければならないような状況が出てきます。そのようなときに人がきっちりと対応できることもとても重要になってきます。

図3-5　配管の補強（左）と支持鉄塔を用いた補強
（© 中部電力）

機器対応はどのように改善されているのか

①大きな地震に耐える

首都圏に近い浜岡原子力発電所を例にとって見ていきましょう。

浜岡原子力発電所に対しては、中部電力は２００５年に、中央防災会議による想定東海地震を考慮し、岩盤上でおよそ１０００ガル※3という地震の揺れを設定しました。ちなみに福島第一原発で観測された揺れは５５０ガルでした。また阪神・淡路大震災で観測された最大の揺れは８１８ガルでした。１０００ガルの揺れに対して耐震性が保たれるように、建屋内の配管や排気筒に対して支柱を増設するなどの補強がなされています（図３－５）。

また３・11後の２０１３年９月には、東海・東南海・南海地震の３連動地震よりも更に大きな南海トラフ巨大地震を考慮して、３号機、４号機については１２００ガルを設定しています。また、５号機は過去の地震でより揺れが大きかったことを考慮して２０００ガルもの地震の揺れに対しても耐えられるような補強工事をしています。

図 3-6　防波壁の構造（© 中部電力）

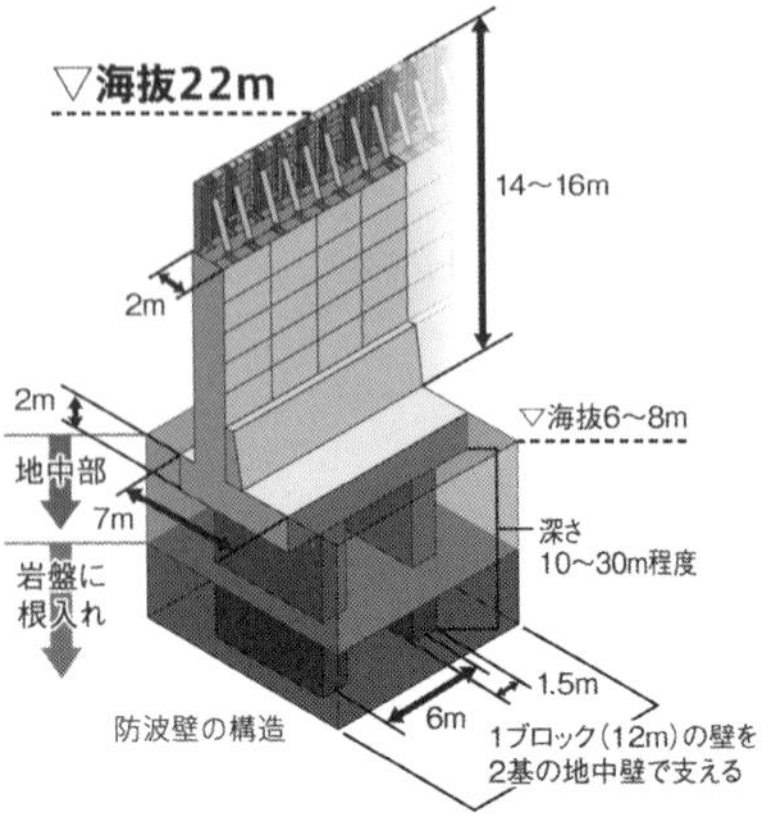

②津波の浸入を防止する

３・11後の新しい規制基準では、原子力発電所サイト（敷地）内に津波によって海水が一滴も入ってはならないことになっています。これをドライサイトコンセプト[※4]と言います。

ドライサイトを実現するために、浜岡原子力発電所には、海岸沿いに長さ約1・6キロメートル、高さ海抜22メートルの防波壁が建造されました。この防波壁は、地下約10～30メートルにある岩盤まで壁の下部が食い込んでいます。岩盤に根を張るようになっているので〝根入れ構造〟と言います（図３‐６）。津波による水圧や地震の揺れにも強い構造であるということです。私たちが実際に浜岡原発で目の当たりにする万里の長城のような防波壁は、まさに万全の備えと言えます。

さらには敷地の東西の脇から津波が浸水するのを防ぐため

図 3-7　防波壁と改良盛土の設置構造（© 中部電力）

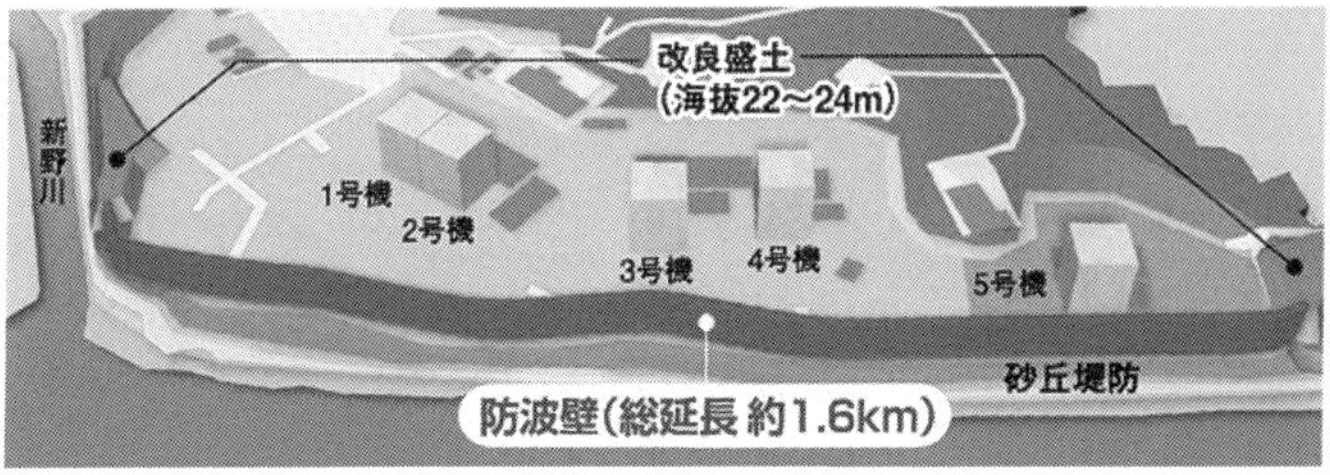

防波壁（© 中部電力）

改良盛土（© 中部電力）

に、海抜22～24メートルの盛土が造成されています。このようにして、内閣府モデルによって想定される最大の津波[※5]に対しても敷地をドライに保つようになっています（図３‐７）。

③万が一津波が防波壁を越えた場合の備え

では、万が一にも津波が防波壁を越えてきたときはどうなるのでしょうか。原子炉建屋内に海水が侵入することを防ぐために、従来あった防水扉を〝水密扉〟に取り替えています。水密扉は水を侵入させない構造で、銀行にある大きな金庫扉と同じものです。さらに、大物搬入口には強化扉と水密扉を新しく設けています。このようにして、建屋外壁の耐水圧性と防水性をこれでもかといわんばかりに強化しているのです（図３‐８）。

図3-8　浜岡原子力発電所に新たに取り付けられた水密扉（© 中部電力）

④「冷やす」に失敗した場合はどうするのか

重大事故（シビアアクシデント）時に炉心を「冷やす」能力を保ち続けるには、電源を供給し続ける機能、炉心に注水して燃料を除熱し続ける機能を維持すること必要です。これらの機能について、仮にひとつがダメになってもそれを補うように複数の代替手段が講じられています。

第一の要は「電源供給」

浜岡原子力発電所の場合、発電所の外から3ルートの送電線によって電気が送られてきます。さらに非常用のディーゼル発電機を津波などの浸水から守る対策などがなされています。仮に、これらがすべて使えない場合にも備えてバックアップする電源が備え付けてあります。

外部電源も非常用ディーゼル発電機も使えない場合

津波が到達しない海抜40メートルの高台にガスタービン発電機が新しく設置されています。この電源を用いて大容量のポンプを動かして原子炉へ注水します。また、海水を使って冷やすためのポンプを防水構造の建屋内に新設しており、このポンプにもガスタービン発電機から電源供給することで、原子炉から発生する熱を取り除きます。

さらに、ガスタービン発電機もダメになったら

その場合は蓄電池から電源を供給します。そして、原子炉停止後の余熱蒸気の圧力を使っ

図3-9　移動式交流電源車（左）とガスタービン発電機（© 中部電力）

てポンプを回し原子炉へ注水します。それに加えて、移動式の電源車を持ってきてその電源ですぐにポンプを回し、原子炉へ注水する手段も備えられています（図3-9）。

これらすべての電源がなくなったら……

以上のような備えの電源がなくなった場合にも、まだ炉心を冷やす手段が用意されています。

大型の車両に載せた移動式の注水ポンプを用いるのです。そして冷やすための水源は、海抜30メートルの高台に新設した緊急時淡水貯槽、貯水タンク、そしていよいよとなれば敷地の西側を流れる新野川があります。これらの水源から伸ばしてきたホースを原子炉につながる配管につないで注水するのです。

このように、どれかが使えなくなってもそれを補う代わりの手段を、幾重にも講じておくことによって、「冷やす」機能を万全に確保して、燃料が溶けるような重大事故へ進展していくことをガッチリと防ぐようになっています。

それでも重大事故になったならば……

それでも、何らかの理由で、「燃料が著しく損傷するような重大事故に至った場合」にも対策を立てています。

まず格納容器ですが、格納容器には蓋があり、点検のときなどにその蓋を開けます。そのほかにも多くの接合部分があります。重大事故になれば、大きな圧力や高温にさらされて、これらの接合が甘くなる、つまり劣化して隙間ができたりする場合があります。そうならないためには、いざとなれば格納容器自体を大掛かりに冷やしてやることが功を奏します。そういった機能が強化されています。また、溶け落ちた燃料を冷やす設備も新たに取り付けられています。

このような対策にも関わらず、放射性物質を〝閉じ込める〟ことが危うくなった場合に備えて、格納容器内の放射性物質が混じった蒸気や気体を意図的に外、つまり環境に出す仕組みです。その目的のひとつは圧力の上がった格納容器内部の圧力を下げて、格納容器自体が破損することを防ぎます。ただし、そのまま蒸気などを外に出すのではなくて、放射性物質をできるだけ多く漉し取る〝フィルター〟が付いています。換気扇などに着いているフィルターと基本は同じですが、放射性物質を効率よく吸着する仕組みを持った、とても大型のフィ

図 3-10　フィルターベントの構成 © 原子力文化財団

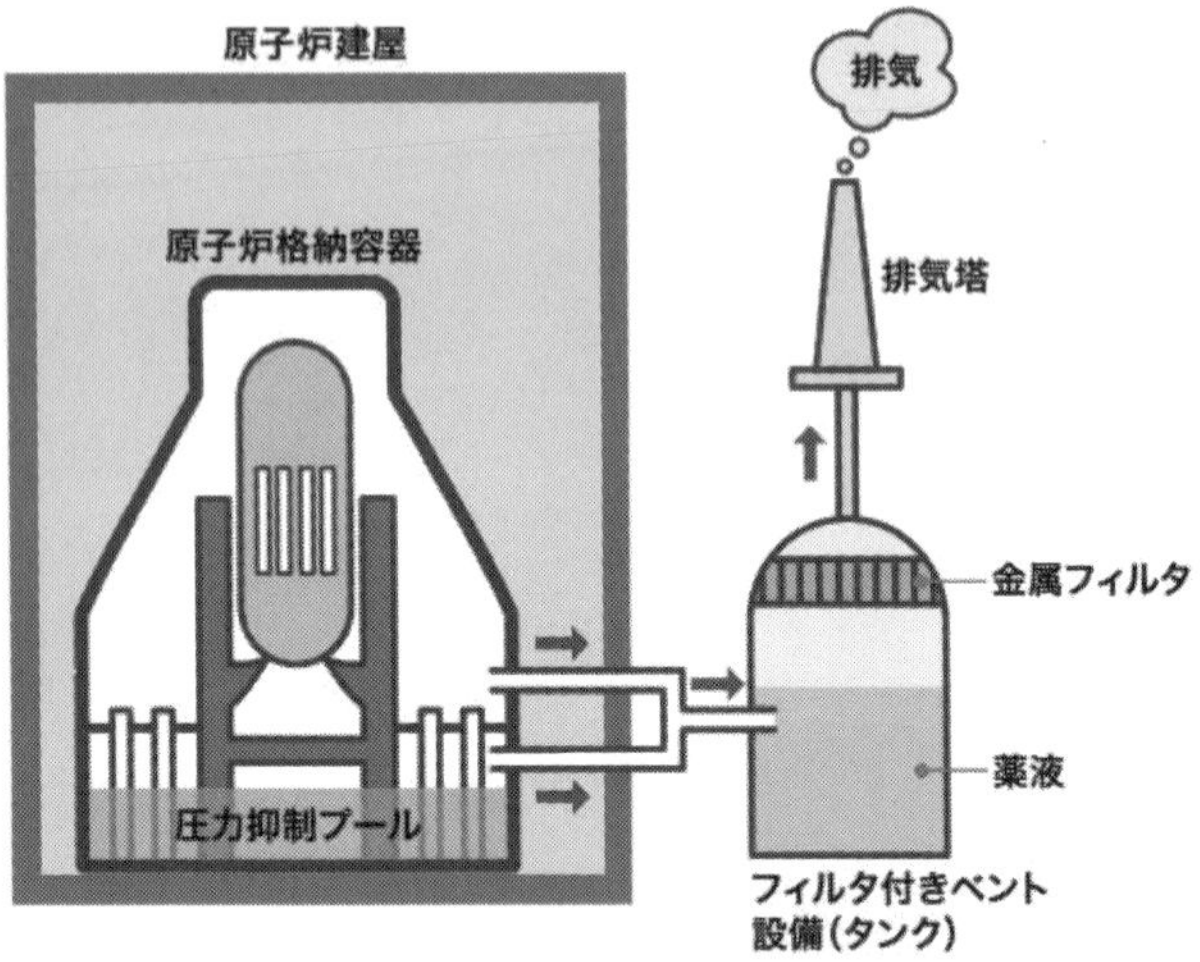

ルターです（図3－10）。

放射性物質を吸着するフィルターを通して排気することで、セシウムなどの粒子状の放射性物質の放出量が1000分の1以下に抑えられるといわれています。そのことは実験で確かめられています。

さて、設備をあれこれ設置するのには費用はかかりますが、ある意味比較的簡単かもしれません。しかし、どこまで設備対策を講じたとしても、最終的には「現場の人の対応力」が発揮されなければうまくいかないでしょう。これも福島第一原子力発電所事故の教訓の大きなものです。

事態が重大事故に向かっているときに、非常用に備えておいた電源を接続したりポンプを用い注水をする――そのために大型車を運

図 3-11　緊急時即応班
(ERF = Emergency Response Force)（© 中部電力）

転移動し現場で操作するのは、慣れていないとなかなか難しいことです。

そのような緊急事態に専門に対応する部隊が浜岡にはあります。「緊急事即応班（Emergency Response Force)です。この隊員は、まさに緊急事態専門なのです。普段は黙々と、その訓練を繰り返しています。このような専門部隊は、３・11以前はどこの発電所にもなかったものです（図３‐11）。

このようにして、設備と人の両面から安全確保のための対策が講じられています。

以上見てきたのが、３・11以降新たに追加された安全強化対策の事例です。このような対策は、どれを取っても３・11以前は〝炉心損傷は起こらない〟という『安全神話』が蔓延していた風土の中ではできなかったことです。それが今では、安全を確保するためにまさに多種多様な手段を幾重にも張り巡らせているのです。

では、これらの安全対策を追加することによって、一体どれくらいより安全になったと言えるのでしょうか？

How safe is safe enough?
その結果は？　安全はどの程度改善されているのか？

どの程度の安全が達成されれば、それで十分と言えるのか？

これは、原子力安全の永遠の課題ともいうべきものです。

How safe is safe enough? という問いかけです。原子力の発祥からこの問題はありますが、１９７９年に米国スリーマイル島でシビアアクシデント（炉心燃料の約50％が溶けた事故）の数年前から〝確率論的リスク評価〟という手法に基づいて、この永遠の課題にひとつの目星を付けようという動きが起こってきました（１９７５年にラスムッセン報告書「ＷＡＳＨ‐１４００」が公にされました）。

その結果は以下の通りです。

米国は1986年に二つの定性的目標と二つの定量的目標からなる安全目標政策声明を発表した。定性的目標は以下の2項目からなる。

【安全目標】

①原子力発電の影響で個人が生命と健康に有意なリスクを新たに負わないよう公衆は保護されるべきこと

②原子力発電による社会的リスクを競合発電技術のリスクと同等又はそれ以下とすること

一方、定量的目標は次の2項目である。

①原子力発電所近くの公衆の受ける原子炉事故による急性死亡リスクは原子力発電所以外の他の事故による急性死亡リスクの0・1％を超えないこと

②原子力発電所周辺住民の原子力発電所によると思われるガン死亡リスクはそれ以外の全ての原因によるガン死亡リスクの0・1％を超えないこと

【性能目標】

そして、これらを満たすためという前提として原子力規制上、原子力発電プラントが満たすべき性能の目標値（性能指針という）を以下のように定めた。
・重大な炉心損傷事象の発生確率が将来炉は10～5／100万炉年より小さいこと
・大量の放射性物質放出を伴う原子炉事故の発生確率はそれより一ケタ以上小さいこと

これらの定量的目標や一般性能指針の事故発生確率は国際原子力機関（IAEA）などで採用されている。

安全目標のポイントは、原子力事故によって余分に発生する死亡リスクが十分に低いことを求めている点にあります。

原子力事故による急性死亡リスクがそれ以外のすべての原因による急性死亡リスクの0.1％を超えないこととしています。ガン死亡リスクについても同様です。

では日本の安全目標の現状はどうか？

日本の場合は、このような死亡リスクの目標値、つまり安全目標はまだ定められていません。しかし、性能目標という数値目標は定められています。

> 事故時のセシウム１３７の放出量が１００テラベクレルを超えるような事故の発生頻度は、１００万炉年に１回程度を超えないように抑制されるべきである（テロ等によるものを除く）ことを、追加するべきであること。
>
> 原子力規制委員会決定（２０１３年４月10日）
>
> （註：１炉年とは、１つの原子炉が１年間運転すれば１炉年になります）

原子力規制委員会がこのような決定をする基礎になったデータが、２００３年12月に取りまとめられた「安全目標に関する調査審議状況の中間とりまとめ」（原子力安全委員会安全目標専門部会）です。そこでは、発電用原子炉の満たすべき性能目標の定量的な指標値として、

指標値１：炉心損傷確率（ＣＤＦ）が10^{-4}／年程度
指標値２：格納容器破損確率（ＣＦＦ）が10^{-5}／年程度

を提案しています。

そして、これら２つの指標値が同時に満足されることを目指すとしています。

前述の規制委員会決定は、この指標値をベースに、欧州諸国で適用されているセシウムを

指標とする環境に放出され得る最大量１００テラベクレルを組み合わせた形になっているのです。

安全を強化した原子炉のリスクはどうなのか

追加的安全措置を講じた原子力プラントの炉心損傷確率と格納容器破損確率を、新規制基準の審査のために各事業者が提出した審査書から抜粋した一覧表があります。その結果を表３－１に示します。

この表に示されるどの原子炉の場合も、指標値の1及び2を概ね満たしています。

炉心損傷とは、炉心の燃料が破損したり溶けたりする事故を指しています。その原因として原子炉の機器の故障や人的な操作ミスによるもの、つまり運転時の内部原因によるもの、そして外部的な要因である地震と津波について、それぞれ評価した値です。

例えば、高浜1号炉または2号炉の6・6×10^{-5}／年が意味するところは次のようなことです。この原子炉（1基）が考えうる内部的な要因によって炉心損傷を起こす頻度が10万年

表 3-1　確率論的な手法による炉心損傷と格納容器破損の各々の確率

（単位：／年）

	発電炉	炉心損傷確率			格納容器破損確率
		運転時の内部原因	地震原因	津波原因	
加圧水型軽水炉（PWR）	高浜1、2号炉	$6.6X10^{-5}$	$1.8X10^{-5}$	$1.3X10^{-6}$	$5.0X10^{-5}$
	高浜3、4号炉	$6.1X10^{-5}$	$3.3X10^{-6}$	$1.9X10^{-5}$	$5.1X10^{-5}$
	大飯3、4号炉	$6.4X10^{-5}$	$2.8X10^{-6}$	$3.0X10^{-7}$	$5.3X10^{-5}$
	川内1、2号炉	$2.5X10^{-4}$	$3.1X10^{-5}$	$3.8X10^{-8}$	$2.1X10^{-4}$
	伊方3号炉	$2.2X10^{-4}$	$3.8X10^{-5}$	$1.3X10^{-5}$	$2.1X10^{-4}$
沸騰水型軽水炉（BWR）	柏崎刈羽6、7号炉	$3.3X10^{-6}$	$1.3X10^{-5}$	$2.1X10^{-4}$	$3.3X10^{-6}$
	女川2号炉	$2.0X10^{-5}$	$2.4X10^{-5}$	$2.2X10^{-5}$	$2.0X10^{-5}$
	浜岡4号炉	$2.9X10^{-6}$	$1.9X10^{-6}$	$7.4X10^{-6}$	$2.9X10^{-6}$
	島根2号炉	$6.0X10^{-6}$	$1.0X10^{-6}$	$4.7X10^{-7}$	$5.9X10^{-6}$

あたり６・６回程度ということです。ただし、これはあくまでも評価上の値であり、「蓋然性」つまり確からしさを示すものです。

重ねて言いますが、安全目標を達成するための性能目標である指標値を満たしており、安全性確保の最初のハードルを超えているということをご理解いただきたいと思います。

シビアアクシデントで放出されるセシウム１３７の量は劇的に少なくなる

また、これまでに安全審査を通過した原子炉の重大事故時に放出され得るセシウム１３７の量は、目標である１００テラベクレルを下回っています。

図３‐12は、最初に再稼働にこぎつけた鹿児島県の川内原子力発電所の２号機を例に、セシ

図 3-12　重大事故時の放射性物質の放出量

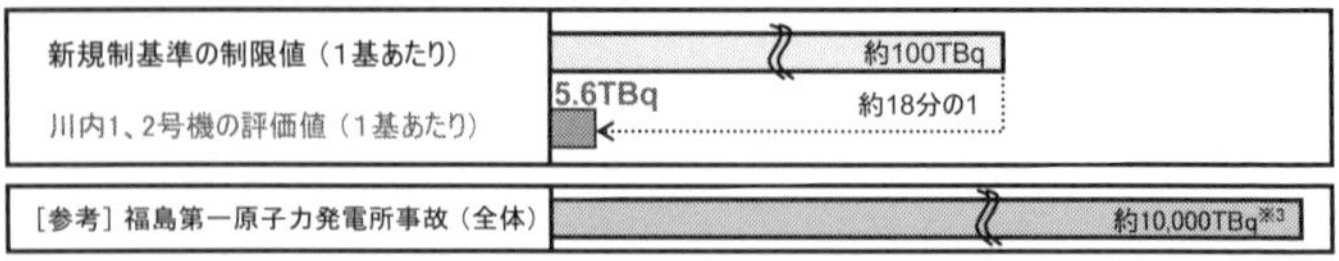

出典：九州電力データブック 2014 別冊、14 頁

ウム１３７の放出可能量を福島第一原子力発電所のケースと比較したものです。

　このように福島第一原子力発電所の事故によって放出されたセシウム１３７に比べて約１８００分の１、新規制基準の制限値（１００テラベクレル）に比べて約18分の１と非常に低い値に止まっていることがわかります。

　図３‐12は、加圧水型軽水炉（ＰＷＲ）で最も早く安全審査を通過した川内原子力発電所の例ですが、福島第一と同じ沸騰水型軽水炉（ＢＷＲ）についても同様の評価がなされています。

　ＢＷＲで最も早く審査に合格した柏崎刈羽原子力発電所６、７号機の場合は、重大事故時のセシウム１３７の最大放出量は７日間で16テラベクレル（なお、１００日間の合計では18テラベクレル）という量になっています。この値も目標である制限値（１００テラベクレル）の６分の１以下です。

避難しなくて良い——屋内退避でしのげる

新規制基準の制限値である１００テラベクレルという数字は、その値以下であれば原子力発電所から至近の５キロメートル圏外で、住民が過大な被ばくを被らなくて済むという値になります。これは、国際原子力機関において科学的根拠に基づいた評価によって割り出された結果なのです。

そして、５キロメートル圏内であっても、原子力発電所から２キロメートル以上離れていて、屋内退避をしていれば国際的な相場観による安全は確保できるという結果が出ています。数日屋内にとどまって推移を見守り、必要ならばそのうえで避難をする、そういう方法で難をしのげるというのです。

とりわけ、病院の入院患者で重篤な方々をすぐさま避難させる必要性はないと考えても良いようになるわけです。

集中立地は大丈夫なのか

柏崎刈羽のようにひとつの敷地内に複数の原子炉を設置している集中立地で懸念されるのは、福島第一で起こったように複数の原子炉が順を追うように炉心損傷に至るケースです。

特にある原子炉の事故が隣の原子炉の事故を引き起こしてしまうケースです。隣り合う原子炉どうしで共用している装置がその引き金になることです。福島第一では、3号機で発生した水素が、共用している排気ラインを通じて隣の4号機に流れ込み、4号機の建屋内で水素爆発を引き起こしてしまいました。

柏崎刈羽では、福島第一とは異なり、格納容器のベントや建屋内の換気空調の排気ラインは号機ごとに独立させています。

たとえ燃料が損傷して水素が発生したとしても、その水素が隣のプラントに入りこむことは起こり得ません。

それ以前に、3・11の教訓を活かして、仮に水素が発生しても水素を酸素と結合させて水にする装置が新たに取り付けられています。また、それとは別に、建屋の壁に大きなブローアウトパネル、つまり水素を外に出すパネルを設けて遠隔操作で開けるなどさまざまな工夫がされています(図3-13)。

炉心を冷やすことに関しても、注水用のポンプ車や電源車を万全に配備しています。どういうことかといえば、各原子炉を冷やすのに必要な台数の2倍に加えて予備のポンプ車や電源車を備えています。

さらに、極め付きは、万万が一複数の原子炉が同じ時間帯にシビアアクシデントに陥る危機に瀕した場合を想定した訓練を日常的に積み重ねています。

図 3-13　水素を逃すためにブローアウトパネルを設置

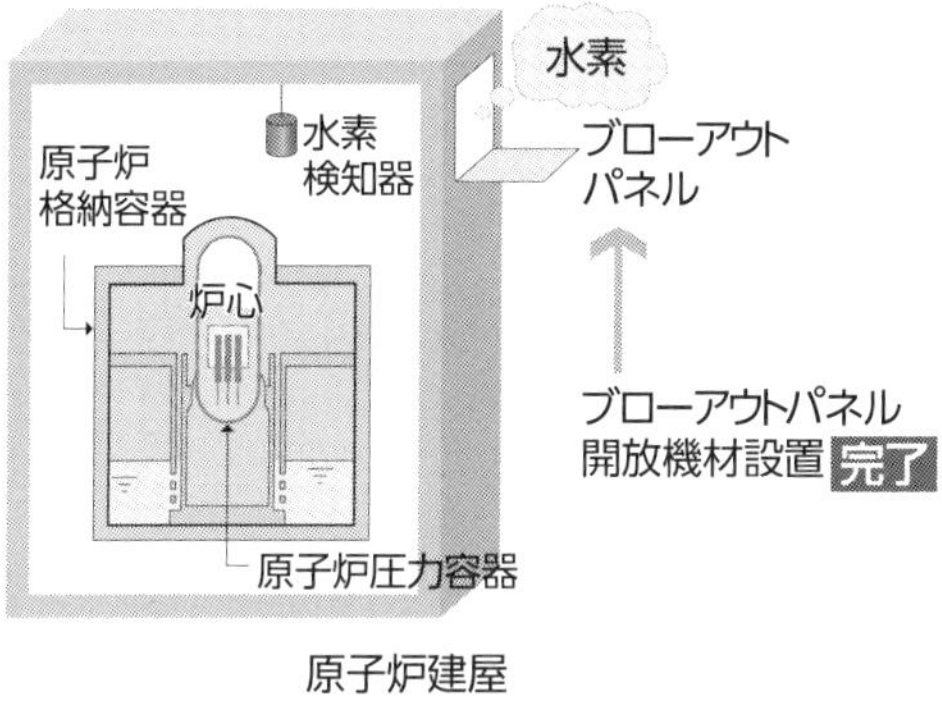

このような結果、集中立地点で事故が起こっても、その影響は最悪でも〝足し算〟以上にはならないということです。

これから私たちがなすべきこと

玄海原子力発電所の差し止め訴訟—裁判は安全を支持

佐賀地方裁判所は、玄海原子力発電所３、４号機の再稼働の差し止めを求める住民らの仮処分申し立てを却下する決定をしました。２０１７年６月13日のことでした。これらの原子力発電所は、原子力規制委員会の安全審査を終えて、原発を再稼働することについて地元の同意も進んでいましたので、翌２０１８年３月22日にまず３号機が再起動にこぎつけました。４号機が再稼働したのは、それから約半年後の２０１８年８

月16日でした。いずれも6年ぶりの再稼働でした。

さて、この裁判での住民側の主な主張は、「耐震設計の目安となる基準地震動が過小評価されている」でした。また、原子炉の冷却に必要な配管に対しても、地震の影響下では安全性が確保されないとして、福島第一原子力発電所で起こったような重大事故（シビアアクシデント）が予測されると訴えていました。これに対し、九州電力は「基準地震動の設定は合理的で妥当。配管も安全対策を確保しており重大事故には至らない」と反論をしました。

佐賀地裁の立川毅裁判長は決定理由で、国が策定した新規制基準について「最も厳しい評価結果を基準地震動として採用しており、合理的なもの」と評価しました。「玄海原発は事故により重大な被害が生じる具体的な危険があるとは認められない」と指摘し、原子炉の配管も「安全性に欠けるところがあるとは認められない」として、住民側主張を全面的に退けたのでした。

2基は２０１７年1月、国の新規制基準に基づく原子力規制委員会の審査に合格し同年4月には山口祥義佐賀県知事が同意を表明しました。県議会や立地する玄海町も再稼働を認めており、再稼働に必要な一連の手続きが進んでいたのです。

原発の運転差し止めを巡っては近年、司法の判断が割れています。２０１４年5月に福井地裁が関西電力大飯原発の再稼働を認めない判決を出しました。しかし、その後、控訴審で

図３-14　日本全国の原子力施設の新規制基準適合性審査・稼働状況

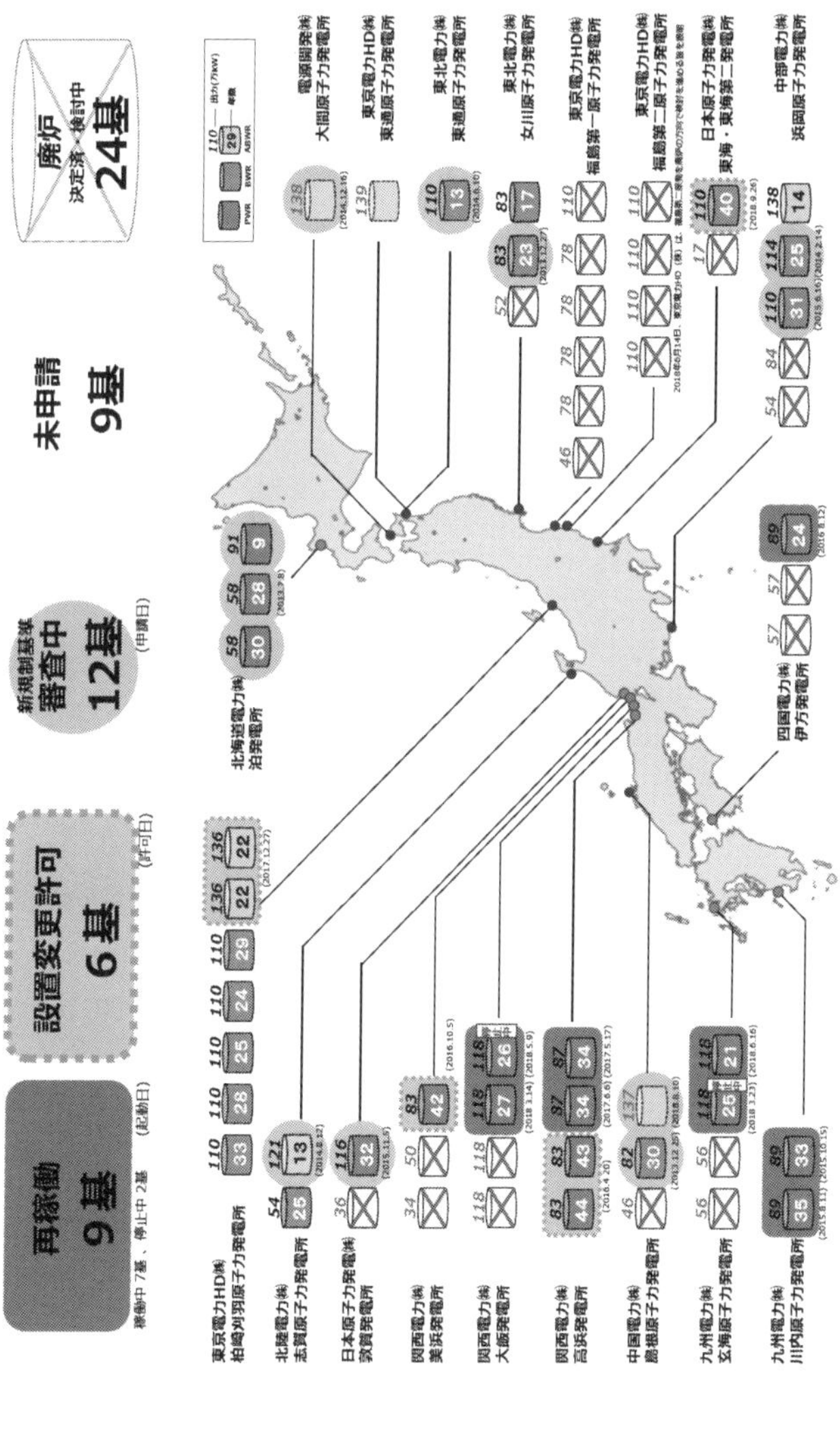

出典：資源エネルギー庁

争われ、２０１８年７月４日に名古屋高裁金沢支部の内藤正之裁判長は、運転差し止めを命じた一審判決を取り消し、原告側の請求を棄却する判決を言い渡しました。住民側は逆転敗訴したのでした。

そのほか、２０１６年３月には、大津地裁が関西電力高浜原発の運転差し止めを命じる決定をしました。しかし、高浜原発はその後の上級審で差し止めが取り消され、再稼働しました。

一方、九州電力の川内原発では、２０１５年４月に鹿児島地裁が差し止めの申し立てを退け、高裁もこれを支持しました。２０１７年３月にも広島地裁が四国電力伊方原発の運転を認めました。

つまり経緯はさまざまですが、裁判所は、これらの原子力発電所が新しい規制基準に適合しているかどうか、つまり安全かどうかについては一定水準の安全が達成できているという主張を支持したのです。

２０３０年、原発20～22％は達成可能か

２０１８年11月７日時点で稼働している原子力発電所は９基です。九州電力の川内１、２号機（鹿児島県）、玄海３、４号機（佐賀県）、四国電力の伊方３号機（愛媛県）、関西電力の高浜３、４号機、大飯３、４号機。審査は通過したけれどもまだ稼働していないのが、高浜

図 3-15　日本全国の原子力施設の新規制基準適合性審査・稼働状況

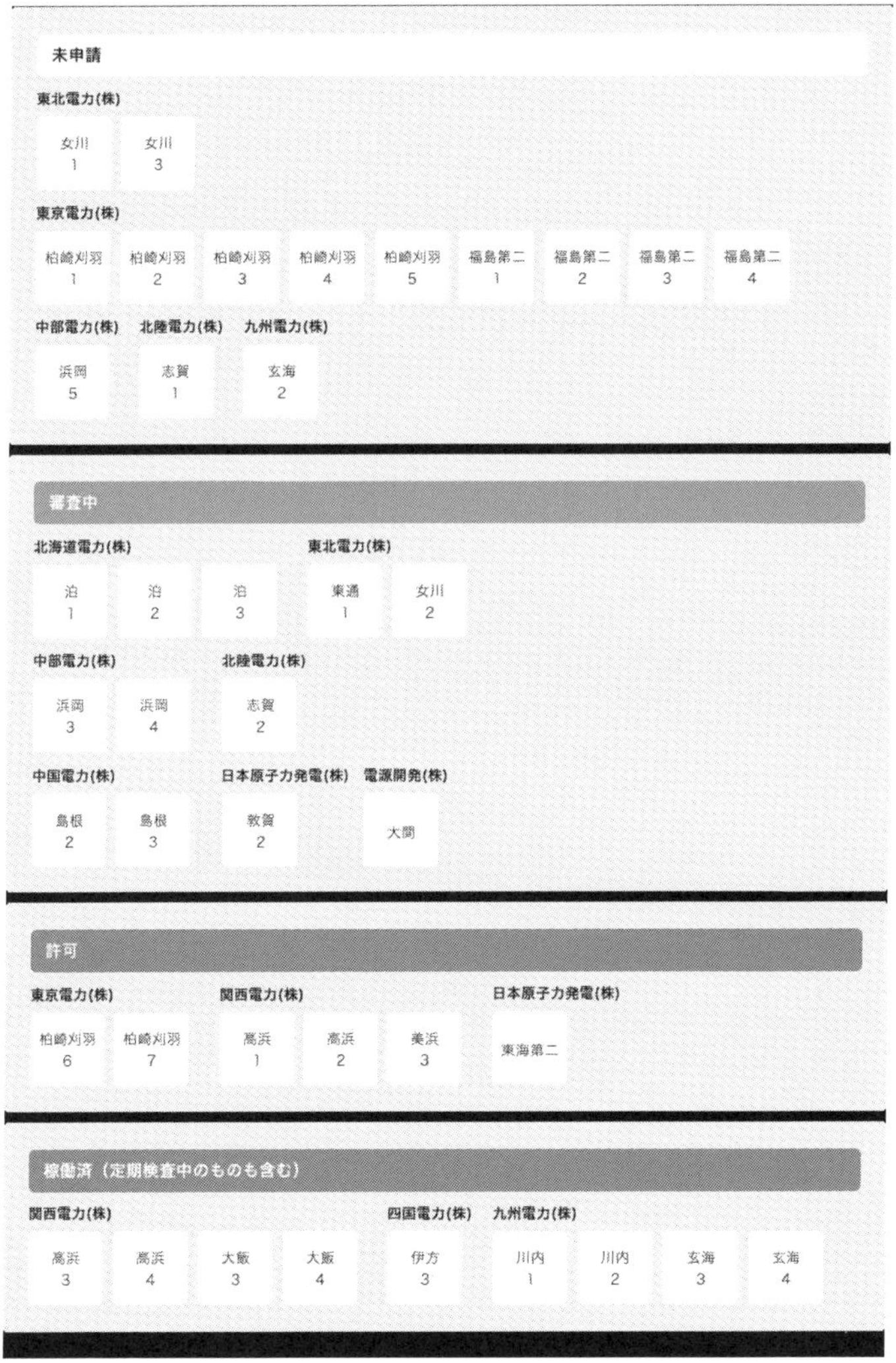

未申請
東北電力(株)
女川 1
女川 3
東京電力(株)
柏崎刈羽 1
柏崎刈羽 2
柏崎刈羽 3
柏崎刈羽 4
柏崎刈羽 5
福島第二 1
福島第二 2
福島第二 3
福島第二 4
中部電力(株)
浜岡 5
北陸電力(株)
志賀 1
九州電力(株)
玄海 2
審査中
北海道電力(株)
泊 1
泊 2
泊 3
東北電力(株)
東通 1
女川 2
中部電力(株)
浜岡 3
浜岡 4
北陸電力(株)
志賀 2
中国電力(株)
島根 2
島根 3
日本原子力発電(株)
敦賀 2
電源開発(株)
大間
許可
東京電力(株)
柏崎刈羽 6
柏崎刈羽 7
関西電力(株)
高浜 1
高浜 2
美浜 3
日本原子力発電(株)
東海第二
稼働済（定期検査中のものも含む）
関西電力(株)
高浜 3
高浜 4
大飯 3
大飯 4
四国電力(株)
伊方 3
九州電力(株)
川内 1
川内 2
玄海 3
玄海 4

3、4号機、美浜3号機（福井県）、柏崎刈羽6、7号機（新潟県）、そして東海第二（茨城県）のあわせて6基です。審査を通過したものと稼働中のもので15基ありますが、稼働中のものはすべて加圧水型軽水炉（PWR）というタイプで、しかも西日本にあります。

東日本には、沸騰水型軽水炉（BWR）が圧倒的に多く敷設されています。

東日本に多くあるBWRは、これまでのところかろうじて3基が審査を通過しましたが、まだ一基も再稼働にこぎつけていません。では、BWRがその安全性においてPWRに劣るのかといえば、そうではありません。そのことは、炉心損傷頻度を見ていただければ一目瞭然だと思います（表3－1）。一連のPWRと同等かそれ以上であり、BWRは、炉心損傷の頻度において劣るわけではありません。もちろん炉心損傷頻度が重大事故（シビアアクシデント）のもたらし得る災禍のすべてを決めるわけではありませんが、最も重要な因子であることは間違いありません。

2012年の原子力規制委員会の発足から7年になりますが、図3－15に示されますように、これまで審査を申請した27基の原子炉のうち審査を通過したものは15基にすぎません。そのうち現在稼働しているのはわずか9基なのです。この27基の中には、建設中でありながら工事が2011年の東日本大震災の影響でストップしたままの大間原子力発電所も含まれています。工事進捗率は震災前と同じ38％のままです。

ＰＷＲは、申請16基のうち12基が審査を通過して９期が稼働中です。一方、ＢＷＲは申請11基のうち審査を通過したのがわずかに３基、稼働しているものは未だにゼロのままなのです。

フルモックス大間原子力の建設を急げ

審査を請け負う規制庁の内部的な事情もあるとは思いますが、ＢＷＲの再稼働が遅れている現状を看過することについては、むしろ政治の責任が厳しく問われるのではないでしょうか。

国内的な目標としては、２０３０年までに原子力による発電比率を22％程度までに回復させる必要があります。そのためには、数多あるＢＷＲの運転再開の促進はもちろんのこと、建設中の大間のＡＢＷＲの工事再開・早期の運転開始は必須です。大間原子力発電所は、燃料すべてにウランとプルトニウムを混合した酸化物（これをＭＯＸという）を用いるタイプの原子炉です。いわゆるプルサーマル軽水炉が用いるＭＯＸ燃料は全炉心の３割程度なので、大間原子力発電所は、プルトニウムを有効に使い回すことでもとても意義が大きいのです。この大間に建設中の原子力発電所も改良型のＢＷＲ（Advanced BWR: ＡＢＷＲ）なのです。

大間ＡＢＷＲは、高速増殖炉もんじゅなき後のプルトニウム利用促進の象徴です。

図 3-16　我が国におけるプルトニウム利用の基本的な考え方

（2018 年 7 月 31 日　原子力委員会決定）

我が国は、上記の考え方（利用目的のないプルトニウムは持たない）に基づき、プルトニウム保有量を減少させる。プルトニウム保有量は、以下の措置の実現に基づき、現在の水準を超えることはない。

1. 再処理等の計画の認可（再処理等拠出金法）に当たっては、六ヶ所再処理工場、MOX 燃料加工工場及びプルサーマルの稼働状況に応じて、プルサーマルの着実な実施に必要な量だけ再処理が実施されるよう認可を行う。その上で、生産された MOX 燃料については、事業者により時宜を失わずに確実に消費されるよう指導し、それを確認する。
2. プルトニウムの需給バランスを確保し、再処理から照射までのプルトニウム保有量を必要最小限とし、再処理工場等の適切な運転に必要な水準まで減少させるため、事業者に必要な指導を行い、実現に取り組む。
3. 事業者間の連携・協力を促すこと等により、海外保有分のプルトニウムの着実な削減に取り組む。
4. 研究開発に利用されるプルルトニウムについては、情勢の変化によって機動的に対応することとしつつ、当面の使用方針が明確でない場合には、その利用又は処分等の在り方について全てのオプションを検討する。
5. 使用済燃料の貯蔵能力の拡大に向けた取組を着実に実施する。

加えて、透明性を高める観点から、今後、電気事業者及び国立研究開発法人日本原子力研究開発機構（JAEA）は、プルトニウムの所有者、所有量及び利用目的を記載した利用計画を改めて策定した上で、毎年度公表していくこととする。

2018年にプルトニウムの平和利用を眼目とした日米原子力協定の自動延長がなされました。そのころ、日本の原子力委員会は、プルトニウム利用の基本的考え方を発表しました。それは5項目からなっています（図3‐16）。

我が国の保有するプルトニウムとしては、かつて英国とフランスに日本の原発から出てきた使用済みの核燃料を送り、再処理をお願いして取り出されたプルトニウムが、この2カ国に47トン保管されています。そのようなプルトニウムを燃料として使い、減らしていくうえでも大間の原子力発電所が果たす役割はとても大きく価値が高いのです。

ＡＢＷＲといえば、島根３号機は97％まで完成していて、あとは燃料装荷を待つだけですが、こちらも申請されてはいるものの、運転開始への前途は長いと思われます。

３・11の激甚な地震と津波を乗り切り地域住民の避難所さえも提供した〝優等生〟の宮城県の女川原子力発電所は、いつでも再稼働できる体制が整っているのですが、審査の進捗は遅れています。そして、中部地域を支える浜岡に関しては、審査を通過した暁には地元の首長の再稼働への同意が大きなハードルになります。

この先もＢＷＲには多難な前途が待ち受けています。それが現実です。しかし、ＢＷＲ群の稼働なくしては、国内的なエネルギーミックスの目標はもとより、国際的には、日本がパリ協定の枠組みにおいて示した意欲的な温室効果ガス削減目標へ近づくことさえもできないでしょう。このままでは、国際的な公約を果たす展望も示すことができず、国家の信用を失いかねない状況です。

政治の明確なビジョンと強い意思のもとで有効な手立てが打たれなければ、日本はグローバル社会の中での存在感、リーダーシップを失うのではないでしょうか。

原子力のリスクは客観的に見て格段に小さい

リスク（risk）という言葉は日常的によく使っていますね。リスクを危険と同じように使っていることもあると思います。しかし、危険は英語ではdangerです。リスクという言葉にうまい日本語がありません。riskの語源はrisico（リジコ）というラテン語です。動詞はrisicare（リズカーレ）です。

リズカーレという語には、船乗りが断崖絶壁の間を縫って航海し何かを取りに行くというイメージがあります。中世の頃スペインやポルトガルには、東方貿易で一攫千金を狙う船乗りたちが多くいました。断崖絶壁や岩礁の間をくぐり抜けて航海し、積み荷を狙って襲いかかってくる海賊を追っ払って突き進んでいく。そんな船乗りたちの〝リズカーレ〟は、そのうちに「勇気を持って試みる」という意味を持つようになったそうです。このようなことから、「リスク」を「危険」という意味のみで理解するのはどうもよくないようです。

リスクとは「勇気を持って試みる」、つまり危険を承知で挑戦することなのです。もちろん失敗すれば、大怪我どころか死んでしまうこともあります。しかし、うまくいけば勇気を持って挑戦した者だけが得られる喜びと利益を手にすることができます。それは挑戦しない限り、決して手には入らないものです。

客観的リスクと主観的リスク

主観的リスク

リスクには、客観的リスクと主観的リスクがあります。

原子力発電所のリスクを語る場合、私たちは〝客観的なリスク〟という考え方を用います。例えば、原子力発電所と石炭火力発電所を比較して、リスクが数値として、どのように表されて比較することができるかを問題にし、それが見えるようにしたいと考えます。

数値としては、一定量の発電量を得るためにどれくらいの人が犠牲になっているかが尺度として使われることがあります。

客観的なリスクに対して〝主観的なリスク〟があります。これは、個々人が感じる安心感や不安感と関係してきます。客観的リスクがたとえ石炭火力よりも低かったとしても、原発は恐い、いやだと考える心情にあるのが主観的リスクのなせる業です。主観とは、このように拒絶反応を呼び起こしやすい性質を持っています。

拒絶反応には、大きく分けて２つの要因があるという専門家の分析があります。[※6] 制御できないことと観測できないことの２つです（図３-17）。

制御できないことの内容には、恐い、地球規模の惨事、影響が致命的、将来世代に影響大、容易に減らせないなどがあります。

3・11当時の首相であった菅直人さんが、当時はもちろん今でも「原発事故は制御できない」とことあるごとに言っています。政治の中枢にいる責任ある立場の人の言葉ですから影響はとても大きいのです。

私も雑誌対談をしたことがある小出裕之さんは、放射線の影響は、その量がたとえ今はわずかであっても、長い年月をかけて積もっていくので、最終的にその結果は致命的、つまり死に至るとラジオ（たねまきジャーナル―大阪毎日放送）や数々の著作や講演会で言っています。

福島県浜通りでは、放射能で汚染された家屋や土地の除染がされています。事故が起こった2011年の8月30日に放射性物質汚染対処特措法が公布されました。この法律は、家屋や土地に降り注いだ放射性物質を、どの程度まで除染するかを決めた法律です。除染の程度については、さまざまな議論がありましたが、当時の原発担当大臣だった細野豪志さんが、最終的には独断で〝1ミリシーベルト（年間）まで除染する〟と決めてしまいました。土地や家屋からそこに住んでいる人が余分に被る被ばく線量を年間1ミリシーベルト以下にしなければならないというものです。私たちは原発事故がなくても、年間に2・4ミリシーベル

図 3-17 主観的リスクと拒絶反応

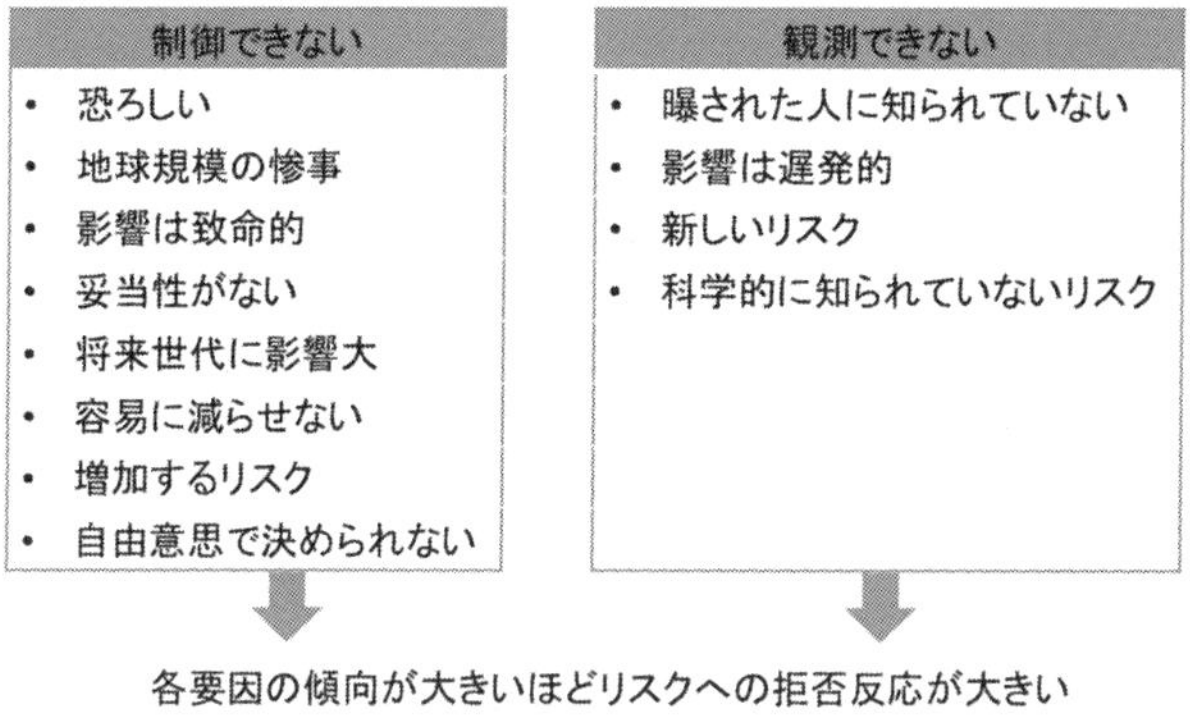

制御できない	観測できない
・ 恐ろしい ・ 地球規模の惨事 ・ 影響は致命的 ・ 妥当性がない ・ 将来世代に影響大 ・ 容易に減らせない ・ 増加するリスク ・ 自由意思で決められない	・ 曝された人に知られていない ・ 影響は遅発的 ・ 新しいリスク ・ 科学的に知られていないリスク

各要因の傾向が大きいほどリスクへの拒否反応が大きい

トほどの被ばくを受けています。その原因は、宇宙線、大地から出てくる放射線（ラドンなど）、食べものに含まれるもの（^{14}Cや^{40}Kなど）です。

この２・４ミリシーベルトに比べて１ミリシーベルトという数字は厳しすぎるという声がたくさんありましたが、細野さんは押し切った形でした。

この厳しすぎる除染の基準によって、大量の土壌が引き剥がされ、フレコンパックに詰められて、浜通りのあちこちにある巨大な仮置場に溜められています。中間貯蔵施設への輸送が進行中ではあるものの、地元の人々には恐ろしさと同時に〝容易に減らせない〟現実を見せつけています（図３‐18）。

観測できないことには、影響が遅発的、新しいリスクなどがあります。

事故当時、毎日記者会見を行っていたときの官房長官の枝野幸男さんは、原発事故による放射性物質の影

図 3-18　積み上げられたフレコンパックの山

響について記者から尋ねられると、オウム返しのように〝直ちに影響はありません……〟と答えていました。この言い方は、今すぐには影響はありませんが、そのうちゆっくりじわじわと影響が出てくる、つまり遅発的な影響がある可能性を否定していません。

新しいリスク、科学的に知られていないリスク。まさに原発事故が私たちにもたらすリスクは真新しく、よく知られていないものでした。つまり放射線のリスクです。3・11以前は、安全神話によって、あのような炉心が溶けて放射性物質があたりにまき散らされるという過酷な事故は起こらないという建前になっていましたから、なおさらです。実際に、あの事故で環境に大量に撒き散らされた放射性物質の環境や人を含む生物への影響については、さまざまな議論が巻き起こっています。また、放射線の教育も義務教育のなかで教えられなくなって、30年以上が経っていました。ですから放射線のリスクそのものが、一般市民にとっては新しいものでよくわからないものでした。

このようにして、政治家や専門家、マスメディア、インターネット、口コミなどを通じて〝主観的リスク〟によって原発はどんどん怖いものとして膨れ上がって、私たちの心の中に拒絶反応がむくむくと形づくられていったのです。

客観的リスク

主観的リスクはその名の通り、個々人の主観に左右されます。では、客観的リスクにはどのようなものがあって、それによって何を測ることができるのでしょうか。リスクを取りにいくとか〝ハイリスク・ハイリターン〟という言葉があります。リスクを取りにいく場合、失敗や危険つまり犠牲が伴うことがあります。しかし成功すれば大きな利得が手に入る――リスクには、このような性格があります。

犠牲で最も重大なものは人の死亡です。

原子力はローリスク・ハイリターンなのか

中学生や高校生に、放射線や原子力について話す機会が時々あるという話を本章の冒頭でしました。授業をしていますと、中高生が「原子力発電所は危険ですよね。ただし、危険をうまく抑えこんで事故にならないようにすれば、とても便利ですよね——つまり、ハイリスク・ハイリターンですよねえ」と私に確認を求めてくることが幾度もありました。

どこかで聞いたような言葉「ハイリスク・ハイリターン」。投資用語だなと思いつつ、私が問いかけるのは、「君たちは一体リスクとは何だと思っているの」ということです。原発にきわめて慎重な人々の間で大変な物議をかもした映画があります。『パンドラの約束』というタイトルの映画です。その映画の中で、発電方式ごとのリスクの比較がなされています。この映画では、リスクは1テラワット時（これは1キロワット時の100万倍）の電気を手に入れることと引き換えに人が何人死ぬかという数字で比較しています。

ちなみに2017年に全世界で使われた電気の総量は約2万2000テラワット時です。石炭火力、石油火力、天然ガス火力、水力、原子力、太陽光、風力などなどです。映画の中では、原子力は風力の次にリスクが低いとしています。また、太陽光はパネルをつくる過程

図3-19　エネルギー源による死亡率（WHO 2007）
（人／TWh）

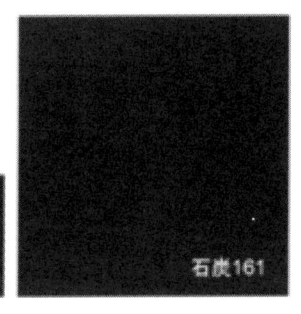

で、毒性の高い気体を使うとも指摘しています。

原子力はローリスク・ハイリターン？

映画『パンドラの約束』の中では、石炭火力発電と原子力発電との死亡率が比較されています。そのもとになっているのは世界保健機関（ＷＨＯ）の推計値です。１テラワット時の電気を作り出すために何人が犠牲になっているのか、つまり死んでいるかという数値です。石炭は１６１人に対して原子力は０・04人です（図３-19）。

さらに幅広くすべての発電源で比較したものが、表３-２です。

同様の分析結果が、２０１２年6月号のForbes誌にも掲載されています(表３-３)。こちらは１０００テラワット時（１兆キロワット時）発電するために、これだけの人が死んでいますという表です。これには、燃料を掘り出す鉱山の事故、輸送中の事故、製造中の事故、建設中の事故、

表3-2　発電源ごとに比較した発電量（1TWh）当たりの死亡数

エネルギー源	発電量TWh当たりの死者数（括弧内はエネルギーシェア）
石炭（世界平均）	161（一次エネルギーの26%、電力の50%）
石炭（中国）	278
石炭（アメリカ）	15
石油	36（一次エネルギーの36%）
天然ガス	4（一次エネルギーの21%）
バイオ燃料・バイオマス	12
泥炭	12
太陽光（屋根上）	0.44（一次エネルギーの0.1%未満）
風力	0.15（一次エネルギーの1%未満）
水力（ヨーロッパ）	0.10（一次エネルギーの2.2%）
水力（板橋事故込）	1.4
原子力	0.04（一次エネルギーの5.9%）

発電所の事故などが含まれています。

意外かもしれませんが、太陽光や風力による死亡者数は原子力よりも大きいのです。

ＷＨＯは２０１４年３月25日に、２０１２年の大気汚染が原因の死者が世界推計で約７００万人だったとする報告書を発表しました。そして、大気汚染は世界にとって、引き続き唯一最大の環境健康リスクだとしています。世界の交通事故者数は年間約１３０万人なので、このＷＨＯの発表は衝撃的です。大気汚染の原因のすべてが石炭火力からきているわけではありませんが、東南アジアでは年間約２万人が石炭火力の排出物で亡くなっているとしています。[※7]

また、国際エネルギー機関（ＩＥＡ）はインドの場合、石炭火力が原因で年間約10万人が死亡していると見積もっています。

化石燃料（石炭、石油、天然ガス）を用いる火力発電に比べると、太陽光、風力、原子力のリスクは圧倒的に低いのです。

表 3-3　1兆 kWh（1000TWh）あたりの死亡者数

エネルギー源	1兆 kWh あたりの死亡者数	原子力を1とすると
石炭（世界平均）	170,000	1,889
石油	36,000	400
バイオ関連	24,000	267
天然ガス	4,000	44
水力	1,400	16
太陽光	440	5
風力	150	2
原子力	90	1

出典：Forbes 誌（2012 年 6 月）

しかし、ここでおやっと思われる方は少なくないと思います。「なぜ太陽光発電で人が死ぬのか？」その通りです。ある学校でこのデータを見せたときに、先生からも同様の質問をいただきました。太陽光発電は、火力発電や原子力発電のようなシビアアクシデントは起こらないので、そう思うのは当然です。このデータは、ライフサイクルで見たものです。ライフサイクルとは、太陽光ならば、太陽光パネルを製造する→太陽光発電所を建造する→発電する→太陽光発電所を解体して廃棄するという一生（ライフ）のことを言います。太陽光は、そのパネルの製造段階で有毒な物質を使うのですが[※8]、それが河川などの環境に排出されて被害が出ているとのことです[※9]。

さて、WHOの推計でもフォーブスの記事でも、原子力の死亡リスクがとても低いことは一目瞭然です。同じようなリスクの評価は他にもいくつかありますが、傾向は同じです。原子力のリスクとは、そしてその正体とは一体何なのでしょうか？

この節のはじめで触れたように、リスクは実は『危険』ではないのです。失敗すれば何も得られないばかりか負債を背負ってしまいます。しかし、成功すれば大きな利得が得られます。それがハイリスク・ハイリターンの真髄ですね。17世紀の大航海時代に、リスクの概念のもとに、保険のシステムが生まれました。ロンドンのあの有名な保険会社ロイドです。大航海時代には、一攫千金を目論んで帆船が東インドを目指して出航しました。航海が成功して、欧州にはない産品（胡椒が有名）を東インドから持ち帰れば、一躍大金を儲けることができます。しかし、沈没すれば元も子もないどころか、負債が残りますし、命さえ失いかねません。これがリスクの実態です。

ここまでで見てきたように、原子力は風力や太陽光と並んでリスクが小さいのです。ローリスクなのです。つまり、失敗しても大して失うものがない――ただし、表3－3のように直接的な死亡数で見ればの話です。原発災害によって、15万を超える人々が長期の避難を強いられ、その間に多くの方々が亡くなられました。この表の死亡数は、その仕事に従事していて何らかの原因で死亡した人々や、事故に巻き込まれて死んだ一般の人々が含まれます。

つまり、直接死であって、3・11で問題にされる、いわゆる〝関連死〟は含んでいません。しかし、生徒が指摘しているように、原子力発電によれば大きなリターンが得られるのです。

つまり、原子力は直接死で見る限り、なんと〝ローリスク・ハイリターン〟なのです。

では一体、原子力が〝危険である〟といわれている、少なくとも一部の新聞やテレビでは毎日のようにそのような報道がなされているのは何を意味しているのでしょうか。

この死亡数だけでは表せないものがあるのでしょうか？

それは、がんなどの晩発性疾患、つまり確率的な死亡のリスクがあります。これについては第５章で見ていきます。

そしてもうひとつあります。

それは掛け替えのない先祖代々の土地や田畑が放射性物質で汚されてしまった、もう使えなくなってしまった、そういういわば穢《けが》れのことかもしれません。いまだに避難している人が４万３２１４人（２０１８年12月）[※10]もいます。取り返しのつかない場所と時間があるのです。失われたふるさと、一体、私たちの幸せとは何かということに本質があるように思います。

そういうことをこれから中学生や高校生という未来世代のみならず、老若男女を問わず一緒に考えていかなければならないと思います。

※1　原子力発電所を起動するには電気が必要になります。原子炉を冷やす水を循環させるポンプや、復水器発電した蒸気を海水で冷却して水に戻す装置である復水器を動かすポンプなどは、起動前から動かしておく必要があります。ほかにも多くの機器や計器を動かすために電気が必要となります。始動した原子力発電所の発電機がある程度の出力を出し、安定すれば、自分で発電した電気で様々な機器を動かすことができます。それまでの間は外部からの電気の供給に頼らざるを得ません。そうした電気は、主に外部から送電線で受電しています。外部の電気に頼らなくても起動できる発電所を自励式といいます。水力発電所がその代表です。

※2　日本の原子力規制用語では重大事故といいます。

※3　ガルは地震による揺れの強さを表す加速度の単位です。1ガル=1cm/s2です。

※4　津波からの防護として、敷地高さの設定や津波に対する防御施設の設置などにより、まず防護対象施設が設置される敷地に津波を到達・流入させないことを基本とするという考え方。漏水対策などと相まって、より一層信頼性の高い津波対策となる。（出典：http://www.nsr.go.jp/data/000155314.pdf）

※5　内閣府の「南海トラフの巨大地震モデル検討会」において検討された最大津波

※6　John C. Lee et al.「Risk and Safety Analysis of Nuclear Systems」、丸善出版、2013

※7　https://www.cnn.co.jp/business/35094977.html

※8　https://solarindustrymag.com/online/issues/SI1309/FEAT_05_Hazardous_Materials_Used_In_Silicon_PV_Cell_Production_A_Primer.html

※9　https://natgeo.nikkeibp.co.jp/nng/article/news/14/9939/

※10　http://www.pref.fukushima.lg.jp/site/portal/list271.html

第4章

原発事故のみが
最悪なのか？

原子力発電に慎重な方は、福島第一の事故の後に起こったことを見て、このように言う方がいます。「原子力事故が起こると、もう二度と住めなくなってしまう土地がある」。

小泉純一郎さんも、著書『原発ゼロ、やればできる』の中で〝航空機が墜落しても、その現場が「汚染」されることはありません。原発で大きな事故が起これば、周辺地域は放射性物質で汚染され、そこで暮らしてきた人々は二度と故郷に帰れなくなってしまいます〟と書いています。[※1]

傍線を引きましたが、二度と故郷に帰れなくなってしまいますと言い切っています。

しかし、帰れないのは放射性物質だけのせいなのでしょうか?

3・11当時の避難指示に問題が多々あったことは、今ではよく知られています。放射性物質の流れていく方向に避難してしまい、不必要な被ばくをしてしまった人々がいます。また、低線量被ばくの身体への影響については専門家の間でも意見が割れていることがあります。そして、すでに第3章(追加的安全対策)でみたように、現在の追加的安全対策と放射線についての最新の研究成果により、「むやみに避難せず屋内退避でしばらく様子をみる」ことが可能になりました。そして、故郷に「二度と住めなくなる」事態は避けられるようになったのではないでしょうか。それが、あの震災の大きな教訓であると私は考えています。

IAEA(国際原子力機関)やICRP(国際放射線防護委員会)が推奨している〝避難〟

図 4-1 2011年4月末の空間線量率

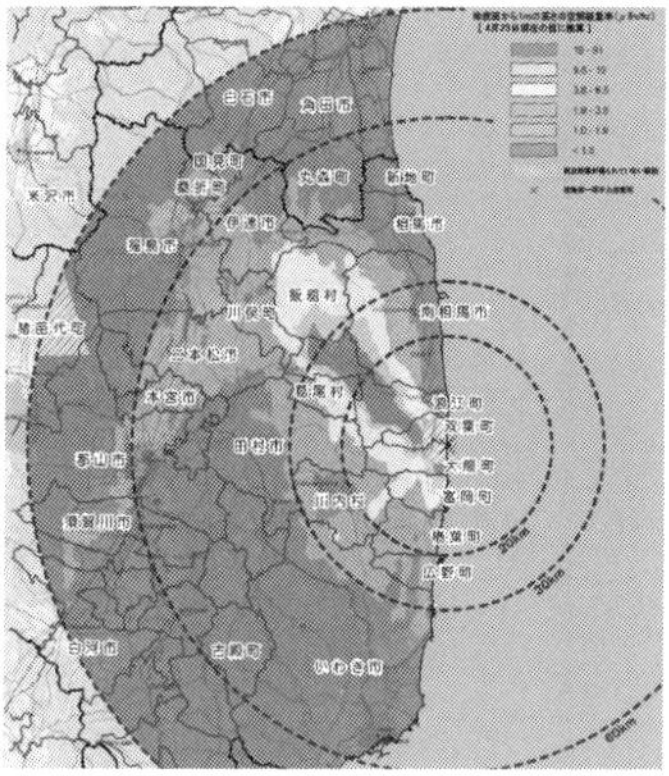

出典：文部科学省・米国ＤＯＥ

図 4-2 2012年の空間線量率

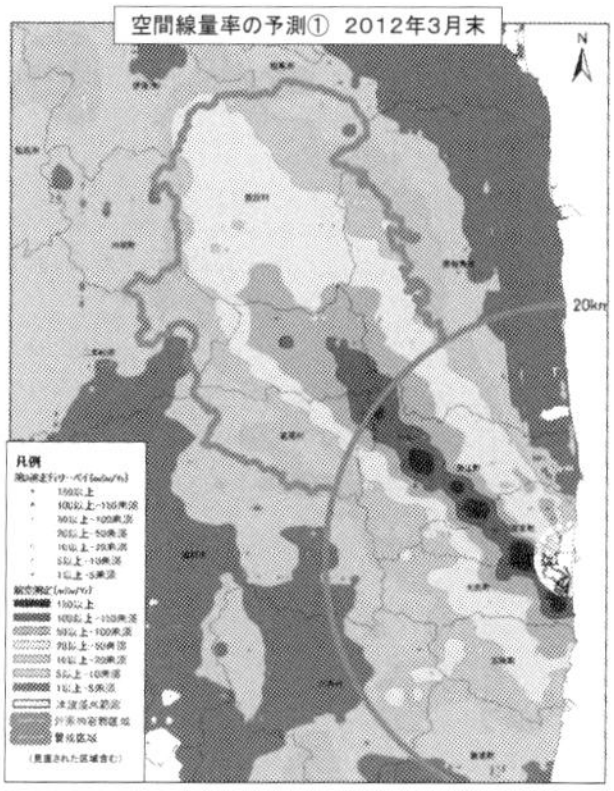

出典：復興庁

の目安は50ミリシーベルト／年です。

50ミリシーベルト／年より線量の高い帰還困難区域の変遷が、どのようになっているのかを見てみましょう（図４‐１、４‐２、口絵参照）。

避難区域は、少しずつですが縮小してきています。

実際、避難区域は帰還困難、居住制限、避難指示解除準備の３区域に再編された２０１３年８月には、11市町村で計約１１５０平方キロメートルに及んでいました。それが２０１７年４月には、４町村の解除面積は合わせて約３５５平方キロメートルになりました。

そして、残る避難区域は約３７０平方キロメートルとなったのです。県土全体に占める割合は区域再編時の８・３％から２・７％に縮小したことになります。※2

それは、除染による効果と、自然に放射線が減っていった効果によるものです。原発事故によって福島の被災地域を苦しめている放射性物質は、今では主にセシウムです。その放射性セシウムは2種類のものからなっています。セシウム134とセシウム137です。

放射性物質は自然に減っていく

放射性物質は放射線を出しますので厄介ですが、半減期という性質を持っています。ある放射性を持った物質が、放射性崩壊によって、その内の半分が別の物質に変化するまでにかかる時間を言います。こうして、放射線の強さが半分(2分の1)、そのまた半分(4分の1)と、半減期を経るごとに減っていくのです。

セシウム137の半減期は約30年ですが、セシウム134の半減期は約2・1年です。福島第一原子力発電所から環境に漏れ出てしまった量は、それぞれ18×1015ベクレル(1万8000テラベクレル)と15×1015ベクレル(1万5000テラベクレル)です。

復興庁は、2022年に空間の放射線の強さがどの程度減るかを予測しています(図4-

3、４-４、口絵参照）。

このように復興庁の予測では、２０２２年頃には年間に50ミリシーベルトを超える地域もごくわずかになるとしています。半減期は物理の性質なので、このようにして時間が経てば放射線の強さは確実に減っていきます。

図 4-3　2017 年の空間線量率

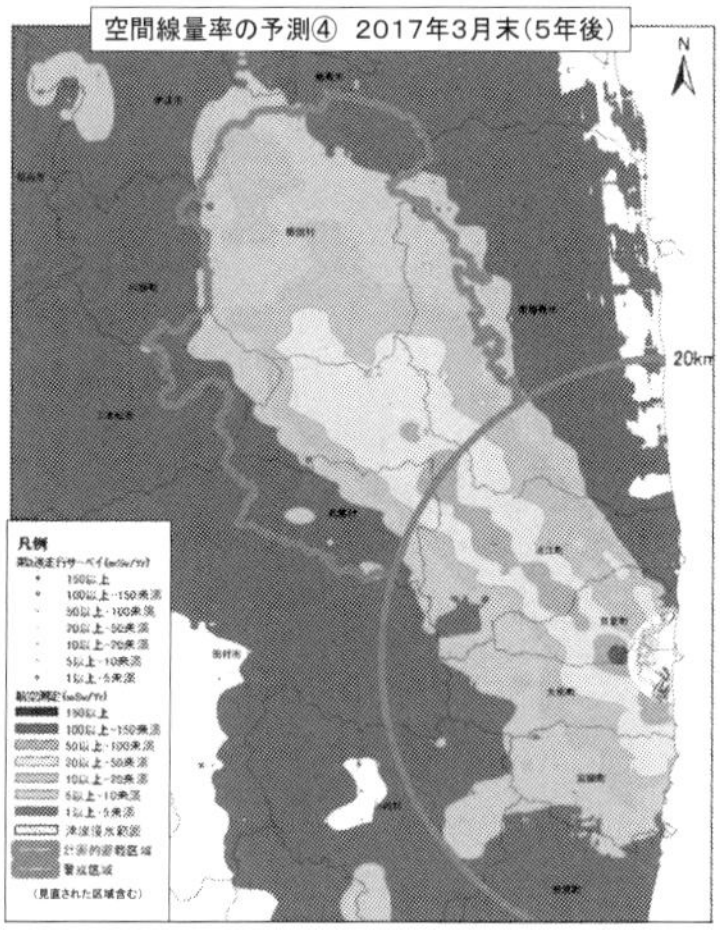

出典：復興庁

図 4-4　2022 年の空間線量率

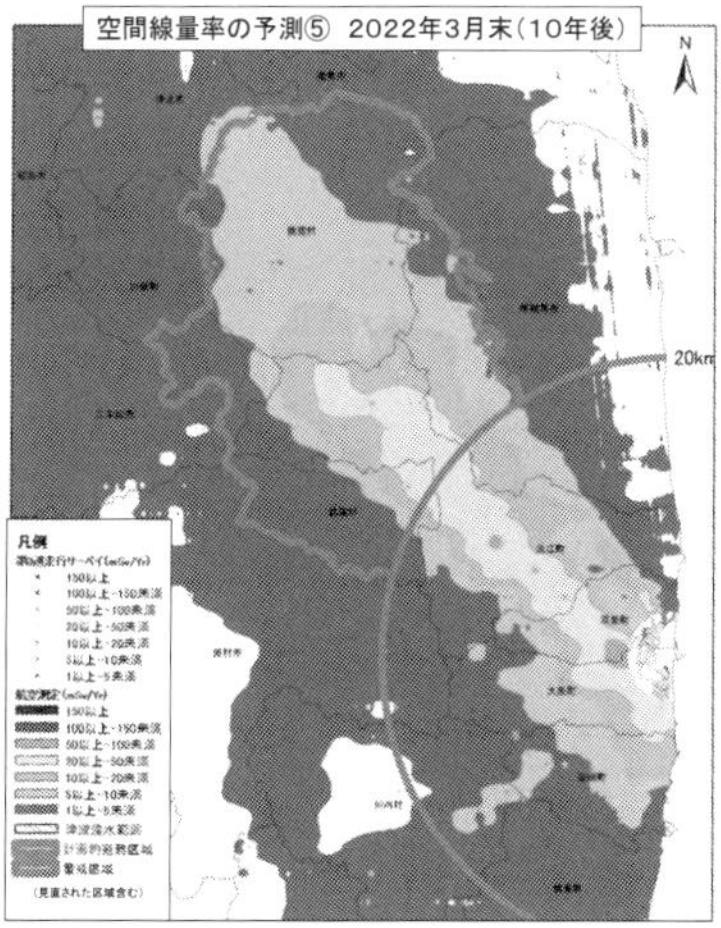

出典：復興庁

化学工場の過酷事故は原発事故よりも厄介か

現代文明は原発のみならず、化学工場などのさまざまで危険なテクノロジーに囲まれています。

チェルノブイリ原発や福島第一原発の事故は確かに過酷なものでしたが、事故は、それだけではありません。

化学工場の事故もとても恐ろしい災いをもたらしてきました。史上最悪の化学工場事故が１９８５年にインドで起こりました。

放射性物質と違って、科学的な毒性物質はきわめて安定しているので、放っておいて減るということがありません。これが科学事故の最大の特徴です。

放射性物質とは違って、科学的な毒性物質はきわめて安定しているので、放っておいて減るということがありません。

毒性物質は自然には減らない

化学工場の事故によって、思わぬ毒物が人々や環境を襲うことがあります。そのような事故として歴史上有名なものには、世界三大化学事故[※3]と言われるものがあります。

①１９７４年　イギリス、地名フリックスボロー、爆発火災で従業員28名が死亡。

②１９７６年　イタリア、地名セベソ、毒物が噴出し農畜産物が汚染され摂取した住民の健康被害が多数出た。

③１９８４年　インド、地名ボパール、毒物が噴出し市民の中毒死者が多数出た（３０００人以上）。

セベソの事故では、有毒な化学物質が辺りに噴出しましたが、そのなかには分解しにくく生物の体内に蓄積しやすい猛毒の化学物質であるダイオキシンなどが含まれていました。ボパールの事故では、イソシアン酸メチル（ＭＩＣ）という非常に毒性の強い物質が大量に漏れ出ました。この毒物は、ほとんど無臭で、呼吸器系に障害を引き起こします。許容量を超す量が呼吸器系に入れば、肺水腫、肺気腫、肺出血などが起こり、非常に苦しみながら死に至ることがあるのです。

このうちの最悪の事故、ボパールの化学工場の事故を見てみましょう。

ボパールの化学工場事故

史上最悪の原発事故であるチェルノブイリ原子力発電所の事故の約1年半前のことです。史上最悪の化学工場事故がインドで起こりました。１９８４年のことです。事故が起こったのは、その年の12月２日深夜から翌３日の明け方でした。この事故は、一瞬にして周辺の市民をまさに地獄に陥れました。

ボパール市は、インドのほぼ中央部にあるマディヤ・プラデーシュ州の州都です。このボパール市の市街地で大量の有毒ガスが漏れ出てしまうという過酷な事故が起こりました。この事故によって、約40トンものきわめて有毒なガスが住宅街に流れ込んでいったのです。まさに深夜の人々が寝静まっている間に、殺人鬼の怪物が音も立てずに市民の寝室に侵入していったのです。

その結果、即死者は３０００人以上発生したといわれています。負傷者は、20万人とも30万人ともいわれています。これは間違いなく前代未聞の大惨事です。無辜《むこ》の市民を襲った有毒性ガスの正体は農薬の原料になるイソシアン酸メチル（ＭＩＣ）でした。

ボパール郊外に工場を構え、操業していたユニオンカーバイド社のインド工場（ＵＣＩＬ）の貯蔵タンクからイソシアン酸メチルが漏洩したのです。

イソシアン酸メチルは土壌くん蒸※4や有機溶剤の原料として使われる化学物質です。有名な窒息性毒ガスで、吸引すると涙が出て、くしゃみや呼吸困難などの急性症状が現れ、数時間後に肺気腫を起こして死に至るホスゲンという物質があります。このホスゲンに比べても、イソシアン酸メチルの毒性ははるかに高いものです。

ボパールのイソシアン酸メチルの漏洩事故は、その貯蔵タンクに水が混入したことによって始まりました。

本来、起こってはいけない化学反応が急速に起こり、タンク内の圧力が急激に上昇してイソシアン酸メチルが貯蔵タンクから漏洩したのです。

しかも、安全設備の管理がまったくもっていい加減だったために、作動しませんでした。その結果、大量のイソシアン酸メチルが周辺の市街地に漏れ出る事態になったのです。流出したイソシアン酸メチルは空気より重いので、北西風に乗ってまさに地を這って市内に流れ込んでいったのです。そして、深夜の平安な眠りについていた市民を次から次へと襲っていったのです。

夜半の事故でしたから、適切な避難警報も発せられることがなかったことにより、市民を避難させることもできませんでした。そのことが人的被害をとても大きくしてしまったのです。この工場が危険なイソシアン酸メチルを製造し、貯蔵していることを、地元の市民はまったく知らされていませんでした。そのため、行政に携わる人々やボパール市の医療関係の人々も、イソシアン酸メチルによって引き起こされる中毒症状に対して、どのような治療を施せばよいのか、経験はもちろんのこと知識もなかったのです。

その結果、多くの人々の命が奪われ、さらに多くの人々が健康に障害をきたすというまったくもって悲惨な事態になってしまったのです。

ボパールでは、事故直後に３０００人を超える死者が出ました。この数は、原発の史上最悪の事故であるチェルノブイリの事故直後の死者数33人[※5]に比べてもとても多数です。

事故を起こした工場には、今でも数千トンもの有毒物質が手付かずのまま放置されていると言われています。これらの有毒物資からは、ヘキサクロロベンゼンや水銀などが容器から流れ出していると言われます。このような毒性廃棄物は雨などによって、工場敷地外に流出して市の中心部の汚染の源となる可能性があります。とりわけ地下水や河川の汚染は、この先も何十年にもわたってゆっくりと広がり、神経系、肝臓、腎臓に障害を与える恐れがあると警告されています。

工場付近には移住できずに住み続けている人々がいます。一帯の地下をボーリングし水質を調べたところ、汚染濃度はインドの基準値の最大５００倍であることも明らかにされています。

以上がボパールの化学工場の事故の概要です。化学工場にしろ原発にしろ、それらがいったん過酷な事故を起こすと人々や環境に取り返しのつかない災害をもたらします。

この事故を引き合いに出したのは、私たちの現代文明は原発や化学工場などのテクノロジーに囲まれているということを改めてお伝えするためです。

小泉さんは〝原発のみが過酷で取り返しのつかない事故を起こすシステム〟と断定して書いていますが、ボパールの事故が私たちに示唆するのは、そうではないということです。私たち原子力に関わる科学者は、３・11の教訓を踏まえて、万が一の原子力事故にどのように対応すればよいのかを、これまで真剣に考えてきました。そしてたゆまぬ安全向上の努力をしてきています。

現代文明は、テクノロジーと切り離してはもはや成り立たないのではないでしょうか。テクノロジーの進展は不可逆なものであって、昔に押し戻すことができないように思えます。小泉さんの論調は、兎にも角にも原子力事故と安全神話に潜む悪しきものをことさらに論《あげつら》っています。そのことによって、原発以外のリスクへの関心が薄れるのではないかと私は危惧してしまいます。また、テクノロジーは危険性や事故と切り離してはあり得ないと思っています。

紀元前４世紀のギリシャの哲学者アリストテレスは、偶発性の中にこそ物の本質が存在すると教えています。偶発性とは事故のことですが、アリストテレスは、それまで私たちが知り得なかった本質が事故によって私たちの目の前に現前するという教訓を残しているのです。

小泉さんには申し訳ないのですが、世界は今後も原発が増えていく情勢にあります。私たちには、福島第一原発の事故の教訓から学び取ったことを、原発テクノロジーのよりよい発展のために活かしていくという道もあるのではないでしょうか。

福島第一原発事故で被ったものを風化させることなく、教訓として肝に銘じて類似の事故を起こさないようにするのが私たちの役目ではないでしょうか。

※1 『原発ゼロ、やればできる』小泉純一郎著（太田出版）p.37

※2 http://www.minpo.jp/pub/topics/jishin2011/2017/04/post_14944.html

※3 https://www.jstage.jst.go.jp/article/safety/53/3/53_208/_pdf

※4 同じ作物を作り続けていると畑の土壌中に病原菌、線虫、ウイルスが集まってきて作物が出来なくなってしまいます。そのため定期的に土壌から病原菌、線虫、ウイルスなどを取り除くためにくん蒸（気体の薬剤を土壌に浸透させること）を行います。

※5 ソ連政府の発表による死者数は、運転員と消防士をあわせて33名とされた。ただし、事故の処理にあたった予備兵や軍人、トンネルの掘削を行った炭鉱労働者に多数の死者が確認されている。長期的な観点から見た場合の死者数は数百人とも数十万人ともいわれるが、事故の放射線被ばくと白血病やその他のガンとの因果関係を直接的に証明する手段はなく、科学的根拠のある数字としては議論の余地がある（Wikipediaより）。

第5章

LNT仮説は科学的に見て正しいのか？

低線量放射線被ばくの影響のパラダイムシフト

公益主義 vs 人道主義――〝原爆症〟と〝がまん量〟

放射線恐怖症―放射線はなぜ恐いのか

今から3年以上前のことになりますが、2016年2月に、当時の丸川珠代環境大臣が〝1ミリシーベルト〟には科学的根拠がないという発言を公にし、大変な物議をかもしたことがありました。

結局、大臣は謝罪し、自らの発言を取り消すという結末になりました。

福島第一原発事故によって、地震津波の被災地がさらに放射性物質によって汚染されました。その汚染された土壌の除染をめぐっての発言でした。その背景には、いわゆる低線量の被ばくによる影響がよくわかってないということがありました。ある専門家は影響はないと言い、一方、別の専門家は影響は計り知れないと言う――この状態は今でも続いています。

つまり、学問的にみて、低線量の被ばくによる影響について明確な答えが出ていないということがあります。

国際放射線防護委員会（ＩＣＲＰ）は、事故後の収束期における線量目標値を1～20ミリシーベルトにするのが妥当だとする勧告を出していますが、その根拠が真に科学的な事実や証拠に基づいているのかどうかをめぐっては、専門家の間でも意見の分かれるところなのです。

同時に、この勧告の値の幅についても、本当に上限の20ミリシーベルトでも許容できるのか、それとも可能な限り１ミリシーベルトに近づけるべきなのかをめぐってもさまざまな見解があります。そして、ＩＣＲＰの勧告を楯にこのことは政府・行政や学会が福島の被災地の人々に押し付けるようなものではなく、被災地の人々が自ら決めることであるという意見もあります。

その一方で、この低線量被ばくの健康影響の問題については、年間１００ミリシーベルトでも大丈夫という学者[※1]がいれば、それどころか１０００ミリシーベルトでも問題ないという学者[※2]もいます。

逆に、原発の事故で漏れ出てくるような放射能はいっさい浴びるべきではない。ましてや、もともと自然界にある放射能と比較するなどもってのほか。その影響は人智の計り知れないところであり、「ごく微量でも死に至らしめる病、つまりガンを発症する可能性がある」という趣旨の言説を広める専門家[※3※4]もいるのです。

このような言説は、いわゆる放射線恐怖症（radiophobia）を助長するとも言えるでしょう。放射線を浴びることによって、身体に悪い影響がおよぶ可能性がありますので、放射線を怖がることは、特別変なことではありません。しかし、放射線の健康影響について、どのような情報を、どのような機会や発信者のもとで受け取るかによって、心に傷を負ってしまうことがあります。その結果、過剰に避けようとしたり不安につきまとわれたりするような状態になると、普段の生活にも支障をきたすようになります。

第五福竜丸とマグロ

1954年にひとつの大きな歴史的事件がありました。

この年の3月1日にビキニ環礁において、米国が水爆実験を行いました。ブラボー実験と言い、広島に落とされた原爆の約1000倍の爆発威力（15メガトン―TNT相当）があったとされています。この水爆によって海底に直径約2キロメートル、深さ73メートルのクレーターが形成されたといわれています。このとき、その近海に出漁していた日本の遠洋マグロ漁船〝第五福竜丸〟など約1000隻以上の漁船が、いわゆる死の灰を浴びて乗組員らが被ばくしました。

第五福竜丸の乗組員の皆さんは、被ばくから約2週間後の1954年3月14日に静岡県焼津港に帰港しました。この事件を受けて、当時〝原子マグロ〟という見出しが新聞紙面に踊り、人々を大変な不安に陥れるいわゆる風評被害が広がったのです。

まず放射能そのものへの恐怖があり、そこからいくら少量であっても放射線を浴び続けると、取り返しのつかないことが起こるのではないかという新たな恐怖が生まれてきます。

その根源には、私たち人類が最初に人工の強力な放射線を目の当たりにしたのが広島への原爆投下であり、原爆が多くの無辜《むこ》の市民を瞬時に殺りくしたという事実があります。人工の放射線は、大量の死という抗いがたい恐怖とともに私たちの前に姿を現したのです。

新しいものに興味を持つことをneophilia《ネオフィリア》（新奇好み）、逆に恐れを抱くことをneophobia《ネオフォビア》、（新奇恐怖症）と言います。放射能や放射線は、いわば原爆のneophobiaと一緒に私たちの前に現出したのです。ここからradiophobia《レディオフォビア》（放射線恐怖症）が生まれ、そこから原爆症と放射線恐怖症が深く結びつきました。

原爆症

では一体、『原爆症』とは何なんでしょうか。

原爆症は、原爆であれ原発事故であれ、原子核の分裂（核分裂）によって生み出された生成物が、何か得体の知れない死に至る病を引き起こすのではないかという恐れと深い関わりを持っています。この核分裂による生成物（核分裂生成物）は、広島の原爆が炸裂したあとに降った〝黒い雨〟に含まれていた物質でもあり、『死の灰』と呼ばれました。

核分裂生成物には、多くの種類の放射性物質が含まれています。そのなかには、ヨウ素

131やセシウム137があります。広島の原爆の爆発の直後に『死の灰』が降って多くの人々を苦しめた事件から9年を経て、第五福竜丸事件が起こりました。そして、その事件に深く関連して『原爆症』の恐怖が広がっていったのです。

原爆症とは何か

丸川大臣の発言の余波を見るまでもなく、その由来が原爆であれ原発事故であれ、微量の放射線の影響、すなわち低線量被ばくの影響をどのように捉えて受け止めるかはとても難しい問題だと思います。

その背景には、科学的データつまりエビデンス（証拠）に基づいた論理と政治的政策的判断に基づいた施策が入り混じっていて、必ずしもきちんと整理して伝えられてきていないという現状があります。

2006年8月9日、当時の安倍晋三首相は、長崎の原爆犠牲者慰霊平和記念式典に出席しました。式典の終了後、安倍首相は被ばく者の代表の方々と面談し「被ばく認定の範囲をより広くする」という趣旨のことを公言しました。つまり認定基準を緩めることを約束したのです。

従来からの粘り強い要請に政治が歩み寄ったということでしょう。そのことは、その日のうちにテレビニュースなどで広く世間に伝えられました。この事例は、政治的決断に基づいた施策の好例なのではないでしょうか。当時、この英断に多くの称賛が寄せられましたが、その一方で医者や科学者から漏れ伝わってきた声は、科学的な証拠に基づかず安易に基準を緩めることは、決してやってはならないことであるというものでした。

安倍さんには、ある種の政治的な寛容さを示すという意義もあったのでしょう。その立場と権限に基づいて、被爆者の皆さんの長い間の苦悩と悲願に基づいた要請を受け入れたのだと思われます。なぜ、このような事態に至ったのでしょうか。

そもそも、『原爆症』とは、広島や長崎で被爆した人々に見られた症状で、その代表的なものは頭痛、吐き気、倦怠感、赤血球や白血球の減少などです。これらは、被爆してから比較的短い時間のうちに見られる急性疾患の症状です。しかし、もっと長い時間をかけてジワジワと私たちの肉体を蝕んでいくこともあります――これを晩発性の疾患と言います。被爆から10年、20年あるいはそれ以上時間が経って、発症することがあります。その代表的なものがガンです。

広島と長崎の原爆投下から９年の歳月を経て、この原爆症が得体の知れない深みをもってより強い恐怖と関連付けられるような出来事が、第五福竜丸事件だったのです。水爆の爆風や放射線を直接受けたのではなく、爆風で吹き飛ばされたサンゴ礁の破片に水爆で生じた放射性物質がこびり付き、その粉のような物質が空高く巻き上げられ、やがて雪のように第五福竜丸の船員に降り注いだのです。

これは、新聞やラジオによって、日本にとって広島と長崎に続く第三の被爆として日本中に報じられました。放射線にさらされる「被ばく（被曝）」と、原子爆弾によって爆風や放射線が渾然一体となって受ける「被爆」は、漢字やひらがな表記で区別されるのが現在では習わしになっています。

しかし当時、第五福竜丸が受けたのは〝被ばく（被曝）〟ではなく〝被爆〟と表記されました。乗組員は出船した港である焼津港に帰港後、病院で検査を受けると血球数の減少など放射線被ばくによる障害が見られました。乗組員の方々は入院し加療を受けましたが、そのうちの1名の方が約半年間の入院治療の後死亡されました。その診断結果は肝臓障害でした。つまり、被ばくの影響が半年かけてじんわりと身体を蝕んでいき、最終的に肝臓が蝕まれたのだと解釈されたのです。同様の病状に陥った方で、その後回復された乗組員の方もいました。しかし、ひとりの乗組員が肝機能障害で死亡されたことは重大すぎる事実です。当時、被ばくと肝臓障害との科学的医学的な因果関係は、定かではなかったことから、この死亡事例に〝原爆症〟という呼び名が関連づけられたのです。因果関係や正体は不明ですが、水爆という名の原爆の結果として、水爆から直に出てくる強烈な放射線にはさらされていなくても、放射性物質が付着したサンゴの灰を身体に浴びて放射線被ばくしたのは事実です。原爆の強烈な放射線を直接浴びなくても、原爆症と同じような影響をじわじわと受けたのです。そこから生まれた新たな原爆シンドローム――そのことが『原爆症』という言葉によって、より不気味で得体の知れない病として語られ、人々に恐怖感が共有されるようになったのです。

比較的少ない、またはごく微量の放射線被ばくでも、原爆症と同じことになるのではないかという恐怖が、ここに現れたのです。

そこには、ある著名な物理学者が重要な役割を果たしていました。

がまん量

この問題に、社会と向き合う科学者として第五福竜丸事件の起こった頃に取り組んでいたのが京都学派の物理学者・武谷三男さんでした。武谷さんが編纂した『安全性の考え方』（岩波新書、１９６７年）という書籍に興味深い記述があります。

利益と有害のバランスが許容量

それでは、「許容量」というものはどういう量として考えたらいいのであろうか。米原子力委員のノーベル賞学者リビー博士は「許容量」をたてにとって、原水爆の降灰放射能の影響は無視できると宣伝につとめた。

日本の物理学者たちは、討論を重ねた。こうして日本学術会議のシンポジウムの席上で、武谷三男氏は次のような概念を提出した。１９５７年の話である。

「放射能というものは、どんなに微量であっても、人体に悪い影響をあたえる。しかし一方では、これを使うことによって有利なこともあり、また使わざるを得ないこともある。（中略）そこで、有害さとひきかえに有利さを得るバランスを考えて、〝どこまで有害さをがまんするかの量〟が、許容量というものである。つまり許容量とは、利益と不利益のバランスをはかる社会的な概念なのである。」

この考えで、ようやく「許容量」というものが、害か無害か、危険か安全かの境界として科学的に決定される量ではなくて、人間の生活という概念から、危険を「どこまでがまんしてもそのプラスを考えるか」という、社会的な概念であることがはっきりしたのである。（『安全性の考え方』、１２３〜１２４頁。傍線は筆者）

武谷さんは、放射線被ばくの「許容量」とは科学的に決められるものではなく、人々に〝がまん〟を強いて、それとの引き換えに社会にプラス、つまり便益を得ようとする社会制度的な概念であると断じているのです。

このような経緯で、当時その原因がよくわからなかったために、まず『原爆症』という言説が流布され、さらに、それに加えて『がまん量』という新たな言説が考え出されたのでした。

この背景には、許容量をもってある量以下の影響を切り捨てようとする功利（公益）主義的な考えと、それに対して、それはないだろう、そんなはずはない、さらにそうであることは、倫理上許されてはならないという人道主義的な考えの相克があったといえるのではないでしょうか。

人道主義か公益主義か

放射線被ばくの問題について、南相馬でＮＰＯとしてまちづくりの活動している方とじっくりと語ったことがあります。福島第一原発事故後の２０１２年のことでした。その方がおっしゃるには、「被ばくの影響については、まるで正反対のことを言う専門家がたくさんいます。自分たちには、一体誰がおっしゃっていることが正しいのか皆目見当がつきません。できることなら、右の論から左の論まで一堂に会して討論してもらえないものでしょうか。そうすれば、最終的には自分たちで相場観を養うことができて、どうするべきかを何とか判断できるのではないかと思います」ということでした。つまり、立場や主張の異なる専門家が一般市民の前で議論をすれば、それを見て腹を決めることができるというのでした。

今日、メディアの報道や主張は、多かれ少なかれ二分法的な価値が対立する構造になっているると思います。その背景には、人道主義に寄りそうのか、あるいは公益主義の立場に立つのかという違いがあるのではないでしょうか。

人道主義とは、人間性を重んじ人間愛を実行しながら、人類の福祉向上を目指す立場のことを言います。ヒューマニズムや博愛主義と共通しています。

公益主義とは、行為や制度の社会的な望ましさは、その結果として生じる効用（有用性ないしは功利）によって決定されるとする立場のことを言います。功利主義というのが通例ですが、誤解を産みやすい言葉なので、ここでは公益主義と呼びます。

これら2つの立場に各々が拘泥している限り、なかなか相互に理解することや、お互いの考えを受け入れることが難しいのです。そのことを、私はこれまでに、さまざまな場面で実際に体験してきました。

また、この主張の違う両派が交流して討論し、相互理解を促すような機会はほとんどありません。つまり分断されているのです。

余談になりますが、この相互理解の問題にうまく取り組む方法は何かないか――そのとば口を見い出そうと、２０１４年から『原子力ムラ境界線上の「哲」人―〃あほ&アホ〃―対話』という対話の会を飯田哲也さんと始めました。ところが、双方の気持ちの溝が少しは埋まっても、議論の中身は平行線で溝はなかなか埋まる様子がないまま今に至っています。日暮れてなお道遠しの感が増しているような状況です。

再登場した「がまん量」

さて、「がまん量」という考えは、それから半世紀以上たった今でもなお健在です。２０１１年3月11日に起こった福島第一原子力発電所の事故（３・11）を受けて、国会事故調査委員会が発足しました。その委員のなかに高木仁三郎氏が始めた高木学校に在籍していたことのある崎山比早子さんがいました。崎山さんは、当時ことあるごとにメディア上で「がまん量」について発信していました。※5

そして、そのことをもって低線量被ばくは恐ろしいものであると警鐘を鳴らしていたのです。武谷さんが断言した〝放射能というものは、どんなに微量であっても、人体に悪い影響を与える〟という観念が今世紀、３・11後の世界に新たな意義をもって広く伝えられていったのです。

この武谷さんのがまん量という考え方は、放射線を本能的に恐れる心（radiophobia）に再び新たな火をつけ、福島から避難された皆さんや、その方々を支援する皆さんをはじめとして広く世間に共有されていったのだと思います。

では、〝放射能というものは、どんなに微量であっても、人体に悪い影響を与える〟という考え方の根底には何があるのでしょうか？　実は、そこには放射線が生物に突然変異を起こすのか否かという研究が深い関わりを持っていました。

１９１０年頃から１９２０年頃にかけて、米国の遺伝学者ハーマン・Ｊ・マラーは、その恩師トーマス・Ｈ・モーガンの下で、盛んにショウジョウバエの突然変異について染色体に着目して研究していました。

その後、マラーらは、ショウジョウバエのオスの染色体に放射線を当てて、異常つまり突然変異が出ないかを実験していました。そして、その２代目、３代目に突然変異が出ることを発見したのです。それが１９４６年のことです。このようにしてマラーは、Ｘ線をショウジョウバエに照射することによって、人為的に突然変異を引き起こすことができることを解明しました。そのことは、遺伝子というものがあって、なおかつそれが物質でできていることの証にもなったのです。

マラーは、これらの実験に基づき『放射線の害はその量に直線的に比例する』という仮説を発表しました。これが、いわゆるＬＮＴ仮説です。

がまん量の考え方は、このＬＮＴ仮説と同じ立場に立っているのです。

マラーが実験を行った時代には、染色体の存在は知られていました。ところが、その細部のＤＮＡ[※6]についてはまだあまり進んでいませんでした。遺伝子があるかどうかもよくわかっていなかったのです。ＤＮＡのらせん構造が発見されるのは、ずっとあとの１９５７年です。現在では、ＤＮＡの修復活動は、人間の細胞１個で一日に１００万件程度行われていることがわかっています。そして、とても重要なのは、ショウジョウバエの精子は修復活動をしない特別なものであるという事実が判明していることです。

にもかかわらず、国際放射線防護委員会（ＩＣＲＰ）は現在でも、マラーらのショウジョウバエの実験データに基づいた仮説である『放射線の害はその量に直線的に比例する』を防護の基準にしているのです。

線形しきい値なし（Linear Non Threshold：LNT）仮説

線形しきい値なし仮説との概念は、図５‐１のように示されます。これは、放射線の被ばく線量とその影響の間にはしきい値、つまり境目の値がなく、直線的な関係が成り立つという考え方です。

図 5-1　線形しきい値なし（LNT: Linear Non-Threshold）仮説

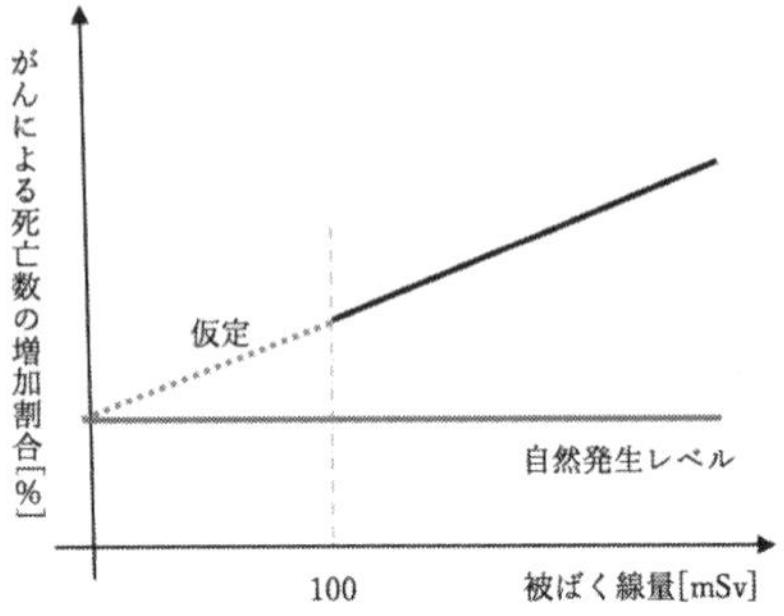

確定的影響と確率的影響

放射線が人体に及ぼす影響は、「確定的影響」と「確率的影響」の2種類に分けられます。

確定的影響とは、比較的短時間に高い線量の被ばくを受けた時に見られる障害です。具体的には、脱毛、皮膚やけどのような障害や、骨髄の損傷や白内障などがあります。このような確定的影響には、それ以下では障害が起こらない境界の線量があることが知られています。この境界の線量の値を〝しきい値〟と言います。

確率的影響の代表的なものはガンです。この場合、1個の細胞に生じたDNAの傷が原因となってがんが起こり得るという、非常に単純化された考えに基づいています。影響の発生確率は被ばく線量に比例するとされています。広島および長崎の原爆被爆者を対象とした膨大なデータがあり分析されてきました。ところが、それらの膨大なデータが示すことは、100ミリシーベルト程度よりも低い線量では、発がんリスクの有意な上昇は認められないということでした。これよりも低い線量域では、発がんリスクがあることは疫学的には示すことができなかったということです。

「仮説」とは

ＬＮＴ仮説は被ばく線量による影響、つまりガンの発生は被ばく線量が１００ミリシーベルト以下の領域では、線形的に減少するが、決してゼロにはならないという〝仮説〟です。ここでいう被ばく線量は、ある時間内に受けた線量の総量を指しています。ですから被ばくしている時間がどんどんと長くなれば、それにつれて被ばくした総線量はいくらでも増えていきます。そして、このＬＮＴ仮説は、総線量こそが病を引き起こすと暗に仮定しているのです。

仮説とは、その真偽ははっきりしないのですが、ある自然現象や法則性のありそうな事象に対して、それを説明するのに一見都合がよｈいように見える命題のことをいいます。つまり、仮説はどこまでいっても仮説であって、科学的な証拠に基づいた真実ではありません。

このように低線量の範囲の被ばくの影響については、これまでよくわかっていないとされてきました。そして、人々を放射線の悪影響から護る放射線防護の立場から導入されたのがこのＬＮＴ仮説なのです。

低線量被ばくの影響についてはよくわからないが、影響があると仮定して考えておいたほうがより安全であろうという考え方に基づいています。

LNT仮説の問題点

ＬＮＴ仮説は、有名なマラーの実験をはじめとする動物実験や放射線による治療を受けた患者さんのデータの調査、広島および長崎の被爆者の追跡調査、さらにその他の被ばくに関する疫学調査によって統計的な裏付けがなされています。

しかし、１００ミリシーベルト程度以下の低線量域においてはデータが不足しているので、統計学的な裏付けがなされていないままなのです。

放射線の防護に関して、さまざまな勧告をしている国際放射線防護委員会（ＩＣＲＰ）は次のように述べています。

「この仮説は放射線管理の目的のためにのみ用いるべきものであり、すでに起こったわずかな線量の被ばくについてのリスクを評価するために用いるのは適切ではない」。[※7]

つまり、この仮説は放射線の被ばく管理、あるいは余計な被ばくから人々を防護するという方策のために用いられているのであって、科学的な裏づけが十分になされていないというわけです。

しかし、このＩＣＲＰの言い方には、低線量放射線被ばくの影響を過小評価する意図があるとも読み取れます。そうだとすると、低線量被ばくの影響に慎重な立場からはあってはならない言い方であるともいえます。

とはいえ、私たちの手中にあって仮にも利用できそうな〝ものさし〟は、その登場から現在に至るまでこのＬＮＴ〝仮説〟でした。ですから、微量の放射線被ばくに対してもＬＮＴ仮説を用いてリスクが議論されるケースがあとを絶たないという現実があります。その結果、一般の皆さんが「微量であっても放射線被ばくの影響でいずれ病に至る」という放射線に対する恐怖感や不安感持ち続けるようなことにもなっています。

ＩＣＲＰが放射線防護にＬＮＴ仮説を取り入れたのは１９５４年の勧告からです。

ＬＮＴはその基本的考え方をマラーが第二次世界大戦後の１９４６年に提示してから、これまで約70年の間〝仮説〟のままで放置されてきて、そのことが結果として出口のない論争を生んできました。そして、低線量被ばくは「忘れていいもの」なのか「いずれ死に至るもの」なのか、曖昧なままに人々に不安を与え続けてきたのです。

パラダイムシフト

歴史的な事実として、仮説は新たに実験・調査・観察などによって、事実との整合性を検証された結果、新しい概念や法則に正当に塗り変えられることがあります。これをパラダイムシフトと言います。

パラダイムとは、科学的な問題などに関して、ある時代において支配的な規範となるものの見方や考え方を言います。皆さんがよくご存じの歴史的なパラダイムシフトとしては、天動説から地動説への転回（シフト）があります。

新しい理論――パラダイムシフトの芽

そんななかで、ポスト3・11の時代、この武谷さんの考え方に疑問を持った京都の物理学者たちを中心に、低線量被ばくの影響について研究しようとするグループが立ち上がりました。[※8][※9]

その問題提起の根源は、LNT仮説が提出された1946年よりずっとあとになって、遺伝子の修復機能など新たな科学的発見がいくつもなされていることがあります。

まず、武谷さんが「がまん量」という考えを示したちょうどその頃、1957年に遺伝子が二重螺旋（DNA）構造を持っていることが、ワトソンとクリックによって発見されました。

その後、細胞が自死して（アポトーシス）、その影響を他に伝播させない仕組みがあることが1972年に発見されました。さらに、損傷を受けた遺伝子が自己修復する機能を持っていることが１９７４年に発見されました。

このような生物学的・医学的な発見も手伝って、医者や生物学者の間では、ある一定量以下の放射線被ばくは、事実上身体に重大な影響を及ぼさないことが常識として共有されています。その一方では、ＬＮＴ仮説ないしは武谷さんの「がまん量」の考え方が生き続けて来ています。そのことが無辜《むこ》の市民の心と身体を痛め続けている――これはちょっとおかしいではないか、というのがこのグループのそもそもの出発点でした。

ＷＡＭモデル――モグラたたき

こうした疑問のなかから、京都のグループは先入観を持たずに自分たちで一から考えてみようとしたのです。彼らにとっては、市民はどう考えているのか、さらに、福島から避難してきた人たちは何を感じ、何に悩まされているのだろうか、そういう人々に役に立つ〝知〟とは何か、また、そのために何ができるかというのが最大の課題でした。そういうモチベーションに衝き動かされて、いわば白紙状態から取り組まれて新たに生まれてきた知があります。それは〝モグラたたきモデル〟と名づけられました。

モグラたたきは、英語で Whack-A-Mole なので、頭文字をとってＷＡＭモデルと名づけられました。[※10] ３・11が市民と学者の連携を生み、その中から生まれたのが、このモグラたたきモデルなのです。

このモデルは、放射線の低線量被ばくに関して、これまでの知識や、それに基づく慣例を一新する可能性を秘めていると思います。このモデルによれば、低線量被ばくの領域では、放射線による遺伝子の損傷はモグラたたきのモグラにたとえられます。私たちの身体に本来的に備わっているＤＮＡの修復機能や細胞死が、モグラをたたくハンマーにたとえられます。モグラが顔を出す頻度は、ある時間単位に、どれだけ放射線の被ばくを受けるかという線量率に相当します。

モグラたたきでは、モグラが一定の頻度で出てきても、たたく側がだんだん慣れてきて、つまりたたく能力が追いついてきて、モグラは全部たたけるようになります。このモグラをたたく能力が、アポトーシスやネクローシスという細胞の自死、そして遺伝子の自己修復機能です。

モグラが顔を出す頻度（線量率）があまりに早くなりすぎると、いくら能力が高くてもたたき切れなくなります。つまり、線量率が高すぎるといくら時間が経っても修復機能などでは追いつけなくなるわけです。

先ほど説明しましたＬＮＴモデルは、線量率ではなく総線量、つまり浴びた放射線被ばく量を時間で積算した総量によって修復可能かどうかを見ています。そのことを裏返せば、いくら線量率が小さくても総線量は時間の経過とともにどんどん溜まっていくことを意味します。

ＷＡＭモデルの見方の基本は総線量ではなく線量率です。線量率が低ければ十分修復可能であるということを含んだモデルなのです。

ちょっと難しいのですが、ＷＡＭモデルは次のような数式で表されます。

WAM モデル $\frac{dF(t)}{dt} = (a_0 + a_1 d(t)) - (b_0 + b_1 d(t))F(t)$。

ここで、F(t) は突然変異発生率、d(t) は線量率［Gy/h］[※11]です。

$(a_0 + a_1 d(t))$ は突然変異発生率を増やす効果を表しています。一方、$(b_0 + b_1 d(t))$ は突然変異発生率を減らす効果を表しています。つまり、遺伝子の修復機能や細胞死（アポトーシスやネクローシス）の機能です。

これに比べてＬＮＴモデルは、次のような簡単な式で表されます。

LNTモデル $\frac{dF}{dD} = c\frac{F_0}{D_0}$。

ここで、Ｄは被ばくした総線量です。

図 5-2　成長曲線のイメージ

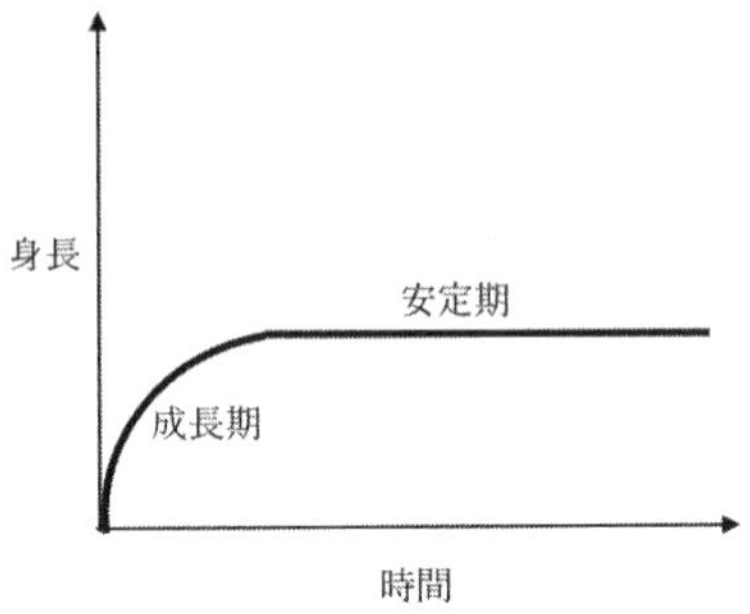

この式は、まさに図5‐1の斜めの直線を表しているのです。

WAMモデルの式の答えは成長曲線というものになることがわかっています。WAMモデルの式の右辺の1番目の項は、時間とともに突然変異発生率が〝成長〟していく成長期を表しています。右辺の2番目の項は、時間とともに成長率が鈍くなっていき、やがて成長がまったくない状態――つまり突然変異発生率が〝安定〟していく効果を表しています。

図5‐2は身長を例にとって成長曲線のイメージを表したものです。

LNTモデルとモグラたたきモデルのイメージを比較すると図5‐3のようになります。

図5‐3に示されるように、突然変異の発生頻度は、LNT仮説では被ばく時間の経過とともにどんどんと積算し上昇していきます。うなぎ上りで上限がない、つまり青天

図 5-3　モグラたたきモデルとＬＮＴ仮説の比較

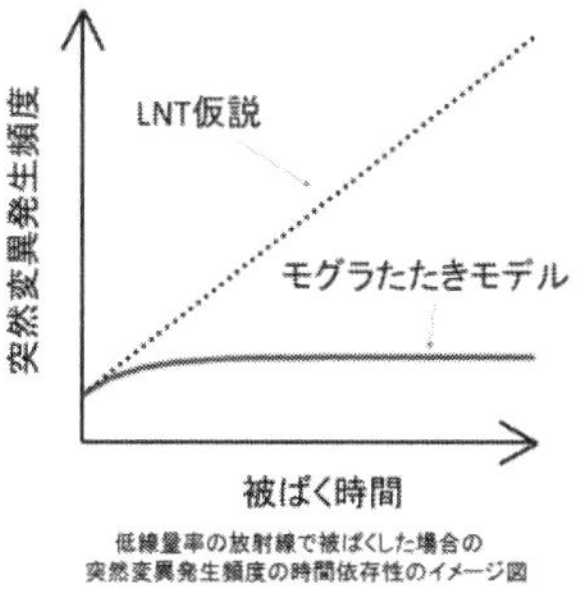

低線量率の放射線で被ばくした場合の
突然変異発生頻度の時間依存性のイメージ図

井を示しています。一方、モグラたたきモデル（WAMモデル）は上限、つまり天井があることを示しています。

このWAMモデルは、これまでの研究によって蓄積された突然変異のデータに適用されました。

このように、WAMモデルが突然変異発生率の実験結果をよく再現していることがわかりました。

マウスとショウジョウバエに加えて、ムラサキツユクサ、トウモロコシ、キクの実験データもWAMモデルによる理論曲線によく乗っています（図５‐４）。

つまりWAMモデルが正しいことは、これまでに蓄積された実験データによって非常によく検証されていると言えます。このモデルがたたき出したことは、低線量率の被ばくに対しては、モグラがいくら頻繁に顔を出そうとも、ハンマーを打つ早さがやがて追いついてことなきを得るという姿です。身体が生理的にそのように反応する仕組みを持っているというわけです。

図 5-4　突然変異発生率（Φ）の実験値と理論値の比較※12
（τは経過時間）

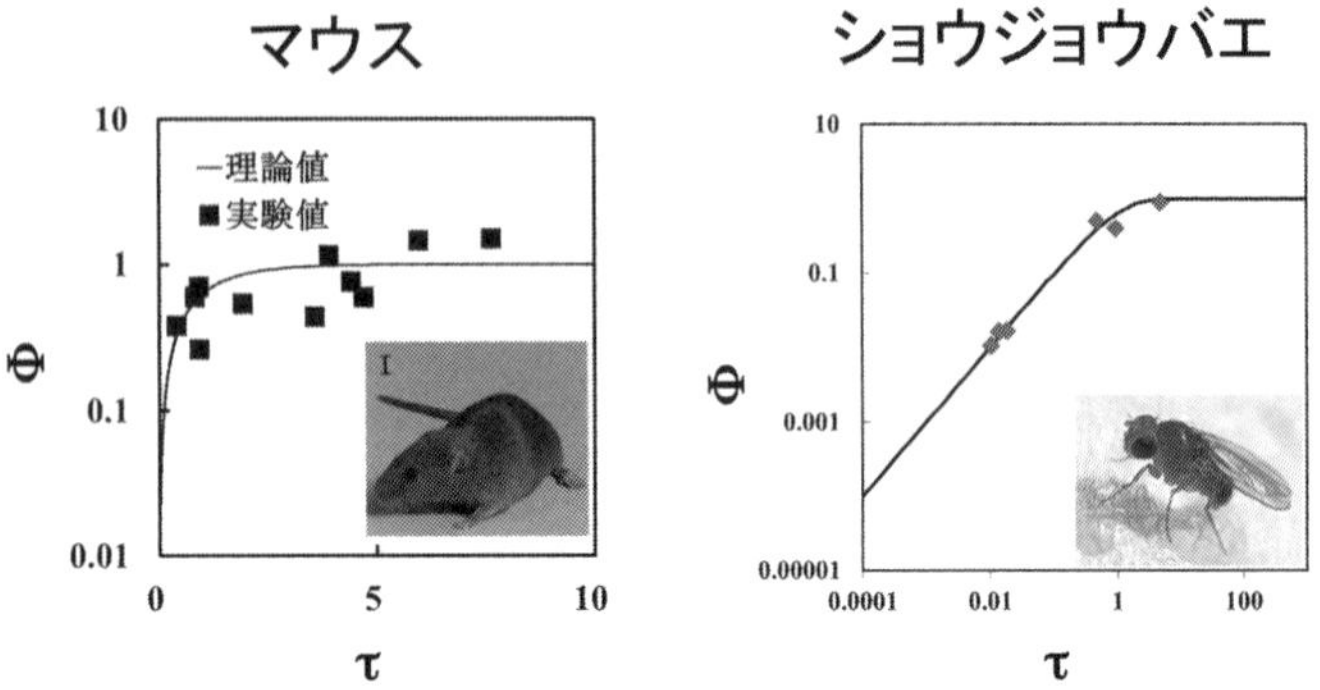

実効線量率は、マウスの実験では 1.1mGy/ 時間、ショウジョウバエでは 17mGy/ 時間。最大経過時間は、マウスの実験では 9000 時間（1 年余）、ショウジョウバエでは 3000 時間（約 3 カ月）です。

つまり、〝放射能というものは、どんなに微量であっても、人体に悪い影響を与える〟という武谷さんの考え方は、一新される可能性があるのです。その結果、ある被ばく線量以下ならば、その影響をさほど心配しなくてもよいという境目の値（しきい値）があるのではないか――ということが見えてきたのです。

低線量被ばくのリスクには天井がある

自然突然変異というものがあります。自然突然変異とは、人工的な放射線はもちろんのこと、自然の放射線の影響もないときの突然変異を指しています。放射線が悪さをして起こる突然変異がどの程度かを考えるときに、自然突然変異との比較をするとわかりやすいと思います。つまり、自然突然変異とは、放射線以外の要因で

図5-5　5種類の生物の突然変異率データとWAMモデルの予測値

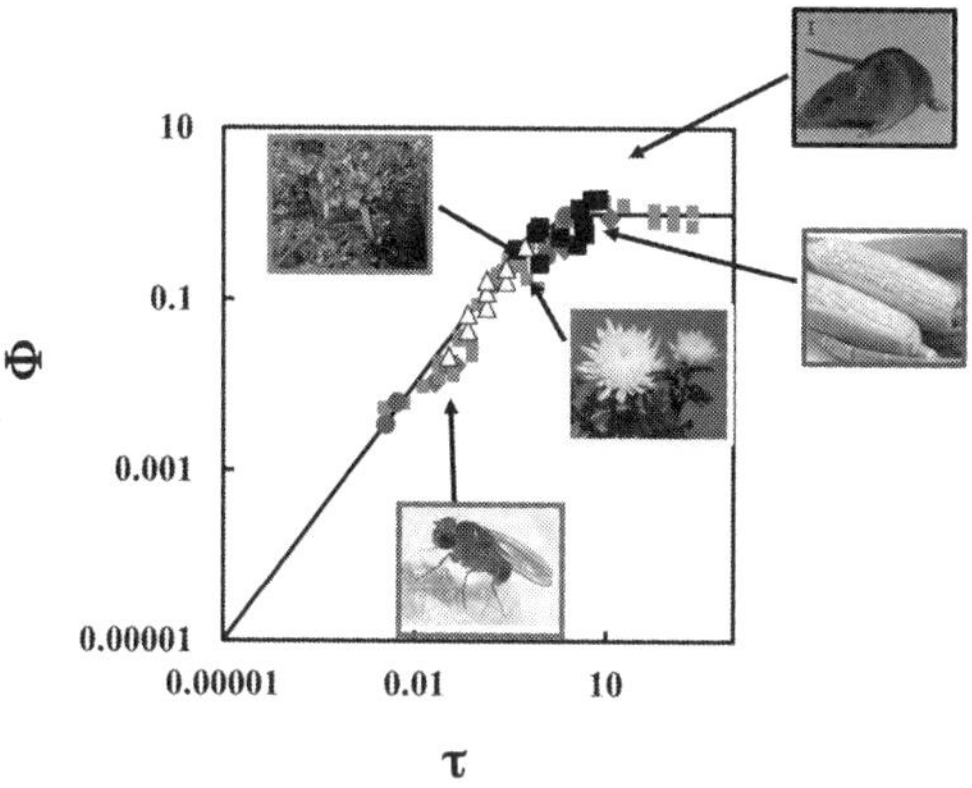

引き起こされる突然変異であって、私たちは、日々その自然突然変異をDNAの修復機能などで乗り越えて、病にもならず死にも至らないものと考えてください。私たちは、自然突然変異とはいわば共存しているわけです。では、自然突然変異に相当する突然変異は一体どれくらいの放射線量を被ばくすれば起こるのかが知りたくなります。その量がWAMモデルで計算できます（図5 - 5）。

その計算結果は、私たちに非常に重要なことを示唆してくれています。

自然突然変異に相当する分の突然変異を放射線で引き起こすには、1時間あたりの量にして約1ミリグレイが必要になることがWAMモデルでわかりました。これは1年にすると10グレイぐらいになります。

これは1ミリグレイ／年、つまり1ミリシーベルト／年という一般公衆の被ばく線量限度に比べて1万倍も大きいのです。これはきわめて大きな違いです。

「自然突然変異は、放射線に換算すれば、年間10グレイ程度の被ばく影響に相当する」ということは、マラーが1920年代に『サイエンス』で発表した論文にも書いてあります。[※12] 当時は、まだ原爆も原発もありませんでした。自然の放射線は当然太古の昔からありますが、1920年代は、人工の放射線は身の回りにはなかったのです。自然突然変異は、私たちが常日頃受けている自然放射線の量では、とうてい説明できないということに、彼はその頃すでに気がついていたのです。

そして、やがて原爆や加速器、そして原子力発電などが登場し、私たちの身近にも人工の放射線が登場します。しかし、その人工の放射線による被ばく線量は、福島第一原発事故の影響によっても年間50ミリグレイ（これは実質的には50ミリシーベルト）程度以下です。自然突然変異を引き起こすに相当する年間10グレイ（10シーベルト）とは、その200倍になります。

このことは、低線量被ばくが私たちのDNAに突然変異を引き起こすという形で与える悪影響は青天井ではないということ、つまり、天井知らずにドンドンと長期間溜まり続けて上限がないというものではないということを示唆しているのではないでしょうか。

今回、京都の研究者グループはWAMモデルを用いて、マラーが1920年代にサイエンス誌に発表したことを再確認したと言えます。ただし、マラーは被ばくの総線量のみを気にしていたわけですが、京都のグループは線量率によって正確に計算するということをやってのけたうえで得た結論なのです。その意義は、とても大きいのではないでしょうか。

まとめますと、まず、ＬＮＴ仮説はごく短い時間でしか成立しないということです。なおかつ、低線量被ばくのリスクには天井があるということです。その根拠は、私たちが日々共存している自然突然変異は放射線被ばくの影響に換算すれば、１ミリグレイ／時相当であるということが、京都グループの新しく提案したＷＡＭモデルを使うことでわかったということです。

そして、このＷＡＭモデルが語るもうひとつのもっと重要なことは、低線量被ばくの影響はモグラたたきのようにキチンと潰されていって、時間経過とともにその影響が蓄積していくことはないということです。武谷さんのがまん量の考え方は、低線量被ばくの影響が蓄積していくことを前提としていますが、そのことが否定されたのです。

生命は、その誕生のときから自然の放射線にさらされてきました。ＤＮＡの自己修復能力や細胞の自死（アポトーシスやクロネーシス）の機能を、生命が最初から持っていたのか進化の過程で獲得したのかはわかりません。しかし、これら不思議な機能を持っていることで放射線環境下を生き抜いてきたのが事実のようです。あるいは、放射線環境と共存しながら今日まで進化してきたのではないでしょうか。

私たちが気をつけなければならないのは、このように新しい科学的知識によって、従来、当たり前に用いられてきた仮説が覆される可能性があるということです。

もうひとつ重要なことがあります。さらに大きな枠組みのなかでは、私たちは公益主義vs人道主義を背景にした分断の世界、つまり二分法的な価値観に踊らされてはならないということでです。ひとり一人の人間のうちには、公益的考えも人道的考えも共存して日々、私たちを衝き動かしているのではないでしょうか。

ところが、集団やコミュニティになれば、勢い二分法的な枠組みの中での論にいつの間にかはめ込められかねません。そのことを自覚し、自省することこそが、私たちのより良い未来を拓いていくのではないでしょうか。

前述の第五福竜丸事件の約半年後に亡くなった乗組員の方については、後年、当時の医療データが綿密に分析されました。その結果、死の原因は輸血の結果感染したC型肝炎であると断定的に公表されました。この結論は、日米の医療従事者をはじめ多くの関係者の間では今や事実として共有されています。しかし、第五福竜丸事件の1954年当時、C型肝炎はまだ発見されていなかったのです。そのために、原因がよくわからない病『原爆症』とされたのでした。

本当の原因は輸血によるC型肝炎であったという事実は、２００５年に毎日新聞などで報じられましたが[※13]、その後、社会的にあまり発信されることはなく、一般市民に広く共有されるような状態になっていないと思います。そのような状況のまま3・11を迎え、〃がまん量〃という得体の知れない恐怖が市民の間に緩やかに再び浸透していったのではないでしょうか。

私は、さる医療関係の重鎮の方に、「第五福竜丸事件で唯一なくなった乗組員の死亡原因が『原爆症』ではなく、C型肝炎であったことをなぜもっと広く世間に発信しないのですか」と尋ねたことがあります。すると返ってきた答えは「それはもうあまり言わない慣わしになっているのです」ということでした。

C型肝炎だったことは事実として重視すべきでしょうが、では、なぜC型肝炎になったかといえば、被ばくによって血球が減少したなどの症状があり、輸血はその症状の改善のために必要だったという事実は揺るぎません。そのことへは誰もが十二分に配慮しなければならないと思います。

なお、第五福竜丸が被爆した水爆実験は、マーシャル諸島で実施され、現地の住民ら約2万人が被ばくしましたが、そのなかからは、入院治療を必要とする重い肝機能障害は見つかっていないとされています。

モグラたたきのWAMモデルのような新しい理論には、低レベル放射線被ばくの影響に関して過去にいろいろと問題にされ、議論の的になってきたことを解き明かす力があると思います。同時に過去の事実を覆す効能もあるでしょう。それは、私たちが日頃囚われている教条主義的な考え（ドグマ）から、私たちを解き放ってくれる可能性があるとも言えます。

しかし、以上で見てきたように、そこには今後取り組んでいくべき課題がいくつかあると思います。

①あるのかないのかよくわからない〝しきい値〟を見極めようとする科学的な努力を続けること

②科学者が見極めた事実を証拠（エビデンス）をもって発信し続けること

③市民が科学的証拠に基づいた事実を受け取る機会があること、また、その事実を論理的思考によって理解する能力を養い続けること

ここに挙げた①～③の項目について、科学者（専門家）と一般市民は、互いに求めて取り組んでいかなければならないという社会的責任を負っています。3・11後の状況によって、私たちは、そのことに気づかされているのではないでしょうか。

※1　例えば、２０１１年8月23日開催の第32回原子力委員会定例会議おける田中俊一氏の発言（http://www.aec.go.jp/jicst/NC/iinkai/teirei/siryo2011/siryo38/siryo7.pdf）

※2　２０１１年10月3日の日本外国人記者クラブにおけるウエード・アリソン氏の発言（http://www.radiationandreason.com/uploads/FCCJ_ALLISON_100311_FINAL.pdf, slide 17）

※3　高木仁三郎氏は、〝すでに述べたように、ごく微量の放射線もその電離作用によって生体、とくに遺伝子に影響を与えるから、決してこれ以下なら絶対安全という放射線量はない。〟と著書『プルトニウムの恐怖』（岩波新書　１９８１年）で述べています。

※4　小出裕章氏は、「人体に影響のない程度の被曝」などというのは完全なウソで、どんなにわずかな被曝でも、放射線がＤＮＡを含めた分子結合を切断・破壊するという現象は起こるのです。とその著書で述べています。『原発のウソ』（扶桑社新書２０１２年）69～70頁

※5　「基準値は安全量ではなく、我慢量です。その考え方をはっきり言ったほうがいいですね。1万人のうち２５０人がガンになる可能性があり、その中に入るかもしれないが、それは我慢してもらう、というのが基準値です。」連続対談「脱原発・自然エネルギー」09　崎山比早子さん「放射線量基準値は我慢量」（２０１１年4月27日：https://www.youtube.com/watch?v=AYdfWV6flYo）

※6　ＤＮＡと染色体　ＤＮＡとは、デオキシリボ核酸のことであり遺伝子の本体です。デオキシリボース、リン、塩基から構成されています。ＤＮＡは鎖状に連なった化学物質でできており、そこに遺伝情報が書き込まれています。ＤＮＡは2本鎖で二重らせん構造になっています。ＤＮＡはタンパク質と結合し、染色体をつくります。ＤＮＡそのものはタンパク質を含んでいません。
染色体とは、遺伝子の本体であるＤＮＡがヒストンというタンパク質に巻き付いてできる構造のことをいいます。染色体の構造をとることで、ＤＮＡは破壊されにくくなります。また、染色体の構造でなければ、細胞分裂の時に染色体（遺伝子）が正しく分配されなくなります。つまり、遺伝情報が正しく受け渡されないのです。つまり、染色体の構造がなければ、生物の進化はなかったのではないかと考えられています。

※7　田中司郎、板東昌子他（編・著）「放射線 必須データ32　被ばく影響の根拠」（創元社、２０１６）

※8　「低線量被曝の健康影響に新説　物理学者から新説　関西の物理学者グループに聞く」日本経済新聞電子版　２０１５年2月2日
https://www.nikkei.com/article/DGXMZO82580080Q5A130C1000000/

※9　板東昌子（ＮＰＯあいんしゅたいん）、和田隆宏（関西大学）、中村一成（中国科学院）、中島裕夫（大阪大学）、角山雄一（京都大学）、真鍋勇一郎（大阪大学）の6名

※10　日本原子力学会誌　特集　ＬＮＴ仮説への挑戦 Vol.59, No.3, pp.122-134 (2017)

※11　線量を表す単位にはＧｙ（グレイ）とＳｖ（シーベルト）があります。両者は、厳密には違います。Ｇｙは放射線が1㎏の物質に与えるエネルギーの量、Ｓｖは放射線が人体に影響を及ぼすエネルギー量を表しています。Ｓｖ値は放射線の違いや臓器の違いによる影響の受けやすさを考慮してＧｙ値に係数をかけた値になります。なお、ガンマ線による全身被ばくの場合は、１Ｇｙ＝１Ｓｖになります。

※12　Muller HJ. ARTIFICIAL TRANSMUTATION OF THE GENE. Science. 1927 Jul 22;66(1699):84-87, H. J. Muller and L. M. Mott-Smith, EVIDENCE THAT NATURAL RADIOACTIVITY IS INADEQUATE TO EXPLAIN THE FREQUENCY OF "NATURAL" MUTATIONS, Proc Natl Acad Sci U S A. 1930 Apr 15; 16(4): 277-285

※13　毎日新聞２００５年7月23日「第五福竜丸：『発症原因は放射能ではない』米公文書で判明」

第6章

トリチウム処理水問題

地球が誕生した時から
トリチウムはどこにでもある

トリチウム処理水とは

トリチウム（T）は水素（H）の同位体です。

水素の原子核は1個の陽子からできています。これに比べて、トリチウムの原子核は1個の陽子と2個の中性子からできています。このように、陽子の数は一緒でも中性子の個数が異なる原子を同位体（アイソトープ）といいます。

陽子1個と中性子1個からできている原子もあります。これを重水素（D）といいます。トリチウムは3重水素とも呼ばれます（図6-1）。

トリチウムの何が問題かといえば、それは放射線を出すことです。ベータ線という放射線を出します。ベータ線の正体は電子です。トリチウムはベータ線を出して、ヘリウム3に変化して行きます。トリチウムの半減期は12・3年です。つまり最初にあったトリチウムの量は12・3年かけて徐々にその半分がヘリウム3に変化して行きます。ヘリウム3は安定していて放射線は出しません。

福島第一原子力発電所の壊れた炉心周辺から回収された汚染水を処理して、セシウムなど62種類の放射性物質を除去したものをトリチウム処理水といいます。トリチウムだけが除去できずに、処理水に残ったまま回収されるのです。つまりトリチウム処理水とは、除去できずに残った〝トリチウムを含む処理水〟の意味です。

図 6-1　水素の同位体：重水素とトリチウム (三重水素)

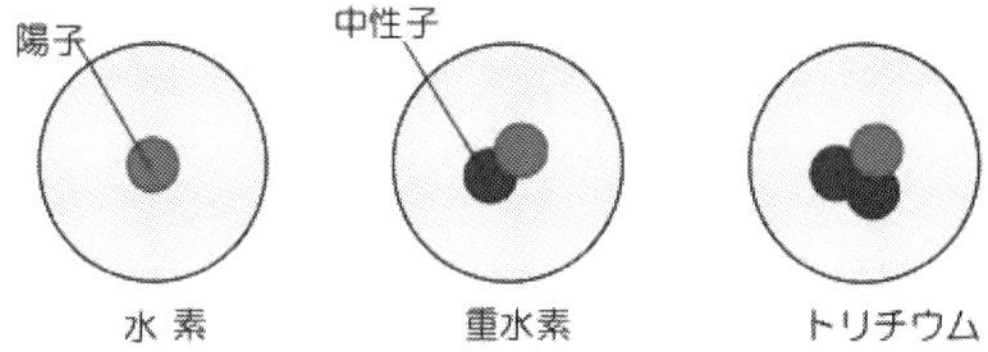

出典：中部電力

トリチウム処理水といっても、これは、純度１００％のトリチウム水ではありません。大半は普通の水素（H）と酸素（O）から水（H_2O）で、そこにわずかですがトリチウム、つまり三重水素（T）1個と水素1個に酸素からできたトリチウム水（HTO）が混じっているのです。

すべてがHTOでできている純度１００％のトリチウム水は、１グラム（１cc）で約６兆ベクレルの放射線を出します。

地球上にはどこでもトリチウムがある

トリチウムは地球が誕生したときから環境のどこにでも存在しています。

地球上には時々刻々いつでも地球の外、つまり宇宙から大量の放射線が降り注いでいます。これを宇宙線といいます。この宇宙線が大気中の窒素や酸素にぶつかったときにトリチウムが作られます。このトリチウムは、大気中の水蒸気、雨水、そして海水の中に含まれます。また、過去には大気中で核爆発実験を行っていた時代、つまり１９６３年頃までに、核爆発実験によっても大量に大気中に放出されたこともあります。そしてさらに、世界中の原子力発電所や関連施設からも日々放出されています。

地球へは地球誕生時から宇宙線が降り注いでいます。その宇宙線によって発生して消滅する量とバランスして蓄積しているトリチウムが出す放射能は、国連科学委員会（UNSCEAR）によれば、約１２７万５０００兆ベクレル[※1]（１・２７５×10^{18}ベクレル）です。これは純度１００％のトリチウム水に換算すれば、約２１２キログラム（２１２リットル程度）に相当します。

環境中のすべてのトリチウムが出す放射線は、この10倍ほどで、約２×10^{19}ベクレルとされています。その多くは昔の核実験で発生したものがまだ残っているためです。

大気中で核実験が行われていた１９４５〜１９６３年の間に発生したトリチウム量は、（１・８〜２・４）×10^{20}ベクレルと推定されています。すでに60年ほど経っているので、当時からすると数十分の１以下に減っています。２０２０年には９・６×10^{18}ベクレル程度になると推定されています。

また、私たちが日頃口にする水の中にもトリチウムが含まれています。日本では平均して１リットルの水に１ベクレルのトリチウムが含まれています（図６‐２）。

図 6-2　環境中にあるトリチウム量

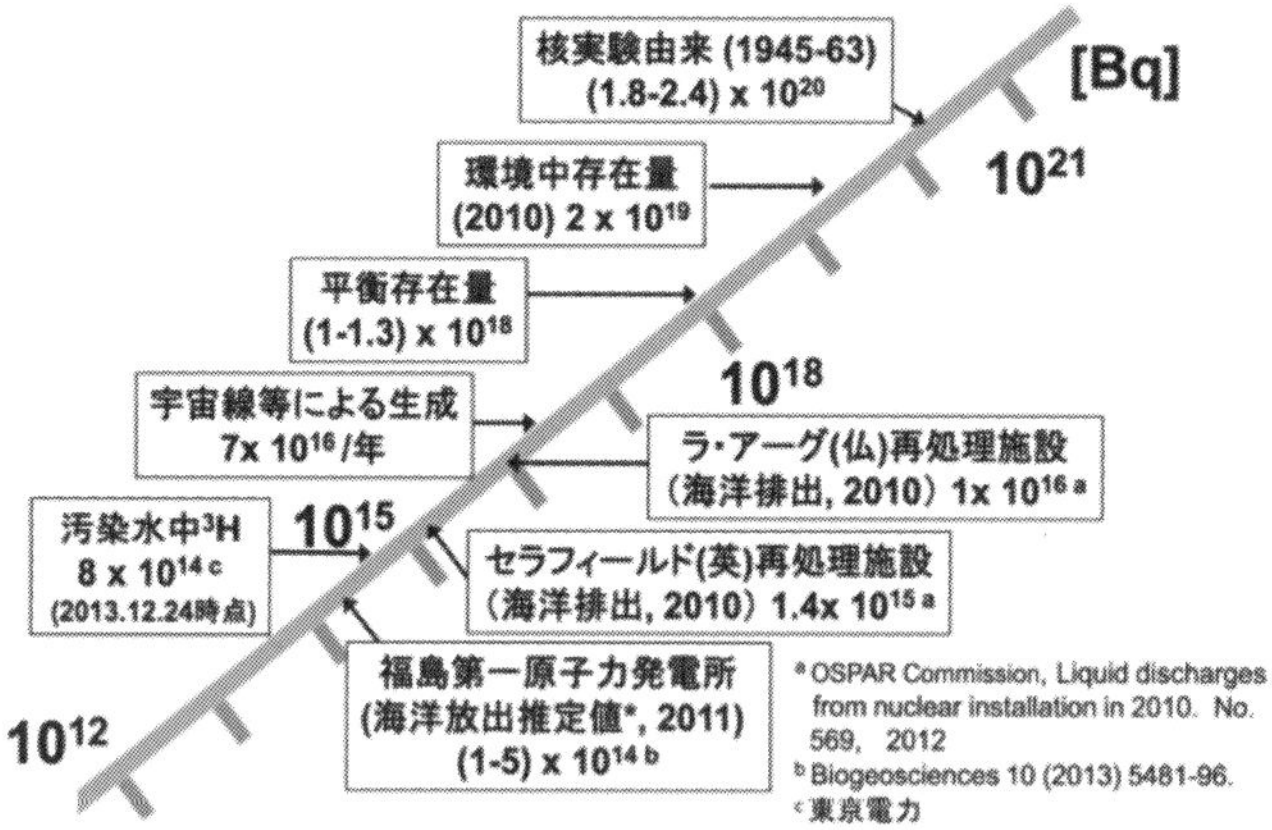

a OSPAR Commission, Liquid discharges from nuclear installation in 2010. No. 569, 2012
b Biogeosciences 10 (2013) 5481-96.
c 東京電力

トリチウムの健康影響

このようにトリチウムは太古の昔から恒常的に環境中に存在し、その環境と生物は共存してたのです。私たち人間を含む生物はこのようなトリチウムを含む放射性物質による放射線環境の中で進化してきたと言えるのです。人体に取り込まれたトリチウムはトリチウム水の形で存在し、排泄によって徐々に体外に出され、体内に存在する量は減っていきます。その量が半分になる期間、つまり半減期（生物学的半減期）は約10日です。

一部で最近問題になっているのは有機結合型のトリチウム（Organically Bound Tritium：OBT）というものです。有機結合型のトリチウムとは、植物中に取り込まれたトリチウム水が光合成によって有機化されたもので、葉や実や根などに蓄積される傾向があります。ＯＢＴの生物学的半

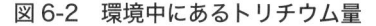

減期は30～45日とされていますので、ＯＢＴが人に吸入や経口摂取されると、トリチウム水に比べてより長く体内にとどまる傾向があります。

またトリチウム水に対してＯＢＴの線量係数は約2・3倍とされています。線量係数とは、ある放射性物質1ベクレルを摂取したときの実効線量を算出する際に掛けられる係数です。

そして最近なぜ一部でこのＯＢＴが問題視されているかと言いますと、ＯＢＴは〝高度に生物濃縮する〟という説が流布され[※2]、その噂がTwitterなどで拡散されたのです[※3]。

しかしＯＢＴの生物濃縮については、これまでに研究が進められわかったことがあります。カナダの研究者が、Chalk River研究所からのトリチウムを含む廃液が流れ込む敷地内のPerch湖の生物を調べたところ、様々な生物でＯＢＴ濃度が似ていることがわかりました。その結果、どうやら生物濃縮は起こりそうにないと結論しました[※4]。また、別の研究チームが同湖の様々な場所に移植されたムール貝を採取して、ムール貝体内のＯＢＴの濃度を計って比較しました。その結果、ＯＢＴ濃度は時間経過とともに徐々に増加しますが、ＨＴＯ濃度を超えることはないということを解明しました[※5]。これらの研究結果から、有機結合トリチウム（ＯＢＴ）が〝高度な生物濃縮〟をするかどうかについては、科学的見地から否定されています。

図 6-3　原子力発電所における液体状および気体状放射性物質の処理過程

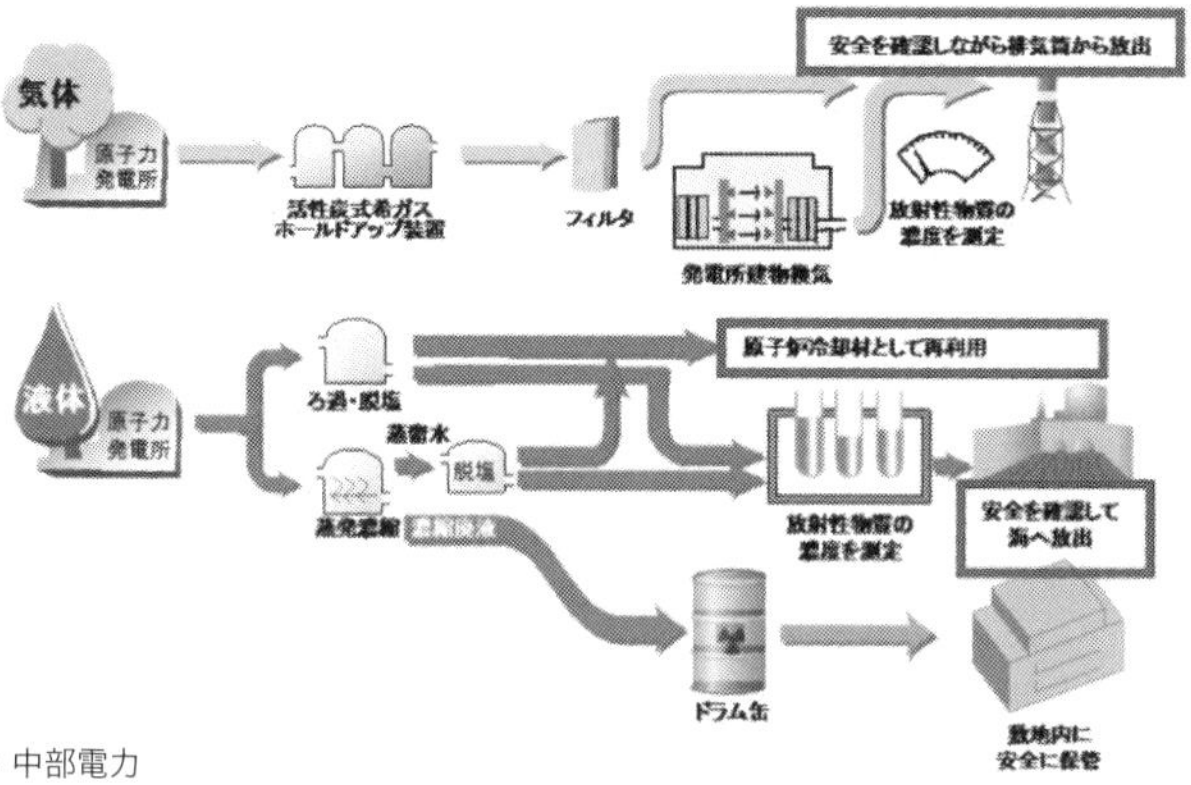

出典：中部電力

原発から日常的に放出されているトリチウム

世界の原子力発電所や関連する施設からも日々トリチウムが発生し、環境中に水や気体の形で放出されています。

その発生は、冷却水に含まれる重水素に由来します。日本などの軽水炉は冷却に重水は用いていませんが、普通の水（軽水）の中にもわずかですが重水が含まれています。その比率は０・０１５％程度です。原子炉の中では中性子が飛び交っていますので、重水素が中性子を取り込んで三重水素（トリチウム）になるのです。

原子力発電所の場合、発生したトリチウムは管理して環境に放出されています（図６‐３）。

世界の原子力施設から日常的に放出されているトリチウムの量を図６‐４に示します。

図 6-4　世界の原子力発電所などから放出されたトリチウムの量（年間放出量）

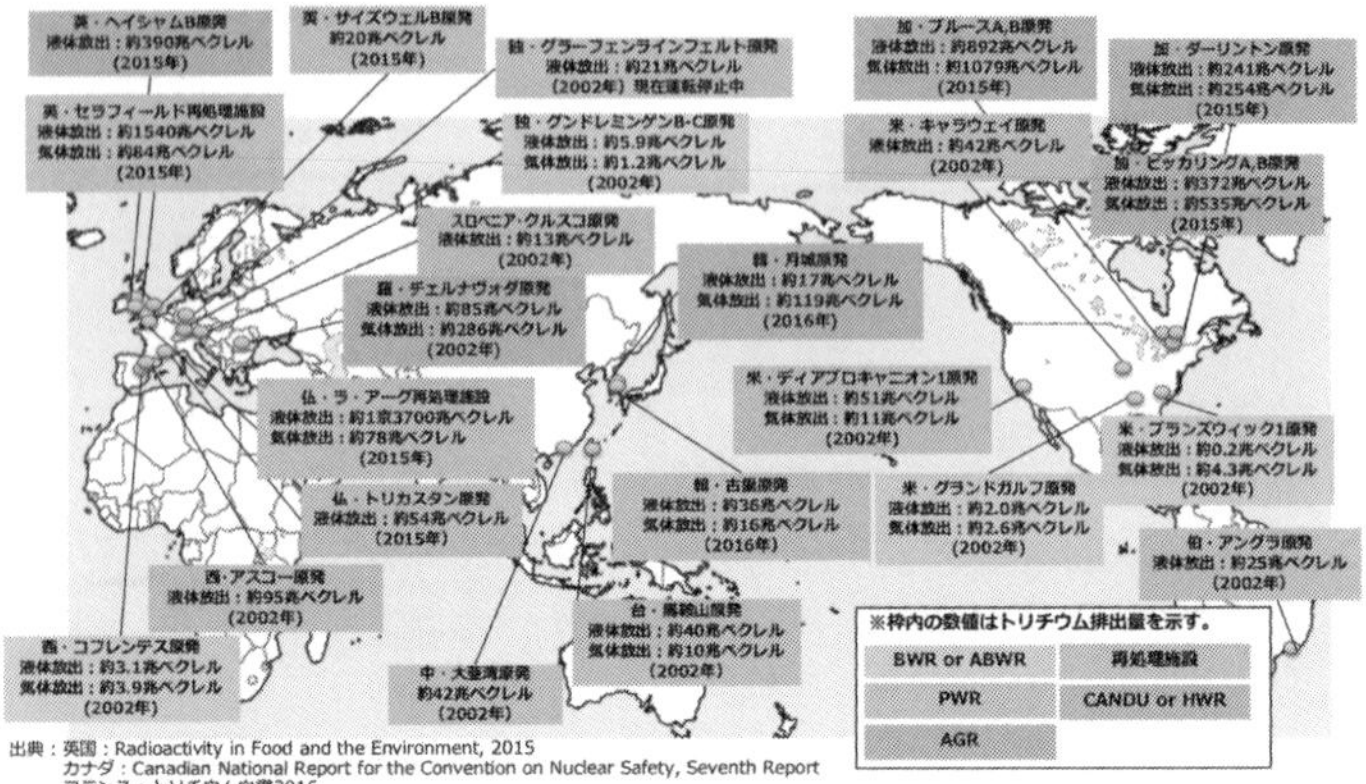

出典：英国：Radioactivity in Food and the Environment, 2015
カナダ：Canadian National Report for the Convention on Nuclear Safety, Seventh Report
フランス：トリチウム白書2016
韓国： 2016年度 原発周辺の環境放射能調査と評価報告書, 韓国水力・原子力発電会社（KHNP）
その他の国々：UNSCEAR「2008年報告書」

これら各原子力施設で発生するトリチウムは国際的な規範に則って希釈管理して放出されているのです。つまりロンドン条約に則って、各国はトリチウム濃度を６万ベクレル／リットル以下に薄めて海洋や大気中に放出しています。

東京電力福島第一原子力発電所のトリチウム処理水

福島第一原子力発電所には２０１９年９月19日時点で合計９７７基の処理水用タンクがあります。１１６万６６４６トンの処理水が貯蔵されています（図６‐５）。今後、敷地内には２０２０年末までタンクが増設され、総貯蔵可能量は１３７万トンになる予定です。しかし、今のところそれ以上にタンクを増設する余地が

図 6-5　管理棟の窓から見る 100 万トンの処理水タンク群

ないというのが現状です。この調子で処理水をタンクに貯め続けるならば、２０２２年頃には満杯になると言われています。

　では一体、今福島第一原子力発電所にある処理水に含まれるトリチウム水の量はどれくらいあるのでしょうか？

　その量は約１００万トンで、トリチウムの放射能で言えばほぼ１０００兆ベクレル（1×10^{15}ベクレル）です。なお、処理水全体の１割ほどはセシウムも含み、セシウム処理水と呼ばれています。

　さて、環境中に存在する全トリチウム量（2×10^{19}ベクレル）に比べると、福島第一のトリチウム処理水が含むトリチウムの量はその約０・００５％ときわめてわずかです。

　この１０００兆ベクレルのトリチウムは約１００万トンの処理水に混じっているわけです

が、純粋なトリチウム水（ＨＴＯ）に換算すると約１６７グラム（１６７ｃｃ）にすぎません。１合、つまりにコップ一杯程度です。

図６‐４に主な世界中の原子力発電所や再処理施設から日々発生しているトリチウム量を示しましたが、例えば、英国やフランス、そしてカナダの施設からは次のような量のトリチウムが海洋に放出されています。

・主要各国の年間トリチウム放出量
セラフィールド再処理施設（英国）　1390兆ベクレル／年（2010年実績）
ラ・アーグ再処理施設（フランス）　9950兆ベクレル／年（2010年実績）
ブルース原子力発電所（カナダ）　1180兆ベクレル／年（2012年実績）

ブルース原子力発電所には合計8基の原子炉があります。これらはわが国の軽水炉とは違って、いずれも重水を大量に用いるタイプの原子炉（ＣＡＮＤＵ炉という）なので、トリチウムが多く発生するのです。いずれにしてもこれらの施設からは、現在福島第一の敷地内に貯留されている総トリチウム量（約１０００兆ベクレル）に相当するか、それ以上の量が１年間に海に流されているのです。

韓国も福島第一のトリチウムに匹敵する量を環境に放出している

ちなみにお隣の韓国からは、月城原子力発電所から２０１６年の実績で年間約１３６兆ベクレルのトリチウムが環境に放出されています。同じく、古里原子力発電所からは年間約52兆ベクレルが放出されています（２０１６年）。両発電所合わせて年間１８８兆ベクレルになります。５～６年で、福島第一原子力発電所の処理水に含まれるトリチウムに相当する量になります。

月城１号機から４号機は、トリチウムを多く発生する重水原子炉（ＣＡＮＤＵ炉）です。１号機は１９８３年に、４号機は１９９９年に運転開始しています。つまり、どの号機も10年以上の運転実績がありますので、積算すれば優に１０００兆ベクレルを超えるトリチウムがこれまでに環境中に放出されてきたことが推察できます。

このように、福島第一のトリチウム処理水に含まれるトリチウムに匹敵する量のトリチウムを環境に放出してきた韓国が、福島第一のトリチウム水を非難する理由は何もありません。

ところが、韓国の文在寅（ムン・ジェイン）政権は、東京電力福島第１原発で増え続ける有害放射性物質除去後の「処理水」の問題、とりわけトリチウムを含む処理水の海洋放出にどういうわけか懸念を表明してきています。

とりわけ2019年9月16日に、オーストリア・ウィーンで開催された国際原子力機関（IAEA）の年次総会においても、非科学的きわまりない嫌がらせ発言がありました。韓国の科学技術情報通信省の文美玉（ムン・ミオク）第1次官が、福島第一原発の処理水の問題に言及し、「（海洋放出されれば）日本の国内問題ではなく、世界全体の海洋環境に影響を及ぼしうる重大な国際問題となる」と強調したのです。

このことはあまりにも非科学的であり、国際機関という場と総会という機会を濫用したバッシングという低レベルで下手くそな政治的ショーというほかありません。

トリチウム処理水の今後ーサブドレンのトリチウム水はすでに流しているー

処理水タンクは今後137万トンまで増設される予定になっています。しかし、それも今のペースで処理水が増え続けると、あと5、6年で満杯になる見通しです。

トリチウムに関してポイントをまとめると次にようになります。

（1）原子力関連施設で発生するトリチウム水は、国際基準に沿って希釈し、海洋放出されている。

（2）自然由来のトリチウムが環境中に存在する。その量は原子力関連施設で発生するトリチウムに比べてはるかに多量である。

図6-6　サブドレンは陸側遮水壁（凍土壁）の内側にある

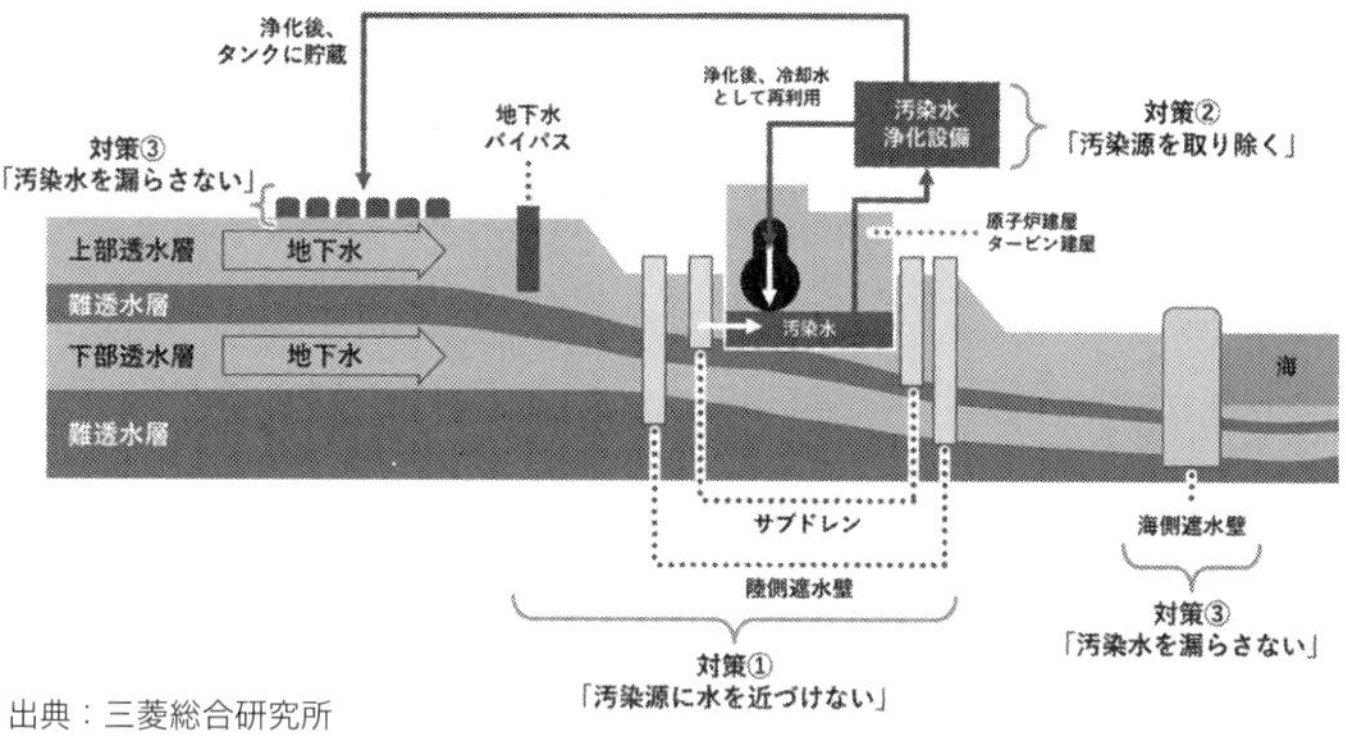

出典：三菱総合研究所

（3）諸外国には福島第一に今貯められている総トリチウム量を超えるトリチウムを海洋放出してきた歴史がある。

（4）福島第一ではこれまでにトリチウムを含むサブドレン水の濃度を管理して海洋放出している。希釈すればトリチウムを含むサブドレン水とトリチウムを含む汚染水に何ら差異はない。

サブドレンとは、福島第一の壊れた原子炉を含む建物内に流れ込む地下水の量を減らすために、建屋を取り巻くように掘り巡らされた井戸のことです。このサブドレンは、陸側遮水壁、いわゆる〝凍土壁〟の内側にあります（図6-6）。つまり、壊れて溶け落ちた燃料を包み込んでいる凍土壁プールの内側にあるということに注目してください。この井戸から吸い出された地下水にもトリチウムが含まれています。東京電力はこの回収されたサブドレン水のト

図6-7　サブドレンからのトリチウム放出量

サブドレンからのトリチウム放出量（ベクレル/年）

	2015年※1	2016年	2017年	計
サブドレン	約360億	約1300億	約1100億	約2760億

※1　サブドレンは、2015年9月14日から排水開始

出典：経済産業省

リチウム濃度を、1500ベクレル／リットル以下に薄めて海に流しています。この濃度は、国際的な基準の6万ベクレル／リットルに比べて40倍も厳しいものになっています。東京電力はこのような基準を独自に設けて適用しているわけです。

問題は、福島第一原発のサブドレン水（＝トリチウム水）はとっくの昔から管理して海に放出しているのに、それと質的に全く変わらない「トリチウム処理水」は未だにタンクに貯めこみ続けていることで、海洋放出のめどが立っていないということです。重ねて言いますが、トリチウム処理水を希釈してトリチウムを1500ベクレル／リットル以下にすれば、どこからどう見ても〝すでに海に流している〟サブドレン水と何も変わらないのです。

サブドレン水は2015年から希釈して海洋放出されています。その量を図6-7に示します。

なお、世界保健機関（WHO）の飲料水に関する取り決めでは、放射能レベルを1万ベクレル／リットルにすることが水質の指針とされています。ちなみに福島第一のトリチウム処理水の濃度は、ほぼ100万ベ

クレル／リットルです。

風評被害――100ベクレルの轍

トリチウム処理水を希釈して海洋放出するにしても、それが風評被害を引き起こさないかという危惧がなかなか払拭されません。

実は、そこには私たちの苦い経験があります。

2011年晩秋に、民主党政権当時、時の厚生労働大臣・小宮山洋子氏のもと、食品中の放射性物質を規制する基準値が2012年4月から新たに見直され、米や野菜、肉などはこれまでの1キログラムあたり500ベクレル（暫定規制値）から100ベクレルに引き下げるという方針が決まりました。

これは、福島の生産者の方々や専門家の意見を背景にしたものでした。しかし、国際的な基準である500ベクレルよりも引き下げられたために、消費者の間にかえって深刻な不安を巻き起こしました。

2012年2月16日、文部科学省の放射線審議会は紛糾を繰り返したのちに、次のような批判的な答申を出しました。それは、「食品の放射性セシウムの濃度は十分に低く、（新基準値が）放射線防護の効果を高める手段にはなりにくい」というものでした。

紛糾のポイントは以下の3点に集約されます。

（1）出荷制限という管理のための値であること
（2）なぜ5分の1なのかの理由
（3）食品中には常に普通に放射性物質が含まれていること

この3つの論点に関する説明不足が、世の中を不安に陥れたのでした。

これらを、政府も専門家も迅速かつ丁寧にわかりやすく人々に伝えることが必要不可欠でしたが、それを怠ったのでした。そして、マスメディアも、これらのことをあまり深く理解しないまま記事を書いてしまっていた、という後悔の弁を私自身、記者の方から直接聞いたことがあります。当時の政権の無能無策をおくにしても、専門家やメディアの不作為とも言える言動が、多くの人々を無用の不安の淵に追い込んだ責任はとても大きいと思います。

トリチウム処理水問題では、同様の轍を踏んでは決してならないと思います。この問題では、専門家とメディアは相互に協力して、丁寧な説明と情報共有のために努力を惜しんではならないと思います。

2020年東京オリンピックに向けて、トリチウム処理水問題に正道を持って目鼻をつけることが、私たちの覚悟を世界へ示すことになるのではないでしょうか。トリチウム処理水という、いわばタブーに挑み道を開いていくことが、福島第一の廃炉措置の未来を拓く一里塚であり、それなくして日本の原子力の未来にかかる霧は晴れないと思います。

小泉環境大臣の姿勢について

小泉進次郎さんは、２０１９年９月11日に発足した第４次安倍晋三再改造内閣に、環境大臣として初入閣しました。

この前日の２０１９年９月10日、前任の原田義昭環境大臣は記者会見で、東京電力・福島第一原子力発電所の処理水について「思い切って、（海洋に）放出して希釈する他に選択肢はない」と発言しました。

原田前大臣は、環境省の外局である原子力規制委員会の更田豊志委員長も処理水の海洋放出について「薄めて海洋への放出が最も合理的だ」と述べていると指摘しています。

この発言は大いに物議を醸し、新任大臣の小泉氏が矢面に立つ形となりました。

この発言の最大のポイントは、言うまでもなく福島産の海産物に対する風評被害への危惧です。当然のことですが、原田前大臣への漁業関係者の不安の声が湧き上がりました。

そこで小泉氏は早速２０１９年９月12日午後、福島県いわき市に出向き、同県漁業協同組合連合会の幹部と面会しました。この面会のなかで小泉氏は、「発言は前大臣の個人的な所感ではあるが、福島の漁業者に不安を与えてしまい、後任の大臣としてまず、おわびしたい」と陳謝したと伝えられています。新任の小泉氏は、陳謝というある意味最も安易な道を選んでしまったのではないでしょうか？

原田前大臣自らが捨て石になるような形でせっかく投じた一石が、これでは何にもならないばかりか、陳謝すれば問題解決からますます遠ざかるのは火を見るより明らかです。

地元の漁業関係者を知る方の話を聞けば、3・11から9年目を迎え、試験操業はするものの、本格操業への道は開けないままの状態が続いています。そのようななかでも、とりわけ若手漁業関係者のなかにはなんとか活路を開けないものかと模索する姿があるようです。

むしろこれを契機に、漁業関係者と膝を交えた話し合いが実現すれば解決への道が開ける可能性があったと思うのです。

小泉さんは、この問題は環境省の所掌ではないようなこともおっしゃっていますが、トリチウム処理水の希釈放出は原子力施設による安全性の問題であり、原子力規制委員会がそのボトルネックにあります。原子力規制委員会は環境省の外局です。また、トリチウム処理水の海洋放出は環境汚染の問題です。

専門家の目線では、すでに詳説しましたように、トリチウム処理水を希釈して海洋に放出することの影響は、科学的に見てなんら問題はないのです。

問題は風評被害であり、それに対策を打てるのは政治家であり政治の本道の役目です。

2012年の民主党政権当時の〝100ベクレルの苦い轍〟を踏まないためにも、小泉環境大臣には問題の本質に目を向け、政治的課題として解決の道を開いていただきたいと願うばかりです。

陳謝をもってもし幕を引くというのならば、将来への期待が大きい若手ホープの政治家への私たちの期待が萎んでしまいます。

風評被害のメカニズムとそれへの対策は、政治家が腹を据えて望めばそう難しいことではないとこれまでの歴史が示していると思います。

何よりも地元漁業関係者、とくに若手でこれからも〝やってやるぞ〟という希望と意気込みをもっている関係者の声に、ぜひ耳を傾けていただきたいと思います。私たちは小泉氏が風評被害という因習の打破に邁進する姿をぜひとも見たいのです。

※１　山田孝男「小泉純一郎の『原発ゼロ』」P.79（毎日新聞社、２０１３）
※２　小泉純一郎、梶原一明「郵政省解体論」（光文社、１９９４）
※３　https://www.mofa.go.jp/mofaj/area/usa/kaidan_040922.html
※４　宇佐美さん時論
※５　https://www.itmedia.co.jp/smartjapan/articles/1901/11/news038.html

第7章

日本に核のごみの最終処分場は本当にないのか？

私は3・11以降、いろいろな機会に一般市民や脱原発の人たちに講演をしてきました。そうしたなかで参加された皆さんの問いかけでよく聞くのが、「日本では、核のごみの最終処分場はできないと聞いています。特に、小泉さんが自分はフィンランドのオンカロ[※1]を見たが『あれは日本ではとてもできない』と言っていますよ」という話でした。

オンカロとは、フィンランドのオルキルオト島にある高レベル放射性廃棄物の地層処分を行うための最終処分場の名称です。

3・11から2年後の2013年8月に小泉さんは、日立製作所、東芝、三菱重工業など日本の大手原子力メーカーをはじめとする原子力関係企業の重鎮を集めて、フィンランドのオンカロに視察に行きました。

以下は、そのことを報じた記事の引用です。[※2]

> 三菱重工業、東芝、日立製作所の原発担当幹部とゼネコン幹部、計5人が同行した。道中、ある社の幹部が小泉にささやいた。「あなたは影響力がある。考えを変えて我々の味方になってくれませんか」
>
> 小泉が答えた。
>
> 「オレの今までの人生経験から言うとね、重要な問題ってのは、10人いて3人が賛成す

れば、２人は反対で、後の５人は『どっちでもいい』というようなケースが多いんだよ」

「いま、オレが現役に戻って、態度未定の国会議員を説得するとしてね、『原発は必要』という線でまとめる自信はない。今回いろいろ見て、『原発ゼロ』という方向なら説得できると思ったな。ますますその自信が深まったよ」

３・11以来、折に触れて脱原発を発信してきた自民党の元首相と、原発護持を求める産業界主流の、さりげなく見えて真剣な探り合いの一幕だった。

呉越同舟の旅の伏線は4月、経団連企業トップと小泉が参加したシンポジウムにあった。経営者が口々に原発維持を求めた後、小泉が「ダメだ」と一喝、一座がシュンとなった。

その直後、小泉はフィンランドの核廃棄物最終処分場「オンカロ」見学を思い立つ。自然エネルギーの地産地消が進むドイツも見る旅程。原発関連企業に声をかけると反応がよく、原発に対する賛否を超えた視察団が編成された。

原発は「トイレなきマンション」である。どの国も核廃棄物最終処分場（＝トイレ）を造りたいが、危険施設だから引き受け手がない。「オンカロ」は世界で唯一、着工された最終処分場だ。２０２０年から一部で利用が始まる。

原発の使用済み核燃料を10万年、「オンカロ」の地中深く保管して毒性を抜くという。人類史上、それほどの歳月に耐えた構造物は存在しない。10万年どころか、１００年後の地球と人類のありようさえ想像を超えるのに、現在の知識と技術で超危険物を埋めることが許されるのか。

帰国した小泉に感想を聞く機会があった。

——どう見ました?

「10万年だよ。300年後に考える（見直す）っていうんだけど、みんな死んでるよ。日本の場合、そもそも捨て場所がない。原発ゼロしかないよ」

——今すぐゼロは暴論という声が優勢ですが。

「逆だよ、逆。今ゼロという方針を打ち出さないと将来ゼロにするのは難しいんだよ。野党はみんな原発ゼロに賛成だ。総理が決断すりゃできる。あとは知恵者が知恵を出す」

「戦はシンガリ（退却軍の最後尾で敵の追撃を防ぐ部隊）がいちばん難しいんだよ。撤退が」

「昭和の戦争だって、満州（中国東北部）から撤退すればいいのに、できなかった。『原発を失ったら経済成長できない』と経済界は言うけど、そんなことないね。昔も『満州は日本の生命線』と言ったけど、満州を失ったって日本は発展したじゃないか」

「必要は発明の母って言うだろ? 敗戦、石油ショック、東日本大震災。ピンチはチャンス。自然を資源にする循環型社会を、日本がつくりゃいい」

もとより脱原発の私は小気味よく聞いた。原発護持派は、小泉節といえども受け入れまい。５割の態度未定者にこそ知っていただきたいと思う。

この新聞記事を読むと（記事の内容が真実に即しているとすると）、いくつかのことがわかります。

オンカロ詣での画策から脱原発への転向の道のり

まずオンカロの視察は小泉さんが思いついて、経済界の重鎮を誘ってドイツ、フィンランドを視察して回ったということです。小泉さんは当時、財界が中心となって設立した民間シンクタンク「国際公共政策研究センター（ＣＩＰＰＳ）」の顧問を務めていました。このシンクタンクは、政界を引退した小泉さんを支えるもので、設立当時（２００７年３月）に経団連会長だったトヨタの奥田碩元会長が旗振り役となり、国内の主要企業80社が約18億円の設立資金を提供しました。奥田さんが会長、小泉さんが顧問、そして経済評論家の田中直毅さんがトップ３に就いていました。実態は、奥田さんが小泉さんのためにつくった「小泉さん専用のシンクタンク」だったのです。そして、このシンクタンクのスポンサーとして有名企業に原子力発電を推進する三菱、東芝、日立や大手ゼネコンなど名だたる大企業が名を連ね、多額の資金提供を行っていました。

ところが小泉さんは、顧問を2014年5月に辞任しています。ちょうどその頃、盟友の細川護熙元首相とともに一般社団法人「自然エネルギー推進会議」を設立しています。[※3]このことによって、明確に原発推進から〝脱原発〟に転向したのでした。さらに、このあと小泉さんは、吉原毅氏（城南信用金庫相談役）を会長とする「原発ゼロ・自然エネルギー推進連盟」（通称：原自連）の発足に及んで発起人代表として記者会見に臨んでいます（2017年4月14日）。

オンカロで小泉さんは何を言ったのか？

小泉さんがオンカロ現地で一体何を言ったのかが気になっていました。山田孝男さんの記事によれば現地で言ったのは、

「オレの今までの人生経験から言うとね、重要な問題ってのは、10人いて3人が賛成すれば、2人は反対で、後の5人は『どっちでもいい』というようなケースが多いんだよ」。

「いま、オレが現役に戻って、態度未定の国会議員を説得するとしてね、『原発は必要』という線でまとめる自信はない。今回いろいろ見て、『原発ゼロ』という方向なら説得できると思ったな。ますますその自信が深まったよ」。

だというのです。〝オンカロのような施設は日本ではとてもできない〟とは、どうも言ってないようなのです。

ただ、山田さんは用意周到で、小泉さんの帰国後に取材をし、オンカロをどう見ましたか？と聞いて、

「10万年だよ。３００年後に考える（見直す）っていうんだけど、みんな死んでるよ。日本の場合、そもそも捨て場所がない。原発ゼロしかないよ」。

という言質を取っています。

〝オンカロのような処分場は日本ではできない〟とは言ってないのですが、〝日本の場合、そもそも捨て場所がない〟と言っているのですね。

そもそも〝捨て場所はない〟のか

では、そもそも捨てる場所はないのでしょうか？

現時点で捨てる施設、つまり処分場がつくられていないのは事実ですが、捨てる技術があって、捨てる場所の候補もあって、捨て場所をつくろうとしていることには一切触れていません。

また、最終処分をする前段階として使用済み燃料の中間貯蔵施設がすでに出来上がってい

図 7-1　ガラス固化体ができるまでの工程

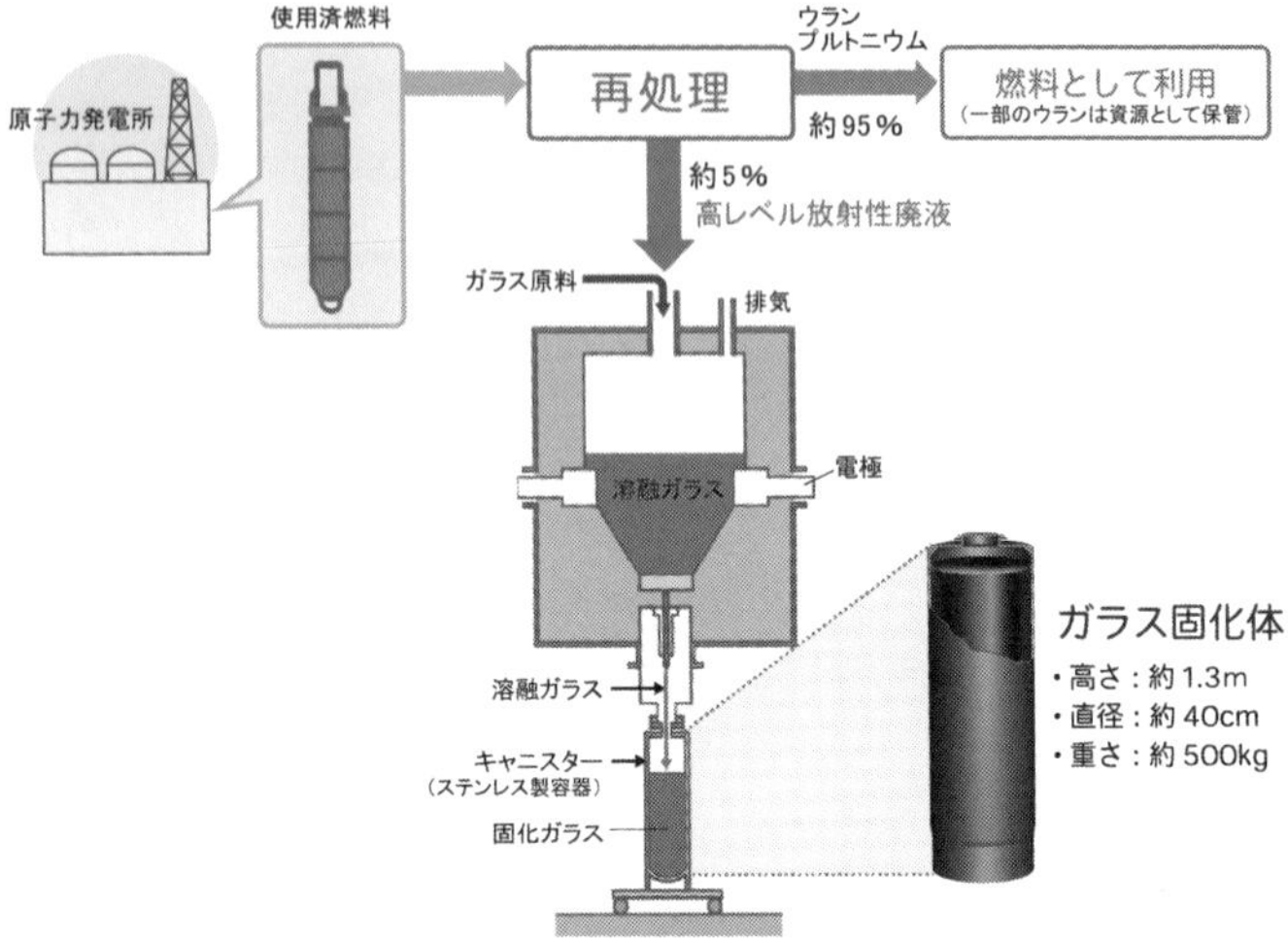

出典：原子力発電環境整備機構

ることも、まったく意に介されていないようです。※4

それでは、すでに私たちが持っている〝捨てる技術〟と〝捨てる場所の候補〟について順に見ていきましょう。

捨てる技術

ここでは、高レベル放射性廃棄物を捨てる技術についてお話しします。フィンランドのオンカロでは、原子炉で使った使用済み燃料をそのまま直接処分します。日本では、使用済み燃料を再処理してまだ使えるウランやプルトニウムを取り除いて再利用します。この再処理の際に発生する放射能レベルの高い廃液を高温のガラスと溶かし合わせて固体にします。これが、高レベル

図 7-2　300 メートル以上の深い地下に置く処分場のイメージと放射性物質を囲う４重の障壁

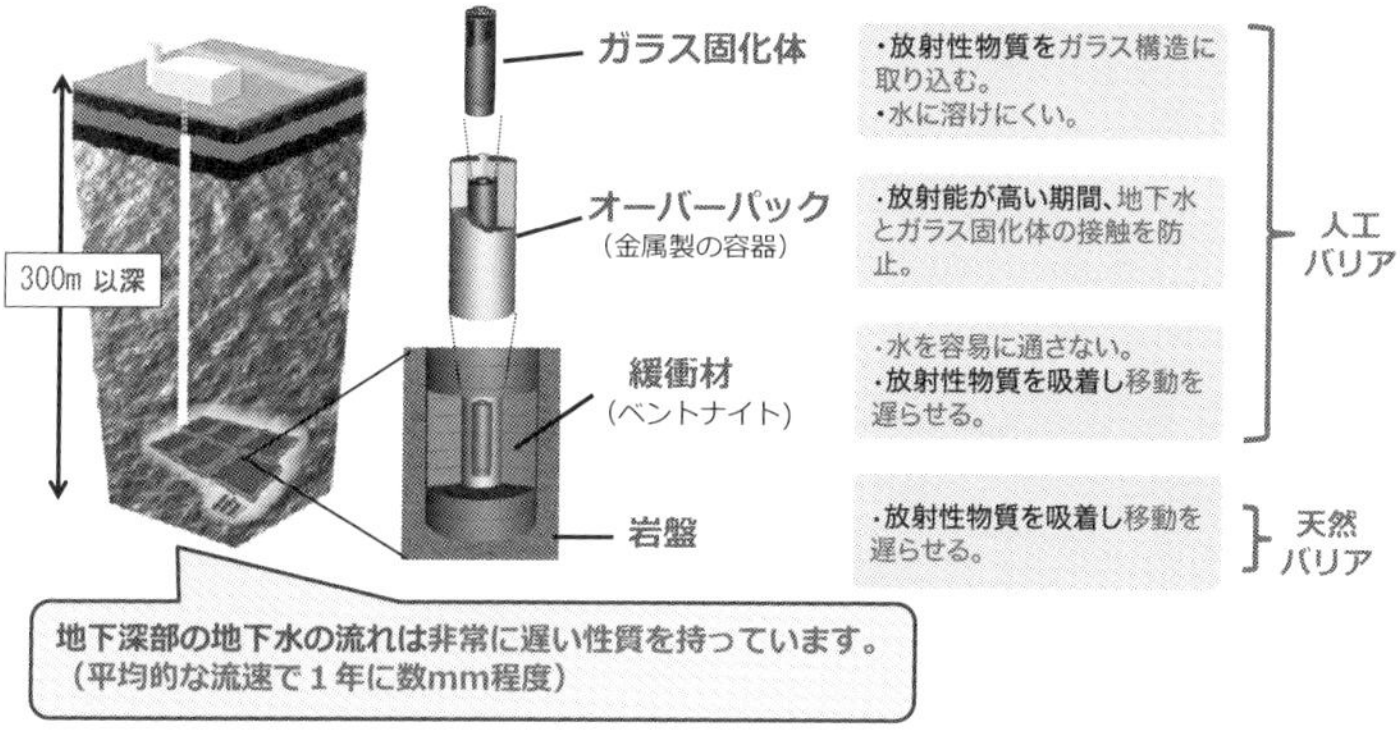
300m 以深
ガラス固化体
オーバーパック
（金属製の容器）
緩衝材
（ベントナイト）
岩盤
・放射性物質をガラス構造に取り込む。
・水に溶けにくい。
・放射能が高い期間、地下水とガラス固化体の接触を防止。
・水を容易に通さない。
・放射性物質を吸着し移動を遅らせる。
人工バリア
・放射性物質を吸着し移動を遅らせる。
天然バリア
地下深部の地下水の流れは非常に遅い性質を持っています。
（平均的な流速で１年に数mm程度）

出典：原子力発電環境整備機構

放射性廃棄物でガラス固化体と呼びます（図７-１）。

このガラス固化体には、使用済み燃料を再処理する過程で生じる、核分裂生成物（セシウム、ストロンチウム、バリウムなど）やアクチニド（ネプツニウム、アメリシウム、キュリウムなど）が含まれています。放射能のレベルが非常に高いため、こう呼ばれています。

高レベル放射性廃棄物の放射能レベルが低下するには長い時間がかかります。その間、外に放射性物質が出ていかないように４重の障壁（バリア）を設けています。ガラス固化体、ステンレス鋼の容器（オーバーパックと呼びます）、粘土（ベントナイト）が人工の３重の障壁をつくります。そして、その外側に天然の障壁として岩盤がくるのです（図７-２）。

この岩盤は地下深くにあるもので、地上からの深さは300メートル以上です。500メートル、さらに深く1000メートル以上の深さに埋めることも考えられています。

また、放射能のレベルが十分に低くなるまでの間、この処分場に人が近づかないようにする必要があります。

高レベル放射性廃棄物はとても安定した物質です。また、それ自体に爆発性はありませんし、放射性物質が連続的に核分裂を起こして大きなエネルギーを放出する（これを臨界と言います）を起こすこともありません。

捨てる場所

捨てる技術はあります。では捨てる場所はあるのでしょうか？

答えは「ある」です。しかしこれには、ただし書きがつきます。

捨てる場所は「ある」。ただし、それはまだどことも決まっていません。

どういうことでしょうか？

まず、捨てる場所は、地下300メートルより深い岩盤の中ということになります。日本列島は、だいたいどこでも300メートル程度以上掘りますと、岩盤があります。もちろん、もっと浅い位置で岩盤に出くわすこともありますし、地上に岩盤が露出しているような場所

図 7-3　瑞浪超深地層研究所

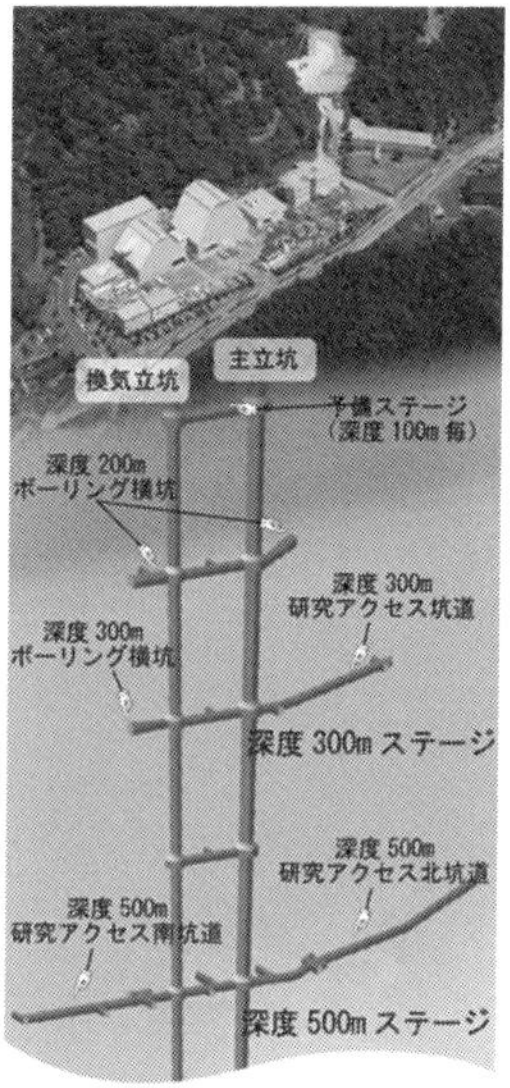

※坑道の位置や長さなどは計画であり、地質環境や施工条件などにより、決定していきます。

出典：日本原子力研究開発機構

図 7-4　幌延深地層研究センター

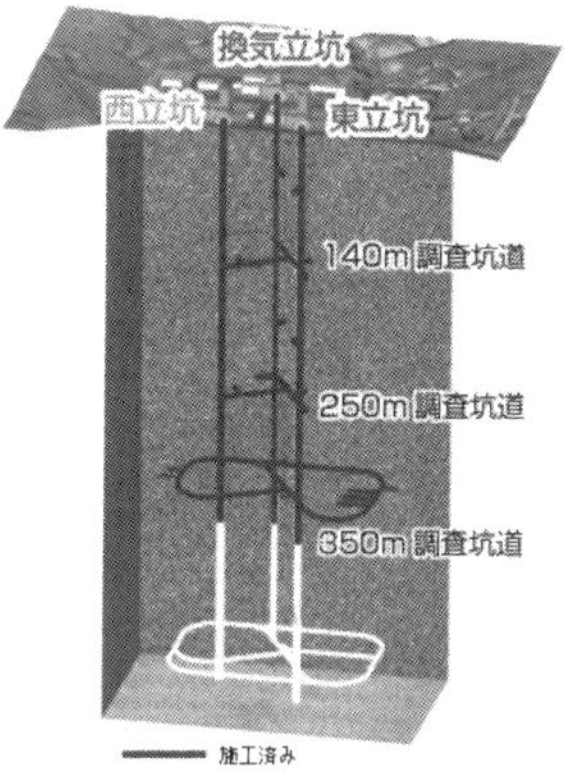

※このイメージ図は、今後の調査研究の結果次第で変わることがあります。

出典：日本原子力研究開発機構

もあります。

　このどこにでもある岩盤の種類は2つに分かれます。ひとつは、マグマが固まったもので火成岩と言います。ちなみに溶岩とは、火山噴火によって地上に出てきた液体状のマグマや、それが冷えて固まったもののことを言います。代表的な火成岩は花崗岩です。

　もうひとつは、砂や泥などが堆積して圧力がかかって押し固められてできた堆積岩です。代表的な堆積岩は、砂岩や礫《れき》岩です。

　これらの代表的な岩盤に坑道を掘って、その岩盤が地層処分に適しているかどうかを、日本では、これまでに20年近い年月をかけて調べてきました。岐阜県瑞浪市にある瑞浪超深地層研究所と北海道幌延町にある幌延深地層研究センターです。瑞浪が花崗岩で、幌延は堆積岩です（図7‐3、7‐4）。

これらの研究施設では、岩盤や地下水を調査する技術や解析する手法を確立することや、深い地下で用いられる基礎的な技術を整えていくことを目指しています。そのために、花崗岩や砂礫岩を対象として、岩盤の強さ、地下水の流れ、水質などを調べています。また、地下に立坑道と水平坑道を掘って、実際の地下の様子が、どのようになっているのかを調べています。

やがて放射性物質は地下水に乗って地上に顔を出すのでは？

これは、よく問いかけられる自然な疑問です。

意外に思われるかもしれませんが、地下深部は地震、津波、台風などの自然現象による影響がほとんどないのです。地上よりもはるかに安定しているということです。また同様に、戦争、テロ、火災などといった人災による影響も受けにくいというのが大きなメリットでもあります。

ただ、地下にある物質は地下水に乗って動く可能性がゼロではありません。しかし、地下の深いところでは、地下水の動きそのものがきわめて遅い（年間数ミリメートル程度）のです。つまり、地下深くにある物質が仮に動くとしても、その移動の速さはとても遅いということです。

そして私たちが埋めようとしているガラス固化体は、３重の人工のバリアに囲まれています。これらがいずれも地下水の侵入を何重にもわたって防いでいます。一番外側のバリアのベントナイトは粘土です。

稲作の田んぼは底や脇のあぜ道が粘土質です。その粘土そのものは湿っていますが、水を通しにくいので田んぼの底から水がどんどん抜けるということはありません。ため池も同じですね。ですからベントナイトは外からの水の侵入を抑えてくれるのです。

その内側のオーバーパックはステンレス鋼でできています。とても錆びにくい鉄の素材です。たとえ仮に錆びたとしても、サビ自体がとても安定した化学状態なのです。

そして一番内側のガラス固化体はガラスなので、たとえ水に触れても簡単には溶けません。ガラス固化体が壊れてバラバラになったとしても、その中に含まれている放射性物質は外に溶け出すことがありません。

こういう仕組みになっていますので、地下深部に埋設したガラス固化体から、仮に放射性物質が地下水に溶け出たとしても、地上に到達するまでに非常に長い時間がかかります。そ

図 7-5　深地下の水の動きと物質の移動

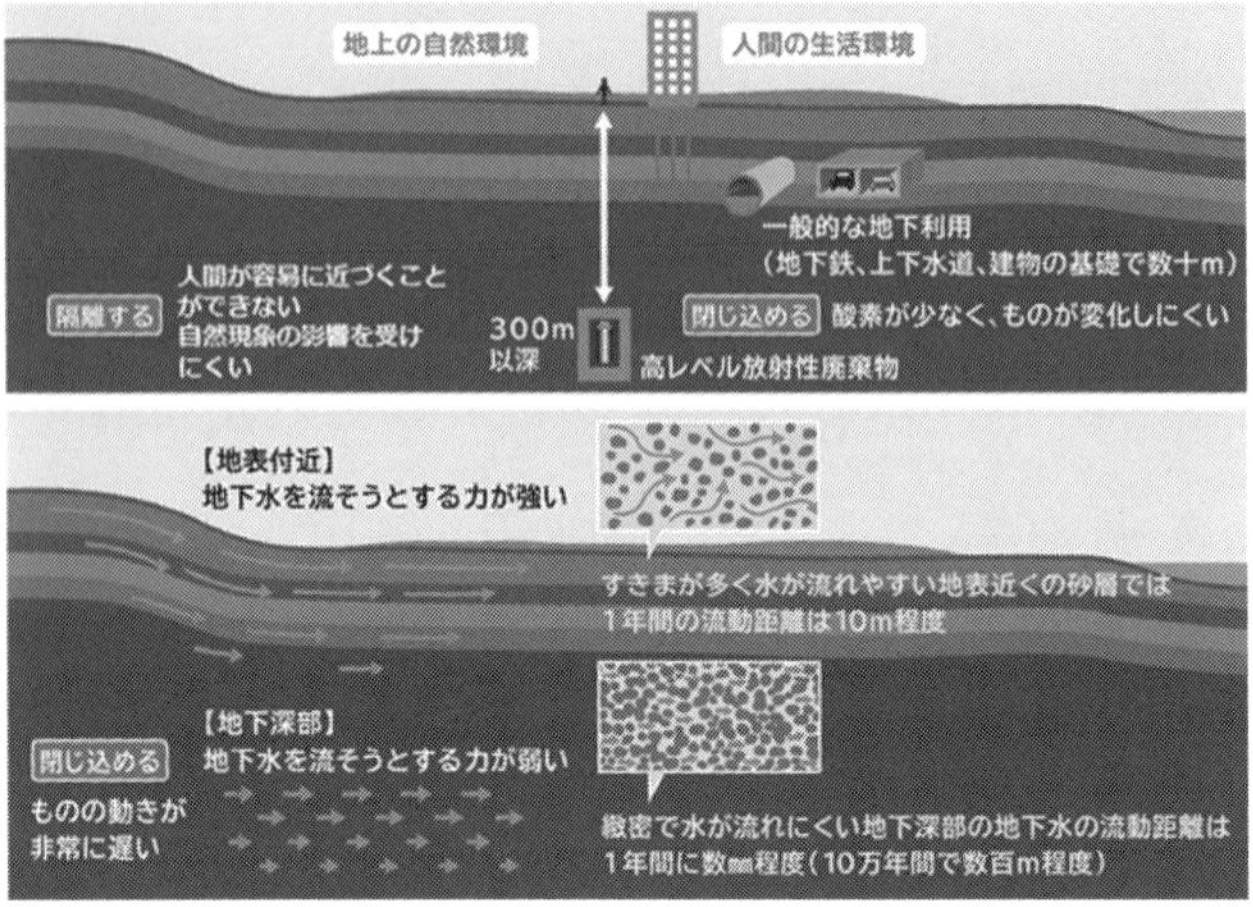

出典：原子力発電環境整備機構

の時間は、私たちの有史の歴史時間を超える長さです。いずれにしましても、地下深部は地上に比べ、物質を長期にわたり安定して閉じ込めるのに実に適しているのです。

私たちが普通の生活で利用している地下、つまり地下鉄、上下水道、地下池、ビルの地階は、地上からせいぜい数十メートルです。この地層では、地下水は年間に10メートル程度移動します（図7-5）。

しかし、さらに深い地層になれば地下水も異なった様相を見せ始めます。高レベル放射性廃棄物のガラス固化体を埋める場所は、地下300メートル、さらに地下500メートル、あるいはもっと深くて1000メートル以上です。このような深地下では地下水の流れは年間わずか数ミリメートル程度です。つまり10万年で数百メートル程度なのです。

安定している深地下でガラス固化体に何かの力が働いて粉々になるということはなかなか考えられないのですが、万が一そうなったとしても、深地下での地下水の移動の遅さを考えると、地下水に乗って地上に顔を出すまでにはゆうに10万年以上かかるということです。10万年といえば、その頃には高レベル放射性廃棄物の塊が出す放射線のレベルは、自然放射線のレベルをはるかに下回るようになっています。

捨てる場所はあるのか？

２０１７年７月18日、「科学的特性マップ」というものが政府から公表されました。地層処分を行う場所を選ぶ際には、近くに有用な鉱物資源、火山、そして断層があるかどうかが重要な視点になります。また、ガラス固化体の輸送を考えると海岸からさほど遠くない地域が望ましいです。このような特徴を科学的な特性と言い、その特性をわかりやすく色付けて示したのが科学的特性マップなのです（図７‐６、口絵参照）。

黄色と灰色で塗り分けられた地域は、特性が好ましくない、つまり処分場の候補地にはならない地域です。

それ以外の薄い黄緑色と黄緑色に塗り分けられた地域は潜在的に処分場になり得る可能性

があります。

ところで、図7-6ではわかりにくいので、首都圏（図7-7、口絵参照）と京阪神（図7-8、口絵参照）を拡大して見てみましょう。

首都圏では、黄緑色のエリアが東京都の武蔵野から神奈川県にかけて広がっています。また、東京湾の沿岸地域にも黄緑色のエリアがあるようです。一方、京阪神でも大阪府の広いエリアが黄緑色です。また薄い黄緑色の地域には、京都市も含まれているようです。

ただし、どこでもが処分場になるわけではありません。法律で定められた選定の基準と手続きがあります。

処分場を選定するにあたっては、「特定放射性廃棄物の最終処分に関する法律」で定められた3段階の調査を行います。それは、「文献調査」、「概要調査」、「精密調査」です。これらの調査を経て、処分場の建設に適した場所を絞り込んでいくのです。また、これら3段階の調査期間は約20年をめどとしています。20年かけないといけないという話ではありません。状況と必要に応じて20年より短くなることも長くなることもあります。

文献調査では、地質図や、これまでに行われた地質調査結果が書かれている論文、報告書などを収集します。そして集めた情報を用いて火山、活断層、隆起・侵食などの自然現象の影響が著しい場所を避けます。また、将来に人間が掘削により侵入する動機となる可能性が

図 7-6　科学的特性マップ（口絵参照）

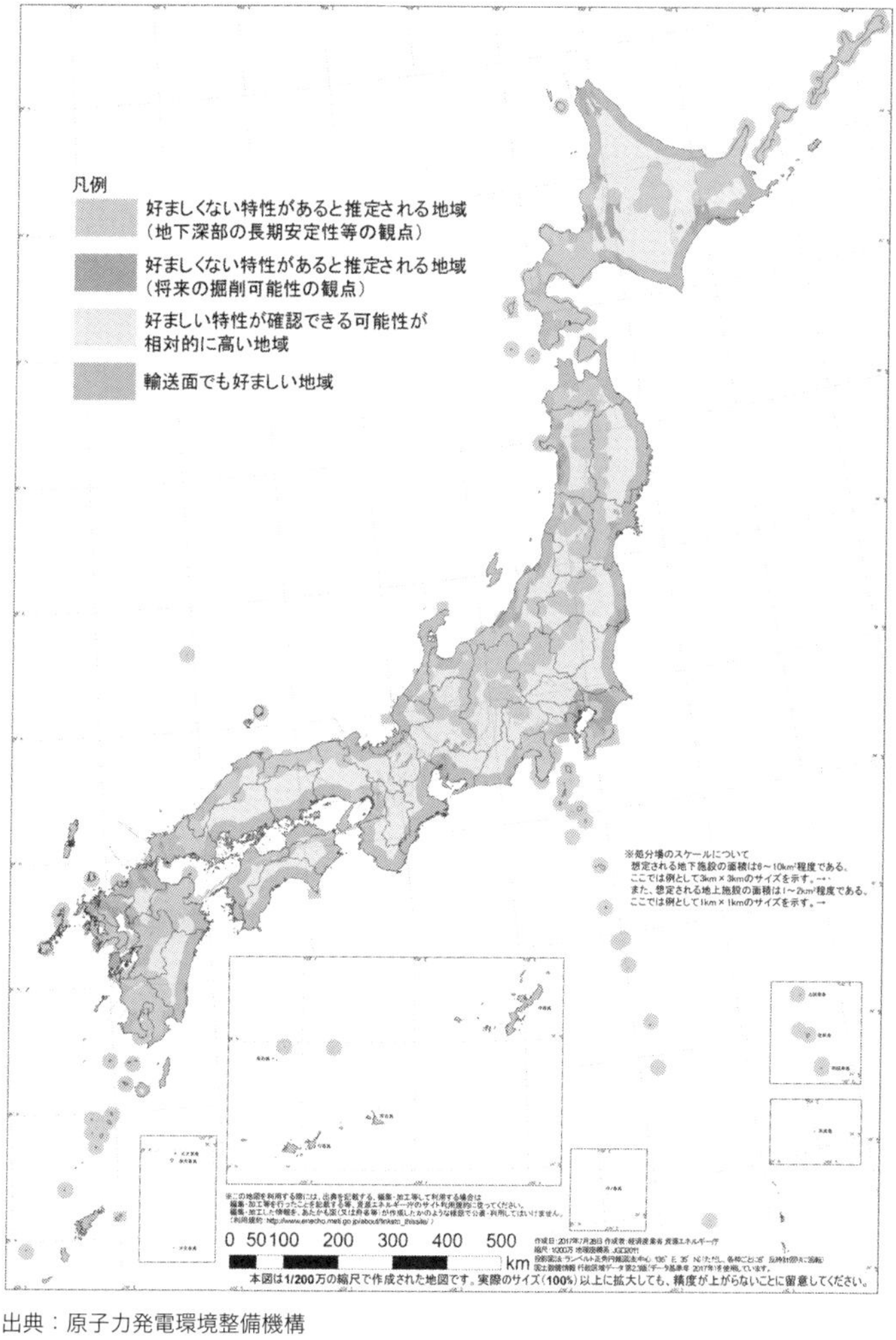

出典：原子力発電環境整備機構

図 7-7　首都圏の科学的特性マップ（口絵参照）

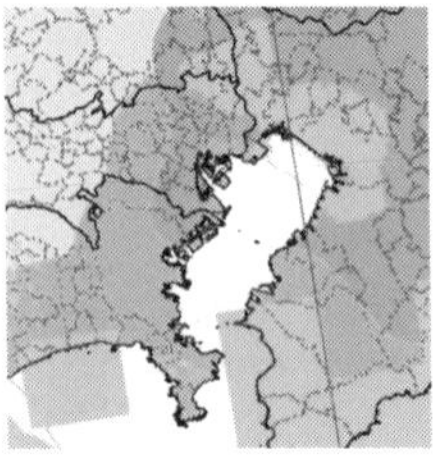

出典：原子力発電環境整備機構

図 7-8　京阪神の科学的特性マップ（口絵参照）

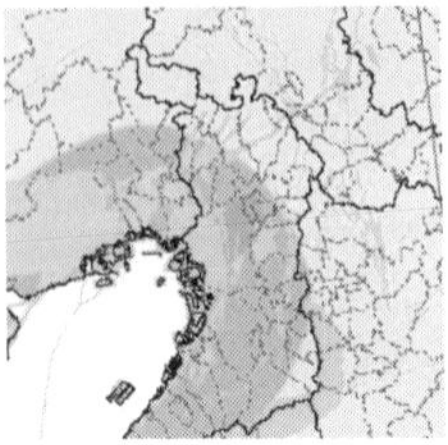

出典：原子力発電環境整備機構

ある鉱物資源や、地下施設の建設が困難となるような軟弱な地層も避けます。

概要調査では、実際に深い地下まで穴を開けるボーリング調査をして、その適性を確認します。そして、適性が確認された場所については、精密調査を行います。精密調査では、深い地下に実際に小規模な試験場所を設置して、地層の状況や適性を詳細に調べます。そのような段階を経て、処分場としての適性が確認されて初めて処分場の建設対象になるのです。

また、各段階で都道府県の知事や市町村長の意見を聞いて、反対の声が上がれば次の段階には進めません――そういう手順になっているのです（図7-9）。

文献調査から精密調査までは20年ほどかけて行う計画です。それで場所が決まれば、処分施設の建設には10年ほどかかります。その後、高レベル放射性廃棄物を数十年以上かけて運び込みます。そして、やがて坑道を封鎖して埋め戻すというのが、いま考えられているやり方です。文献調査から埋め戻しまでの

図 7-9　３段階の調査を経て候補地を絞り込んでいく

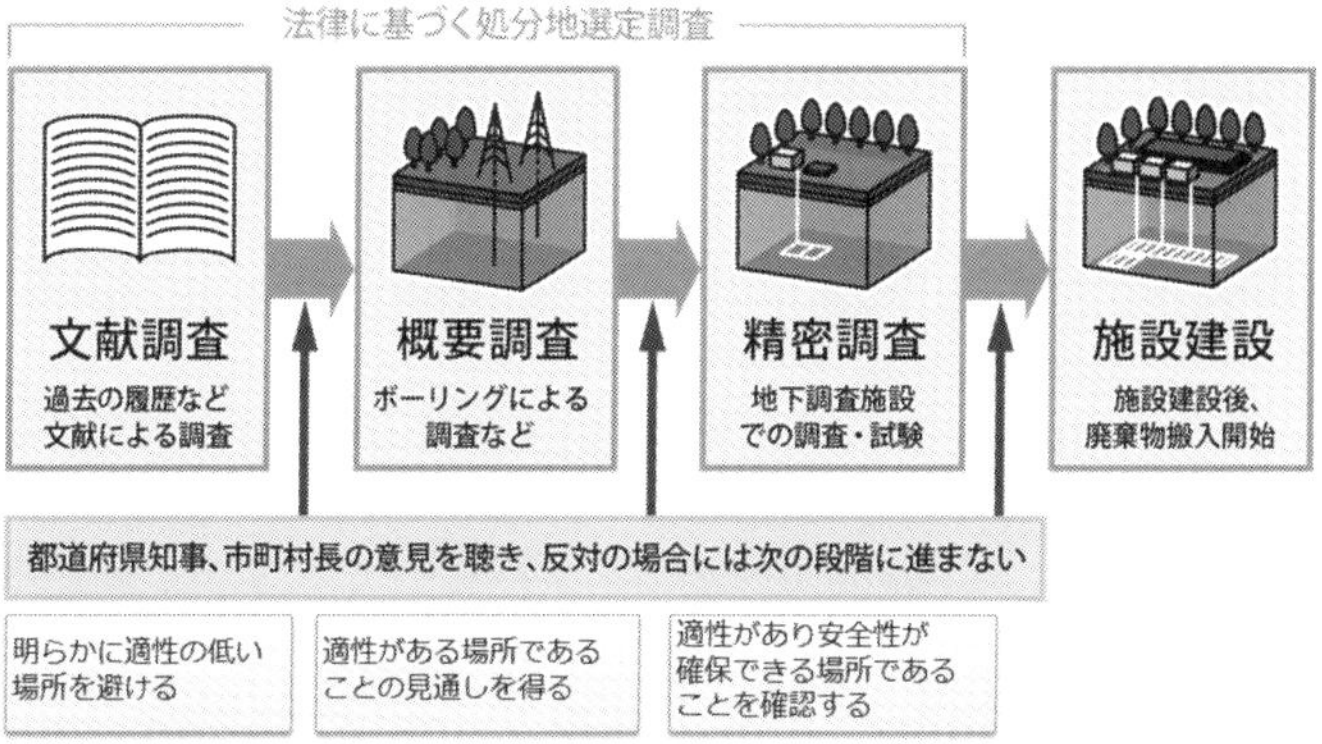

出典：原子力発電環境整備機構

期間は約１００年です。

ですから、この処分は私たちの将来世代の何世代にもまたがって付き合わざるを得ない問題なのです。

ひとつの処分場の大きさは、平面が縦横それぞれ２～３キロメートル、高さはせいぜい10メートル程度の空間です。

ひとつの処分場に収められるガラス固化体は約４万本です。その数は、１９７０年頃から今日まで日本が原子力発電所を使うことによって出てくる〝核のごみ〟つまり高レベル放射性廃棄物の量に相当します。

原発を失ったら経済成長できない？　原発と満州

小泉さんは、山田さんの取材の中でこうも言っています。

『原発を失ったら経済成長できない』と経済界は言うけど、そんなことないね。昔も『満州は日本の生命線』と言ったけど、満州を失ったって日本は発展したじゃないか」。

この例えは、第12章で解説するエネルギー収支比（ＥＲＯＩ）のことを経済界は言っているのであって、これは科学技術の視点から分析された論点です。エネルギー収支比が悪いと経済が悪化していき、ひいては社会が滅亡するということです。この論点を小泉さんはまったく別のものにすり替えています。満州が日本の生命線というのは、１９３０年代、やがて日本が太平洋戦争に突入する前段階の時代に流布された歴史的に有名なワンフレーズでした。

むしろ『満州は日本の生命線』といった一言が、敗戦から連合国軍による占領という日本国の滅亡を招いたという歴史的事実をご存じないのでしょうか。この日本が日本でなくなった期間は、１９４５年９月２日から１９５４年４月28日で８年半余と決して短いものではありません。

『満州は日本の生命線』は、１９３１年に松岡洋右が最初に唱えて世に広まって行ったスローガンです。１９３１年といえば、満州事変が起こった年です。当時、日本は満州に軍を送り込んで満州国の建設を目指していました。それに対しては、世界の多くの国が異を唱えていました。

そこで、国際連盟はリットン調査団を満州に派遣し調査したのち「満州を国際管理下に置く事」を提案し、満州を満州国として認めない内容を示しました（１９３２年）。これに対しては、日本国内から反発の声がたくさん上がりました。

そのようななか、１９３２年10月、松岡は連盟総会に日本首席全権として派遣されます。そのときすでに「日本の主張が認められないならば国際連盟脱退はやむを得ない」という世論の声がありました。結局、日本の主張は認められることがありませんでした。翌年、新聞などによる〝脱退やむなし〟の強い世論の後押しもあって、採決の結果に不満を述べて日本は国際連盟を脱退しました（１９３３年）。

そして、１９３７年には支那事変が勃発し、さらに日本は、１９４１年に太平洋戦争に突入し、甚大な被害と多数の国民の命を失う敗戦を甘受しました。

『満州は日本の生命線』という考え方が、日本を敗戦に導いて一時的であれ日本を滅亡に追い込んだことと、戦後、日本が大変な努力をして経済的に発展したことには直接的な因果関係はありません。

そして何よりも、〝満州（国・領土）を失うこと〟と〝原発（科学技術・システム）を失うこと〟とはまったく異次元のものです。異なる次元のものを並び立てて、関連性があるかのごとく見せて言い切るのは、まさに小泉さんが得意とするワンフレーズによる世論形成の手法です。

私たちは、ワンフレーズをそのまま受け取るのではなく、その意味するところや真偽をよく見極めるべきではないでしょうか。

これまでの高レベル放射性廃棄物と六ヶ所の貯蔵管理センター

さて、高レベル放射性廃棄物は、ガラス固化体としてすでに青森県の六ヶ所村に一時保管されています。

福島第一原子力発電所の事故が発生した頃までに、日本国内の原子力発電所から出た使用済み燃料は増え続け、各発電所の使用済み燃料貯蔵プールで保管されています。本来ならば、六ヶ所村にある再処理工場に運ばれるはずだったのですが、再処理工場の本格稼働が遅れていたところに3・11が起こり、それ以降は稼働しないままになっています。日本全国で発生する使用済み燃料は、3・11までは年間約1000トンに達していました。

使用済み燃料の総量は、2010年末の時点で1万6330トンほどあり、その一方で六ヶ所村の使用済み燃料保管施設はほぼ満杯状態になっています。

ガラス固化体になった高レベル放射性廃棄物は強い放射線を出しますが、2メートル程度の厚さのコンクリートがあれば遮蔽できるので、安全に管理することが可能になります。実際に、これまでに主に海外で日本の使用済み燃料を再処理して発生した高レベル放射性廃棄

図 7-10　高レベル放射性廃棄物貯蔵管理センターの様子

出典：資源エネルギー庁

図 7-11　ガラス固化体の貯蔵の仕組み

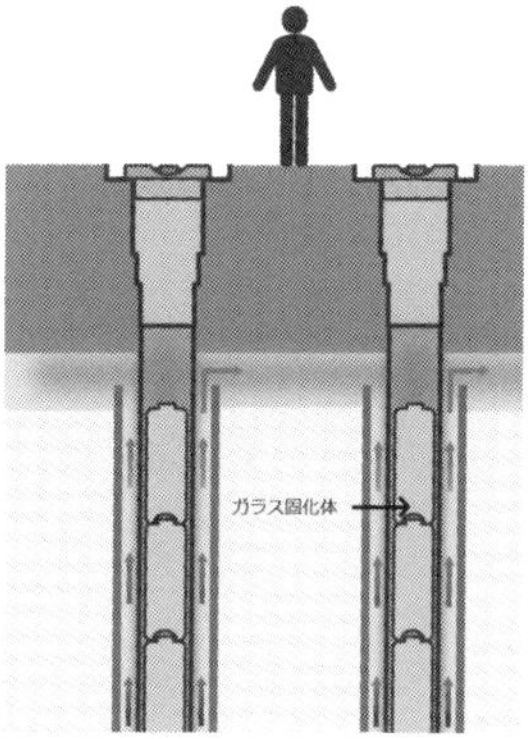

出典：資源エネルギー庁

物のガラス固化体は、六ヶ所村の高レベル放射性廃棄物貯蔵管理センターに貯蔵管理されています。

図７‐10に示されるように、その上に人が立ってもまったく問題がありません。この六ヶ所に一時的に貯蔵されているガラス固化体は、これから建造される最終処分場に移送されることになっています（図７‐11）。

この一時貯蔵所は１９９５年から運営されています。そのときから50年後までに最終処分場に運び出す約束です。すでに約25年が過ぎています。最終処分地の候補地の調査から処分場の建造までは30年程度かかる見込みなので、すでに猶予はないに等しい状況です。

文献調査は、自治体に手を挙げてもらう方式ですが、その方式にしてから約20年経ちましたが、高知県東洋町[※5]の事例に見られたように、町長が手を挙げてもなかなかうまくいきませんでした。

最終処分場に関する取り組みは長年行われ、各施設の末端では粛々と努力をしてきたのですが、国民の合意形成ができず、無関心層が多く、自治体が手を挙げることに関しては根強い反対運動によってつぶされたりしてきたという現状があります。

２０１９年６月に長野県軽井沢町で主要20カ国・地域（G20）エネルギー・環境関係閣僚会合が開かれました。同年6月16日には、原発の使用済み核燃料から出る高レベル放射性廃棄物（核のごみ）の最終処分をめぐり各国の連携強化を図る国際会議を設置することで合意しました。これは日本政府が提案したもので、原発利用国が参加して10月中旬にパリで初会合が開かれました。

核のごみの問題は原発利用国では、どこもが向き合い良い解決策を出さなければならない問題です。

この会議では、核のごみの処分場の誘致・建造に成功した国々の事例を共有しながら、それぞれの国の事情に応じた対応策などが協議されます。

日本政府の提案したことですから、政府のみならず広く国民が核のごみの問題に関心を持つ好機だと思います。

　この問題に、国民的関心を喚起し、NIMBY《ニンビー》（Not In My Backyard）つまり「施設の必要性は認めるが、自らの居住地域には建てないでくれ」というのではなく、国民一人ひとりが他人事としてではなく、自分事として解決策を自らの手で手繰り寄せていくべきではないでしょうか？

　六ヶ所村に保管されている核のごみのガラス固化体は、１９７０年頃から日本で急速に伸びてきた電力需要を支え、経済的な発展に結びついた原子力発電の結果出てきたものです。原子力の電気の多くは電力の大消費地である首都圏、京阪神などの都市で消費されてきました。核のゴミの問題は、全国の原子力発電所の立地地域や、むつ市の使用済み燃料の中間貯蔵施設、六ヶ所村の高レベル放射性廃棄物の貯蔵管理センターのある青森県の問題、あるいはこれから処分の候補地として手を挙げようとする自治体だけの問題ではありません。

　むしろ都市の問題であると同時に広く国民の問題であると私は思います。私たち一人ひとりが自分の問題として考えることにより解決の道が拓けてくるのではないでしょうか？

オンカロの視察

　本書の執筆中にフィンランドの最終処分地であるオンカロを視察する機会を得ました。

　オンカロに潜って最初に思ったことは、

「これなら日本版〝オンカロ〟はできる」ということでした（図7‐12）。

小泉純一郎さんは、２０１３年にオンカロを視察して「これはとても日本ではできない」と言ったと、それはあたかも都市伝説のように巷間伝えられています。

そしてトイレ、つまりごみの処分先がないことをもって、日本の原発は〝トイレなきマンション〟である。よって、ごみを生み出す原子力発電所の再稼働も、ましてやこの先の新設などあってはならないとなるわけです。

オンカロと日本の違いは？

日本には最終処分地の試験施設が岐阜県瑞浪市と北海道幌延町にあります。これらの試験施設では地下３００メートルより深いところに坑道を掘って、どのようになっているのかを調べています。

どちらも試験施設であって、ここに放射性廃棄物が持ち込まれることはありません。

なぜ2カ所に試験施設があるのでしょうか？

実は日本列島はほぼどこでも、３００メートルほど深く掘ると岩盤にぶち当たります。そしてこの岩盤は2種類に分けられます。ひとつは砂岩のように砂などが圧力で押し固められてできた岩盤です。もうひとつは、溶岩が冷えて固まったもので花崗岩がよく知られた例で

図7-12　オンカロの地下坑道内で

す。

私は、瑞浪にも幌延にも何度も足を運んで地下坑道に潜ってその様子を見てきました。

ですから、その様子が頭の中にくっきり刻み込まれていましたので、オンカロの坑道に潜って最初に感じたのは、坑道の外見が瑞浪や幌延の坑道となんら差がないということでした。

違いがあるとすれば、それは坑道を掘ったときに出てくる地下水の流量です。地下深くの岩盤であっても穴を掘ればどこでも水が出てきます。オンカロも例外ではありません。

地下水が多いか少ないかは問題ではない

しかし、流れ出てくる地下水の流量の多い少ないは実はあまり問題ではありません。な

図7-13　深地下に埋葬された放射性廃棄物から放射性物質が移動する影響

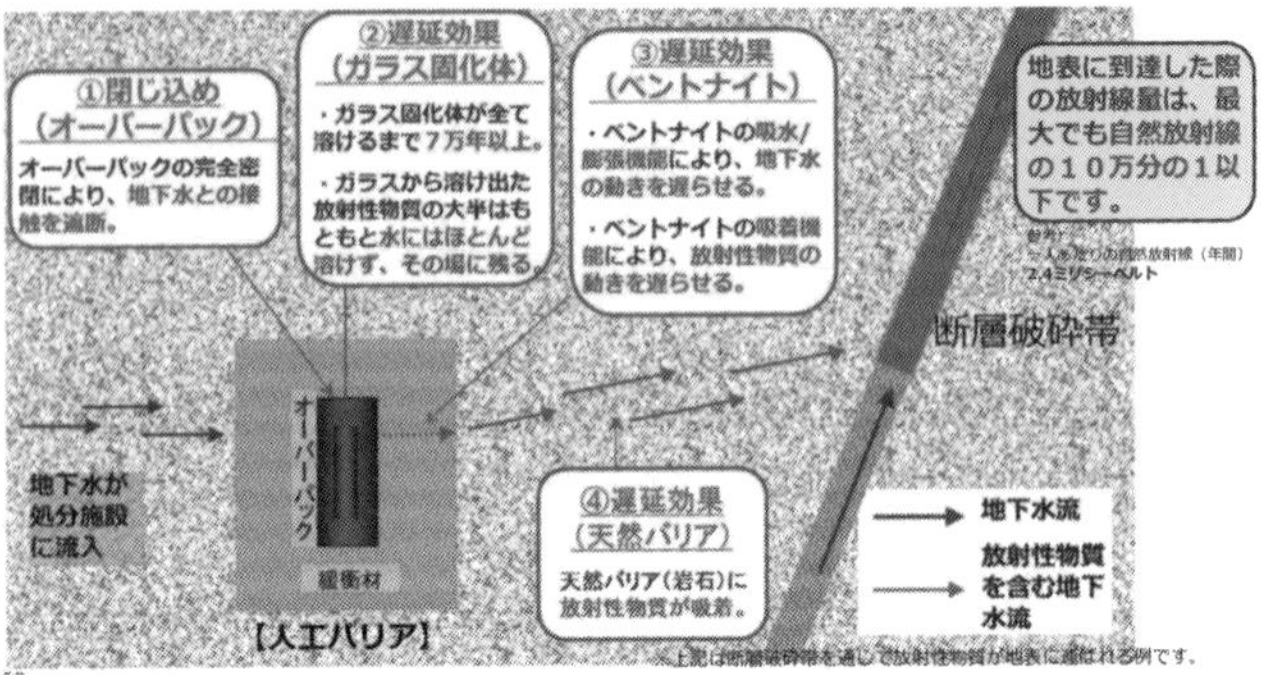

出典：原子力発電環境整備機構（NUMO）

ぜなら、地下深くに穴を穿つと圧力の差が発生しますので、大昔に岩盤の形成時に閉じ込められた水が穴の方に向かって流れ出してきます。ところが、この穴はいずれ放射性廃棄物を埋葬したあとには完全に埋め戻すのです。そうすると地下水は元のように動かなくなります。

残る問題は、断層などの地下構造を通じて地下水が毎年ごくわずかながら地表に向かって動く可能性があるということです。

埋めた放射性廃棄物を取り巻くバリアである外側から粘土容器と鉄製容器（オーバーパック）で包まれています。それらが万々が一破損して、さらに万一ガラス固化体が水で侵食されて解けたとするならば、地表に向かって微々ながらも動く水に運ばれる可能性があります。

このような可能性については、コンピューターシミュレーションが行われています。その結果、かなり悲観的に見積もっても地上に及ぼす放射線の影響は自然の放射線レベルを下回るという評価が得られています（図７‐13）。つまり、地下深くの岩盤に含まれる地下水が多いか少ないかは、放射性廃棄物の地層処分としての適性を左右する要素ではないということです。

要するにオンカロでできることは、日本でもできるということです。

私は実際にフィンランドのオンカロという〝穴ぼこ〟に潜ってこの目で見て、このことに確信を深めました。

※１　オンカロはフィンランド語で「穴ぼこ」とか「小さな洞窟」といった意味で、この地層処分施設の名称です。近隣にオルキルオト原子力発電所がある。

※２　「風知草：小泉純一郎の「原発ゼロ」＝山田孝男」、『毎日新聞』２０１３年８月26日

※３　小泉元首相が民間シンクタンクの「顧問」辞任　「脱原発」へ財界と〝決別〟　デジタル版産経ニュース 2014.5.11
https://www.sankei.com/politics/news/140511/plt1405110011-n3.html

※４　青森県むつ市に「リサイクル燃料貯蔵センター」が、２０１３年８月29日に完成している。

※５　２００７年１月25日に高知県東洋町が、処分場選定の最初の過程である文献調査に応募した。しかし、東洋町内だけでなく、周辺自治体からも建設反対の声が上がった。また、環境保護の観点から激しい反対運動が起こり、結局、町長は応募を取り下げざるを得ない事態に至った（参考：田嶋裕起『誰も知らなかった小さな町の「原子力戦争」』（ワック２００８）。

第8章

水力発電は日本を救えるのか？

竹村公太郎著『水力発電が日本を救う』への反論

小泉さんが拠り所にしている書籍『水力発電が日本を救う』は間違いだらけ

小泉さんは著書『原発ゼロ、やればできる』の中で、竹村公太郎氏の著書『水力発電が日本を救う』を引用して、大型の水力発電は現状に比べてその2倍の電力を生み出すことができると言っています。そんな夢のようなことがあり得るのでしょうか?

竹村氏の仮定や試算には粗のあるところが散見されます。結論から言いますと、大型水力発電が今よりも2倍の電力を生み出すことは残念ながらあり得ません。

日本の水力発電用ダムの専門家で、電力土木技術協会元会長の藤野浩一氏は、学術誌『電力土木』の２０１９年3月号の中で以下のように述べておられます。

必要に迫られて竹村公太郎著『水力発電が日本を救う』を読みました。元建設省河川局長で今や売れっ子の著者が「厳密には発電の専門家ではないが、ダムの専門家であり水力発電のことを学んだので、水力発電の専門家の一人だと思っている」とは、その真意を問わざるを得ません。この本のほとんど唯一の定量的表現で全篇の論拠となっている「10%のダム嵩上げで電力が倍になる」という不可解な命題の根拠は、①ダム高が10%増えると貯水量が33%増えて使用水量が増え、②水の高さの平均が今までの倍になるので落差が二倍になり、③電力量が66%増える、となっています。しかし、発電の使用水量は治水効果のように貯水量に比例して増えはしないので①は間違いで、ダム高が10％増えただけで落差が倍になることはないので②も間違い、もし①と②が成立するなら③は66％ではなく166％増えるという小学生でも分かる計算違いです。ダムの嵩上げによる効果をダムのない水路式発電所に敷衍するのもおかしな話です。「日本は（水力）エネルギー資源大国」「治水ダムの運用を発電目的に容易に変更できる」「年間２兆円」といったキャッチコピーで読者の潜在願望を掬い上げ、根拠も示さず書き連ね、権威をちらつかせて信用させる執筆スタイルは、技術者としての良心が疑われるものです。「脱ダム宣言」「ダムはムダ」で権威失墜した無念を「水力」の幻想によって晴らそうというのなら、書名を「水力発電がダムを救う」とでもすべきでしょう。

それ以上に驚くのは、こうした論理性皆無の内容に飛びつき盲信する人が大勢いることで、ある会合でこの本を批判したら終了後に食い下がられ往生しました。耳に心地よい命題を何らかの権威で裏書きして欲しくなるパターナリズム（父権主義）は、世界各地で台頭するポピュリズム同様、度しがたい思考のブラックアウトで、論理的思考ができないか意図的に停止しているのが共通点です。

図8-1　流れ込み式／調整池式／貯水池式の概念図

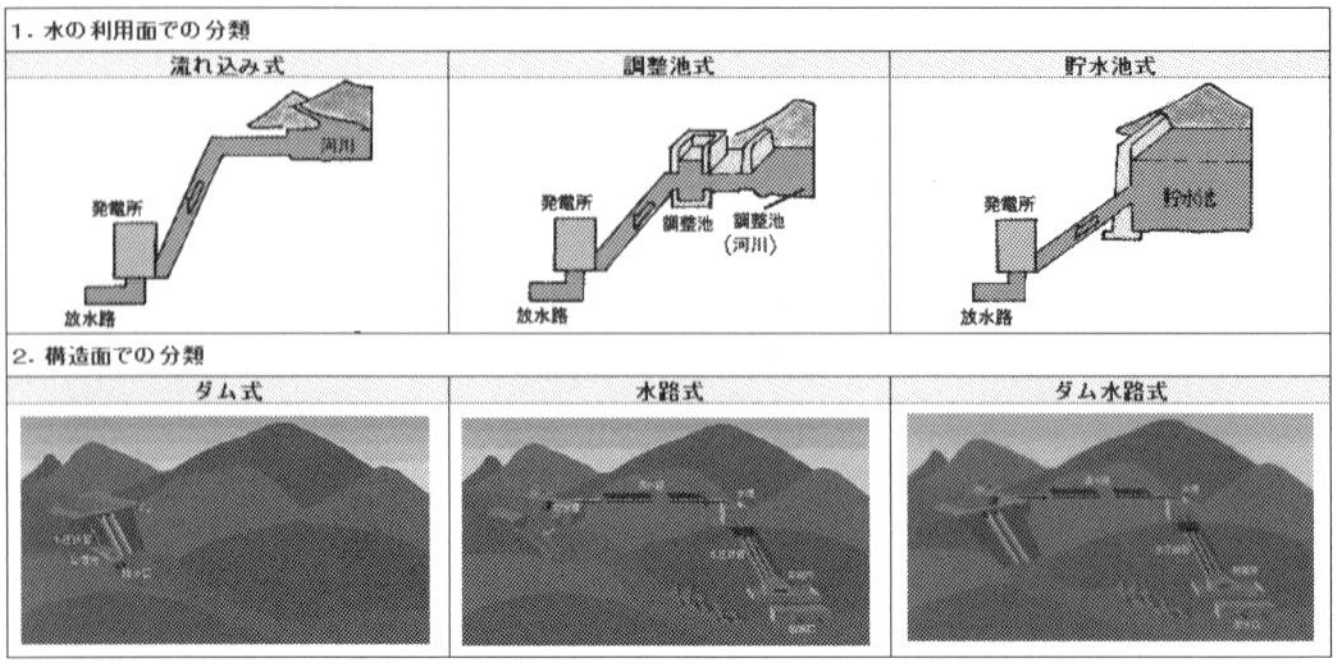

［出所］資源エネルギー庁ホームページ（http://www.enecho.meti.go.jp/hydraulic/device/class/index2.html）
および 東京電力パンフレット：電力設備 平成14年度版 p.30、2002年11月

出典：『原子力百科事典』日本原子力研究開発機構

まず、竹村さんの主張は、

〝今あるダムで年間2兆円超の電力を増やせる〟

ということです。つまりダムを用いる発電所のダムを嵩上げすることで、ダム湖の貯水量を増やし、結果的に水位を嵩上げする。そうすれば、

〝ダムを増やさずに水力発電を2倍にできる〟

さらに、

〝たった10％の嵩上げで電力が倍になる〟

と主張しているのです。つまりダムの嵩上げによって、落差と流量の両方が増えます。その相乗効果によって、得られる発電量が2倍になるというわけです。本当にそうなのでしょうか？

さて、水力発電所は⑴水の利用方法と⑵水の落差を得る方法（構造）で分類されます。⑴の水利方法は、①流れ込み式、②調整池式、③貯水池式です。これ以外に揚水式もあります。⑵の落差を得る構造は、

図 8-2　調整池の例—信濃川発電所概念図

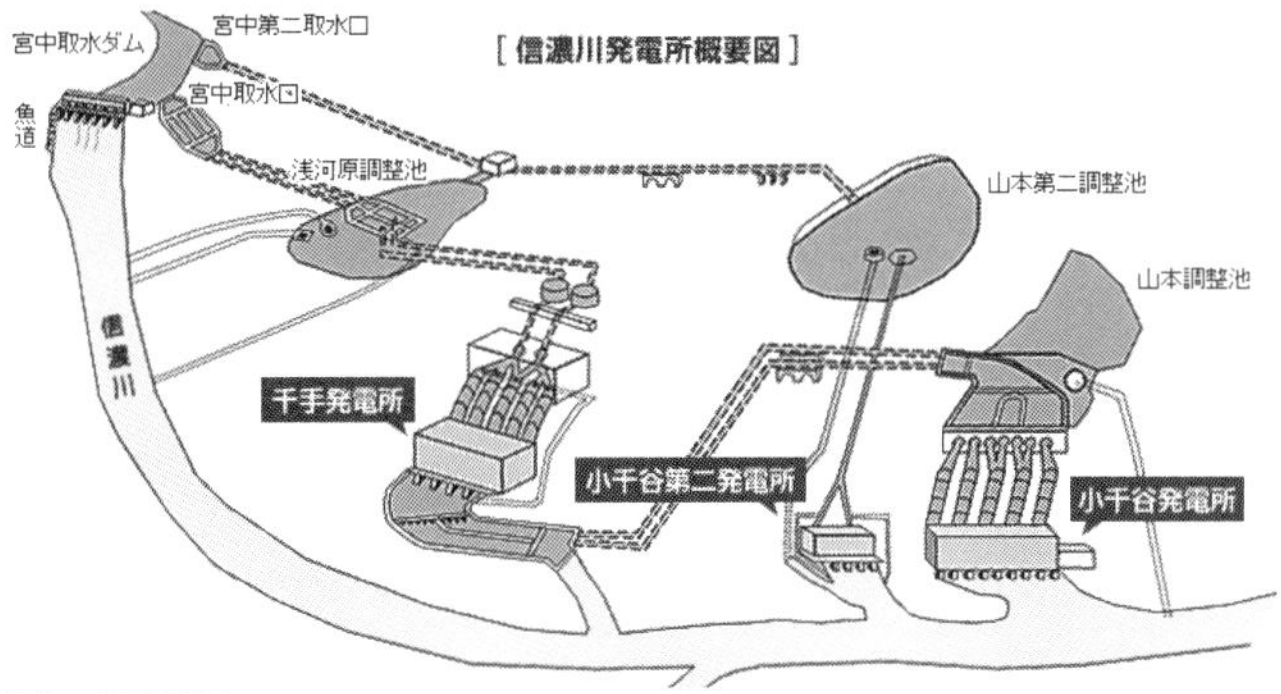

出典：JR 東日本

①ダム式、②水路式、③ダム水路式です（図８－１）。水利方法を各々見ていきましょう。

①流れ込み式……川の水をそのまま利用する方法で、自流式ともいう。水を貯められず、豊水期と渇水期の水量変化により発電量が変動する。

②調整池式……大きな取水ダムや、水路の途中に調整池を造ることにより水量を調整して発電する方式で、１日～数日間の発電力を調整する。

③貯水池式……調整池より大きい貯水池に雪解け水や梅雨、台風等の水を貯めて渇水時に利用する。

④揚水式……１日の電力消費量のピーク時に対応する発電方式で、主として地下に造られる発電所とその上部、下部に位置する２つの池から構成される。昼間のピーク時には上のダムに貯められた水を下のダムに落として発電を行い、下のダムに貯まった水は電力消費の少ない夜間に他の発電所か

図 8-3　山本第二調整池

出典：JR 東日本

図 8-4　山本第二調整池の全体像

出典：JR 東日本

らの電力を使って上のダムにくみ揚げられ、再び昼間の発電に備える。一定量の水を繰り返し使用する。

調整池は、普通河川にダムを設置している場合がそれに該当します。調整池式は、ダムなどの調整設備を有し、河川流量の調整能力が中位で、日間または習慣調整が可能なものを指します。特殊な例ですが、信濃川流域に設置されているものの構成を図8-2に示します。

このように信濃川の場合は、水を自然の地形を利用して造成した池に引水して溜め込んでいます。図8-3はそのうちの山本第二調整池の写真です。このように私たちがイメージするダムとはかなり趣が違います（図8-4）。

一方、貯水池式はダムを有し、河川の流量の調整能力が大きく、月間、季節間、または年間調整が可能なものを指します。

山間部の川幅が狭い峡谷の両岸の岩が高く切り立ったようなところに、水を塞きとめるダムを築いて人造湖を造ります。その落差を利用して発電する方式です。水量の多い時はダム

図 8-5　黒部ダム（貯水池式）

出典：公益社団法人とやま観光推進機構

図 8-6　黒部川流域のダム群

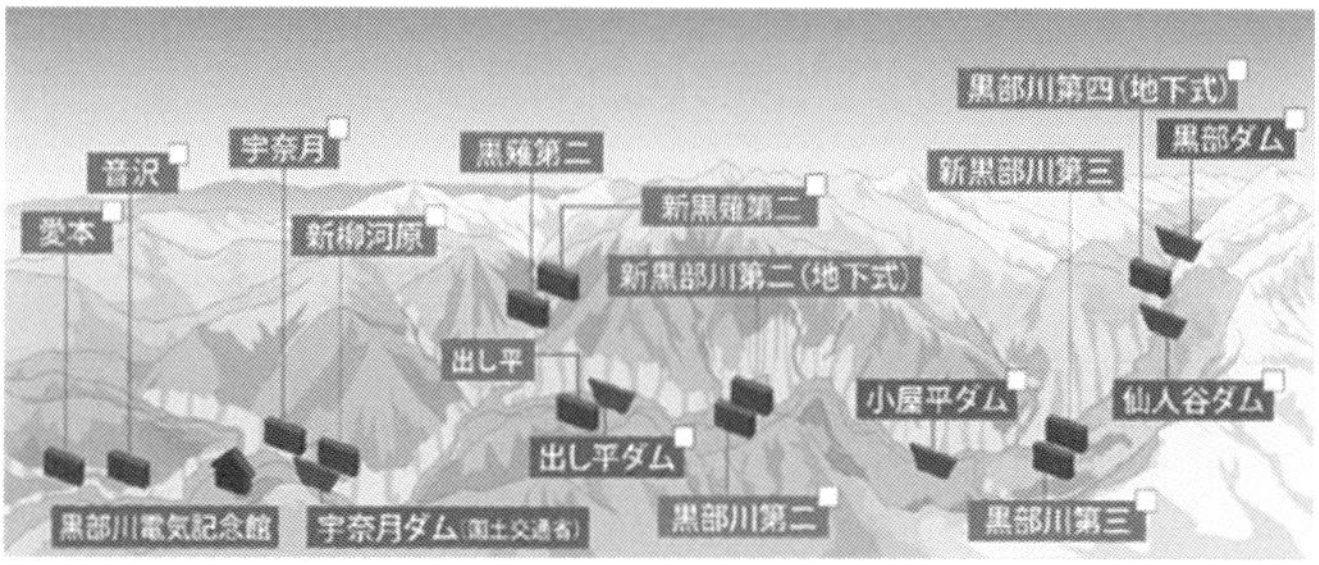

出典：関西電力

に水を貯めておけるため、発電量に応じて水量を調整できます（図８－５）。

　石原裕次郎主演の映画『黒部の太陽』で、このダム式は一躍有名になりましたので、多くの人々が水力発電といえば巨大なダム式をイメージしがちです。むしろ、そのイメージしかないかもしれません。しかし、日本のような山岳地帯が多い国土には、この大きな貯水池を擁して雨量の季節変動に適応できるような巨大なダム式に適した場所はもうあまりなく、全体の水力発電量からするとむしろ少数派です。

水流豊富な黒部川流域には黒部ダムを含めて合計5つのダムが造られています（図8-6）。

竹村さんが論じているのは、この貯水池式のダム本体を嵩上げし、現状よりもさらに水を溜め込めるようにする、その結果、湖面が10％高くなるようにする、そうすれば今あるダム式発電で総水力発電量を2倍にできるということです。

表8-1に、既存（2017年）発電方式別の包蔵水力を示します。

さて、藤野さんの指摘にもあるように、竹村さんの見積もりにはかなり問題があります。

そのことを以下で解き明かして行きます。

未開発		
地点	出力 (kW)	電力量 (MWh)
2,502	8,769,060	35,260,810
149	2,255,650	7,540,097
47	920,720	2,448,559
2,698	11,945,430	45,249,466
18	6,916,000	1,651,500
-	-	46,900,966

すでにある貯水池式の大型水力発電で電力量を増やすには？

水力発電での電力量を増やす仕組みと、水位の嵩上げがどの程度有効かを、簡単な事例を示しながら説明していきます。

ここでいう電力量とは発電所から得られる電気量のことをいいます。つまり、

表8-1　発電方式別の包蔵水力

発電方式		既開発			工事中		
		地点	出力(kW)	電力量(MWh)	地点	出力(kW)	電力量(MWh)
一般水力	流込式	1,271	4,924,456	27,061,567	50(3)	60,588	284,964
	調整池式	458	10,456,610	45,820,364	3(1)	60,499	293,153
	貯水池式	259	7,036,204	20,138,658	6(1)	221,370	489,888
	小計	1,988	22,419,270	93,020,589	59(5)	342,457	1,068,005
混合揚水		17	5,624,690	2,378,974	0	0	0
計		-	-	95,399,563	-	-	1,068,005

出典：資源エネルギー庁

電力量（kWh）＝出力（kW）×発電時間（hours）
＝｛9・8×水車使用流量×有効落差×発電効率（%）｝×発電時間（hours）
ただし、9・8は重力加速度係数、水車使用水量の単位は［m^3／sec］、有効落差の単位は［m］とする。

という簡単な関係が成り立ちます。

ここでいう有効落差とは、総落差から損失落差を引いたものになります。

有効落差＝総落差－水路こう配による水路損失落差－水圧管の損失落差－放水口の損失落差

となります。図8-7をご参照ください。

図8-7で、有効落差$H = H_0 - H_1 - H_2 - H_3$となります。

さて、水力発電で電力量を増大させるには、4つの方法があります。

図 8-7　水力発電所の有効落差

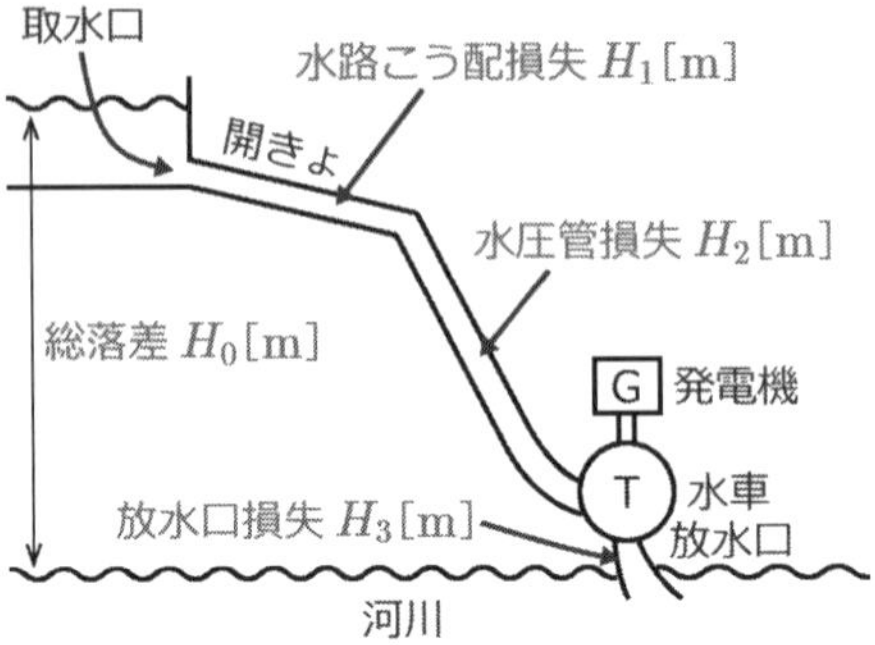

①水車使用流量を増やす
②有効落差を増やす
③発電効率を良くする
④発電時間を増やす

このうち、水車使用流量と発電時間はどちらか一方を増やせば、必然的に他方は減りますのでトレードオフの関係にあります。ですから、どちらかだけを取るほかありません。

ダムを嵩上げして貯水能力が増えれば、その分無効放流が減るので、年間の総使用水量は増えるでしょう。ただし、①の水車使用流量は水車の構造によって決まりますし、③の発電効率は発電機の性能なので、ダムの嵩上げや年間総使用水量の増加では増えません。

以下ではダムの嵩上げと②有効落差の増加の効果をまず見積もって、次に年間発電量がどの程度増えそうかを見て行きます。

ダムの嵩上げによって落差が増えるのでしょうか？

ダムを嵩上げすることで基準取水位が高くなります。つまり、嵩上げによって水位を上げれば、その分はある程度は落差が増します。例えば、１００メートルの高さのダムを１１０メートルにすれば、落差の増分は嵩上げ分の３分の２〜２分の１程度になります。すなわち、放水位（図８-７における河川水面の位置）を仮に０メートル、損失水頭（図８-７のH_1＋H_2＋H_3）を５メートルとして有効落差を見積もれば、95メートルが１００メートルをやや上回る程度になることを意味します。でもそれだけなら、電力量は１割程度も増大しません。もちろん、これはこれで有意義な量です。しかし、２倍、３倍になるということは残念ながらありません。

図８-７に示されるように、落差にはダムによる分以外にも水路による分があります。しかし、それに対してはダム嵩上げの効果は薄まってしまいます。つまり、竹村さんが言うダム嵩上げによる落差の増分がそのまま当てはまるのは、ダム式発電方式に限られ、ダム水路式の場合は、水路の落差が大きいほど嵩上げの効果が比率的に薄まってしまうのです。

嵩上げ効果によって年間の総発電量はどれくらい増えるのか？

これは、ダム湖の貯水量が増えるので、ある程度は増えるでしょう。発電時間は、基本的に年間の河川流量で決まります。ダムを嵩上げしても、実は、河川流量はまったく変わりません。また、洪水調整容量（洪水を防ぐために調整する水の容量）を嵩上げ前と後で同じに設定すれば、無効放流量（発電に利用せず無駄に放流する水量、図８‐５のダム壁面から吹き出している水の量）は変わりませんので発電時間も増えません。

ただし、その場合は有効落差がほんの少し増えます。例えば、１００メートルのダムを１１０メートルに嵩上げすることはコストはかかりますが、建造的には可能だと思います。また、普通は洪水調整用にダムの一番高いところである天端からマイナス５メートル程度を最高取水位としています。それをマイナス３メートルにすることは、標高が高くなれば貯水池の表面積が標高１００メートルより標高１１０メートルのほうが大きくなるので可能になると思います。その場合、有効落差が95メートルから１０７メートルになる訳です。そうすれば、上記の落差は１０５メートルから2メートル増えます。

無効放流量は同じでなので、２メートルの有効落差の増分による電力量の増大が期待できます。

一方、ダムの天端から－５メートルの最高取水位はそのままにして（有効落差は当初の95

メートルから１０５メートルになりますが、この分は上記にすでに織り込み済みです）洪水調整容量を増やし、洪水時の無効放流量を貯留して発電時間を増やすことが考えられます。

しかし、この場合、２メートル分の貯水容量に相当する発電時間がせいぜいで年に数回増える程度なのです。これがどの程度の電力量増大に結びつくかは、まったくのケースバイケースだと思います。ただ、１割近くはあるかもしれませんが、２割、３割にならないことは確かなのです。もともと、貯水池運用は無効放流ができるだけ小さくなるように設定してあります。ですから、洪水時の無効放流を有効活用するといっても、よほどもとの無効放流量が大きく、さらに嵩上げで大きな貯水量の増加が得られないと効果は薄いのです。

ここで、ひとつの計算例を示して見て行きます。

次に示す水力発電所を考えます。おおよその効果を見るための簡易的な計算であることを予めご理解ください。

河川の年間流入量は17億㎥、無効放流が年間で1億㎥とします。つまり、発電に使える年間有効総水量は（17－1）億㎥で16億㎥（1・6×10^9㎥）になります。

発電所の落差（H）は１００メートル、使用水量を１１０㎥／sとします。

ダムの嵩上げ前の年間の発電時間は、（年間有効総水量）÷（水車使用流量）なので、1・6×10^9［㎥］÷１１０［㎥／s］÷３６００［s／h］＝４０００［h：時間］となります。

図 8-8　水力発電所の出力

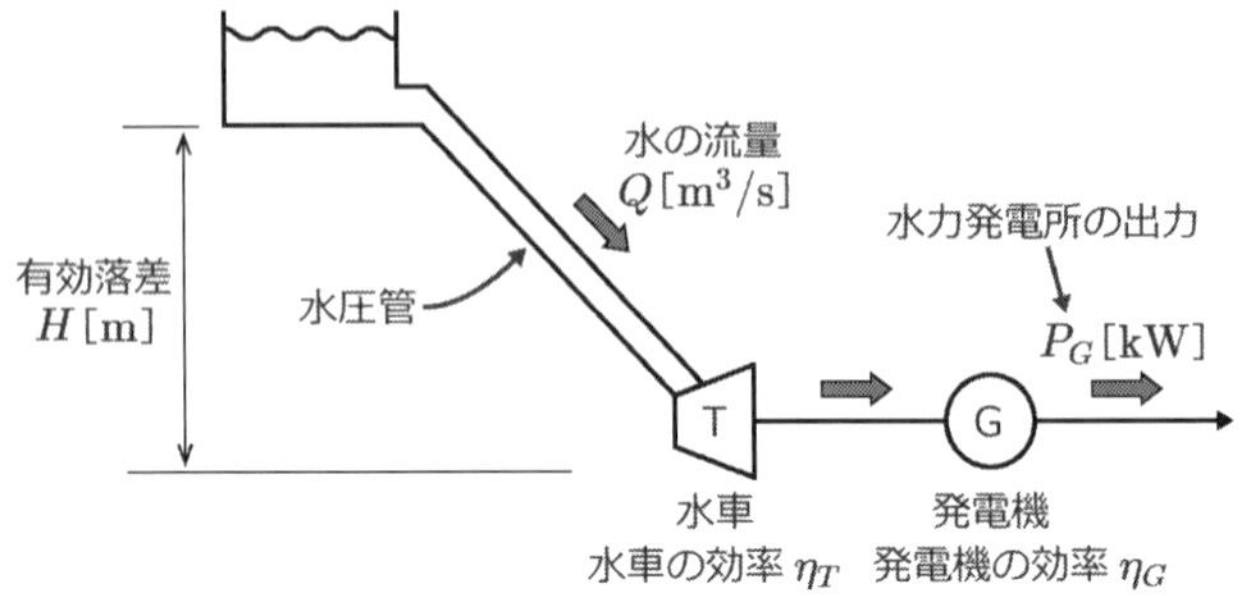

図8-8の水力発電所の出力P_Gは、水の流量をQ［m^3／s］、有効落差をH［m］、水車効率をη_T、発電機効率をη_Gとすると、P_G＝9・8QH$\eta_T \eta_G$［kW］で与えられます。9・8［m／s_2］は重力加速度係数です。

したがって、発電所出力は、

9・8［m／s_2］×110［m^3／s］×100［m］×0・93＝100［MW］　―①

となります。0・93は水車効率と発電効率を掛け合わせた値です。

したがって、年間発生電力量は、次のようになります。

100MW×4000h＝4億kWh　―②

さて、ダムを10％嵩上げしたことにより、やや甘めに見積もって、有効落差が110メートルになったとします。発電時間も1割程度増えると仮定します。そうすると、年間の総発電時間は、4000［時間］×1・1＝4400［時間］になります。

そうすると発電所出力は、次式で与えられます。

9・8［m／s^2］×110［m^3／s］×110［m］×0・93＝110MW　―③

つまり、年間発生電力量は、

110MW×4400h＝4・8億kWh　―④

です。嵩上げ前に比べると2割増えることになります。これは甘めの評価であることを再度申し上げておきます。それでも、たかだかその程度に過ぎないのです。

このように、100メートルのダムを10%嵩上げしても、年間の発電量は大目に見ても、たかだか20%程度しか増えないのです。竹村さんの主張は「たった10%の嵩上げで電力が倍になる」というものです。しかし、現実にはそのようなうまい話はどうもなさそうです。

さらに洪水調整容量の増大に伴う増分を考えてみます。仮に10メートルのダム嵩上げで貯水池の有効容量が3億m^3から3・3億m^3に増えたとします。無効放流量が年間1億m^3、これが3回の洪水で発生するとして、すべて増分の貯水容量で有効活用できるとします。もっともこれとて、かなり楽観的な想定の上に立っています。

その場合、発電時間は1・7×10^9÷110÷3600＝4300時間です。

発電機出力は9・8×110×0・93＝110MWとなります。したがって年間発生電力量は、110MW×4300h＝4・7億kWhです。これだと、ダム嵩上げ前に比べて、2割弱まで電力量が増えることになります。しかしながら当然ですが、2倍、3倍になるなどということは決してあり得ないのです（図8‐9）。

ダムの嵩上げで有効落差は増大します。また、嵩上げで貯水容量がどの程度増えるかにもよりますが、無効放流が大きい場合、それを有効化できれば発電時間が増える可能性があります。ただ、上記は単独のダムを想定しましたが、階段状に複数のダムが連続している場合、下流のダム水位が上昇すると上流の発電所の放水位も上がってしまい、落差の増大が思ったほどには得られないと思います。つまり各ダムの嵩上げ分の合計ほどには電力量が増大しないのです（図8‐10）。

無効放流量を貯水池に貯めて発電に、どの程度有効活用できるかは、まったくのケースバイケースでしょう。上流の大きな貯水池のダムを嵩上げすれば、下流の発電所群も潤うとの意見もあると思いますが、日本にあるそうした上流の大きな貯水池はもともと、あまり無効放流をしていないのです。一番端的なのは奥只見ダムです。奥只見ダムが無効放流するのは何十年に1度といったペースです。日常的に起こっていることでは決してないのです。そうした個別事情を無視して、日本中のダムに普遍的に適用できるというのは、まったくおかしな話です。

さらに言えば、そもそも論として日本の水力発電所の多くは、流れ込み式の水路発電所と

図 8-9 貯水池式ダム発電所の事例問題の模式図
(© 中国電力、安田正史氏加筆)

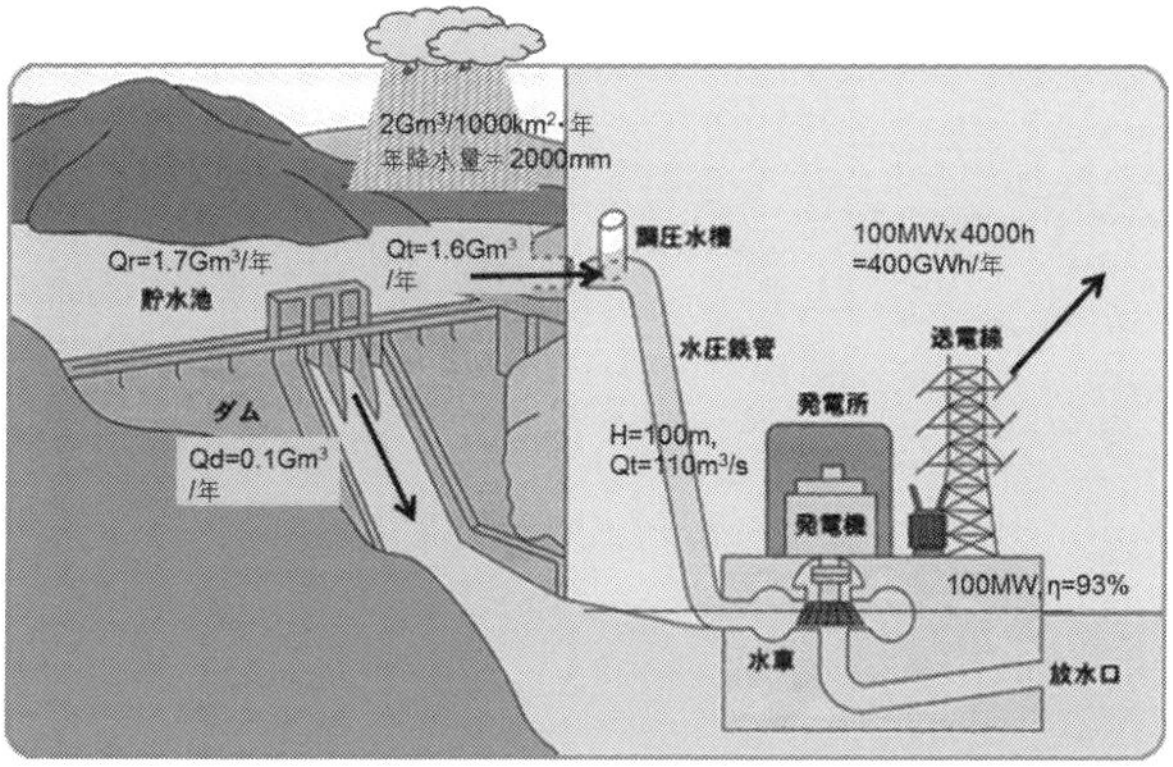

ダム水路式の発電所で、ダム式発電所ではありません。また水力による発生電力量の多くは、こうした小さな水路式発電所が出しております。そうした小さな取水ダムを少しくらい嵩上げしても、落差の増大は微々たるものです。なぜなら、落差はダムの高さでなく、取水位と放水位の差だからです。まして、無効放流を有効活用するなどということは、そもそも無効放流をしない水路式ではあり得ません。

10％嵩上げの効果は無いに等しい

竹村さんの主張は、〝貯水池式のダムを10％嵩上げするだけで電力が倍になる〟ということです。

まず、ダムを設けても年間電力量は基本的には河川流量によって決まります。そして、ダムを嵩上げしても河川流量は全く変わらないので、発電電力量も基本的には変わりません。しかし、ここまで見

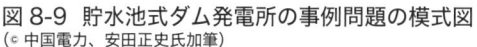

てきたように嵩上げすればダムの総貯水量が増え、洪水調整容量もある程度は増やすことができます。これによって洪水時の無効放流量を貯留して有効化し発電時間を若干伸ばすことができるのです。また、水車の有効落差が少し増えるので、それによっても電力量も多少増える可能性があります。ただし、個々の発電所で電力量の増大はせいぜい1割程度であり、

図 8-10　黒部川流域には合計５つのダムが建造されている（図 8-6 と合わせてご覧ください）

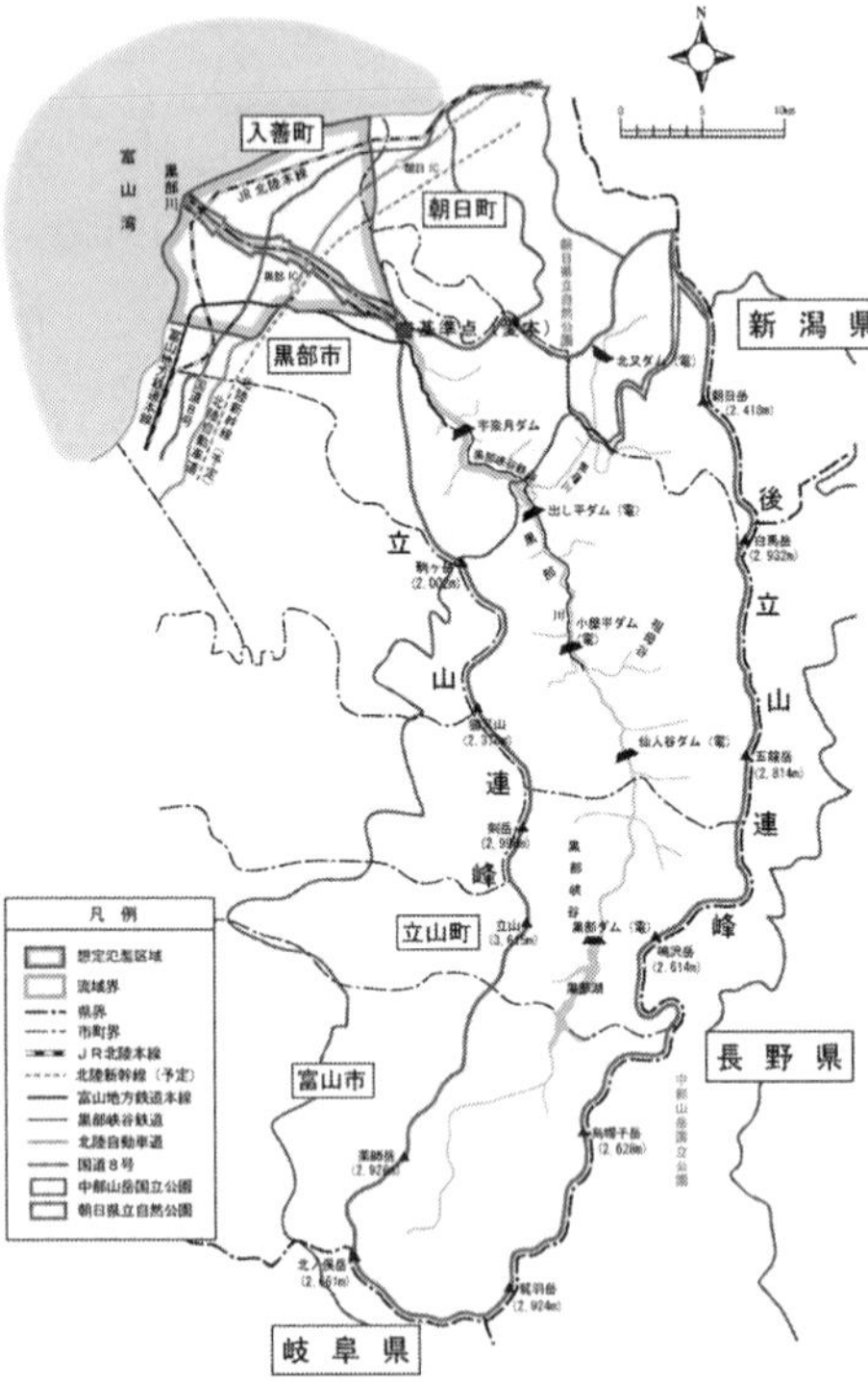

黒部川流域図

出典：国土交通省北陸地方整備局

仮にかなり大甘な仮定のもとに見積もっても2割程度ということです。

日本の水力発電は、流込式、調整池式、貯水池式が主流で（表８―１）、それぞれの年間発電電力の割合は、29％、49％、22％です。したがって、水力発電全体で見れば、0.22(22％)×0.2(20％)=0.044(4.4％)となりますので、わずかに４％程度の増分しか得られません。つまり、日本に現在あるすべての貯水池式のダムを10％嵩上げしたところで、水力発電による年間総発電電力量はせいぜい４％程度しか増えないのです。

よしんば、調整池式にもダム嵩上げの効果が見込まれるとしても、［0.22＋0.49(71％)］×0.2(20％)=0.14(14％)ですから、水力による年間総発電電量の増分は14％に過ぎません。これもあくまでもかなり甘めの見積もりであることを忘れないでください。よって、竹村さんの主張である〝貯水池式のダムを10％嵩上げするだけで電力が倍になる〟ということにはまったくならないのです。

小泉さん、またウソに騙されていますよ

以上で見てきたように、日本中の全ての貯水池式ダムの水位を10％嵩上げしても、水力による年間の総発電量は、甘めに見積もっても４％増えるかどうかという程度なのです。

ですから、〝たった10％の嵩上げで電力が倍になる〟という竹村さんの主張には、無理が

あります。

小泉さんは、原発専門家や原発を推進する役人に騙されてはいけないと著書『原発ゼロ、やればできる』の中で、過去の自らの失敗を例に自戒を込めて強調されています。しかし、今回またしても本書の中では、建設省OBのキャリアで自らを「水力のプロ」と称する竹村さんの主張を鵜呑みにしてしまっているのではないでしょうか。

私は、2019年3月29日の深夜に生放送されたテレビ朝日の「朝まで生テレビ!」に登壇しました。この日のテーマは原発問題でした。その番組では、私のちょうど真向かいに原発ゼロ・自然エネルギー推進連盟(略称:原自連)の会長である吉原毅氏が座っていました。番組の最後の方で、吉原氏は太陽光や風力発電に加えて、自然エネルギーである大型水力発電で今の2倍の発電量が得られる——それはここに書いてある! とご丁寧に竹村氏の著書をテレビ画面に押し出していました。

この本の主張が無理筋であることには、どうやら気がついておられないようでした。

小泉さんは、この吉原氏が会長である原自連の顧問に就いておられます。

第9章

小泉さんの「原発ゼロ」の背景とねらい

さて、小泉元首相が東日本大震災後、「原発ゼロ」を唱えるようになったことは改めて言うまでもありません。2018年12月には著書『原発ゼロ、やればできる』を刊行しました。そのなかで小泉さんは、「長年にわたり原発を推進してきたわが国の政策は、明らかなまちがいだったのです。それがわかったからこそ、私は『原発ゼロ』を主張するようになりました」と述べています。この章では小泉さんが、なぜ「原発ゼロ」に転向していったのか、その背景を紐解いていきましょう。

恩師の遺言

小泉さんの「原発ゼロ」の原点は、慶應義塾大学の加藤寛さんにあります。小泉さんの大学時代の恩師である加藤さんは、1980年代の鈴木善幸内閣から中曽根康弘内閣にかけて政府に設置された「第二次臨時行政調査会」、いわゆる「土光臨調」の第4部会長を務めた人物です。

この加藤さんは2013年1月に逝去されましたが、同年3月に『日本再生最終勧告/原発即時ゼロで未来を拓く』という著書が刊行されています。この遺書とも言われる著書の中で、加藤さんは次のように書いておられるのです。

本書は私の遺書である。
少なくとも「原発即時ゼロ」の端緒を見届けないかぎり、私は死んでも死に切れない。

第6章で、小泉さんは吉原毅さん（城南信用金庫相談役）らと「原発ゼロ・自然エネルギー推進連盟」（通称：原自連）を2017年4月に立ち上げたと書きました。

加藤寛さんの『日本再生最終勧告／原発即時ゼロで未来を拓く』の帯には、〝小泉純一郎氏竹中平蔵氏推薦！〟と華々しく謳ってありますが、この著書には加藤さんと吉原毅さんの対談も収められています。吉原さんも小泉さんと同じく、慶應義塾大学で教鞭をとられていた加藤さんが恩師だったのですね。

吉原さんも小泉さんも、原発をやめて再生可能エネルギーにシフトせよと言っているわけですが、そもそもその始まりは何だったのでしょうか？

ここで、東日本大震災後、福島第一原発の事故以降の脱原発→再エネシフトの流れを振り返っておきましょう。

2011年6月15日、衆議院第一議員会館で「再生可能エネルギー促進法成立！　緊急集会」が開かれました。当然そこには、再エネ法の主役である当時の菅直人首相も出席していました。

菅さんは浜岡原発の停止要請を同年5月6日に発信し、それを中部電力が受け入れ（5月9日）、会場はいよいよ再エネの出番と盛り上がっていました。この集会には、孫正義氏、坂本龍一氏、加藤登紀子氏、宮台真司氏、小林武史氏、松田美由紀氏、中沢新一氏といった著名人のほか、政治家の福島瑞穂氏や辻元清美氏なども顔を出していました。主催者はエネシフジャパン、eシフト、環境エネルギー政策研究所（ISEP）、グリーンピースジャパン、原水爆禁止日本国民会議（原水禁）、原子力資料情報室などでした。エネシフジャパンのワンフレーズは『原発にも石油、石炭、天然ガスにも頼らない日本を創ろう』で、ISEPの飯田哲也氏、幸せ経済社会研究所の枝廣淳子氏、サステナのマエキタミヤコ氏ほか、多数の人々が呼びかけ人として名を連ねていました。

同じ日には、「『さよなら原発』一千万人署名市民の会」の記者会見も行われていました。こちらの呼びかけ人は、大江健三郎氏、内橋克人氏、落合恵子氏、鎌田慧氏、澤地久枝氏、瀬戸内寂聴氏、辻井喬氏、鶴見俊輔氏、そして坂本龍一氏です。

前者の孫正義氏らの院内集会は、主催者でもある原水禁が事務局の役を果たしていました。また、『さよなら原発』一千万人署名の活動も原水禁が事務局を務めていました。

エネシフジャパンのような人のネットワークは、その後の再エネの普及の中で大きな役割を果たすと同時に非常にパイ、つまり利益の大きい経済活動を展開していきました。こういう活動の中心軸に商売上手の孫正義さんなんかがいますと、脱原発→再エネシフトを自らのビジネスに利用しているとやっかみ半分の批判もありますが、それは商売だけにとどまるともなかなかいえない側面があります。

孫さんは３・11後、早々に自然エネルギー財団を立ち上げました（２０１１年9月11日）し、そこを拠点にアジアの電力網をつなぐアジアスーパーグリッド（ＡＳＧ）構想を打ち出しました。また、結局棚上げになりましたが、サウジアラビアに20兆円を超す規模の超大規模太陽光発電所を建造する計画なども、メディアをうまく利用して高らかに謳い上げていました。ちなみにサウジアラビアの国内総生産（ＧＤＰ）は、２０１７年で約６８００億ドル（約74兆円）です。

したがって、このような金額のプロジェクトは単なるビジネス、つまり商売を超えて、国家の政治や政策、そして当然ながら国家規模の経済にも影響力を持つものと言えます。

菅さんの再エネ促進法は国会を通過し、２０１２年7月1日から施行されました。太陽光や風力の再エネには固定価格買取制度（Feed in Tariff：ＦＩＴ）が実施され、当初は買取価格が42円／キロワット時という破格の値段で始まりました。そして年間３兆円近くに上るお金が再エネ賦課金として各家庭の電気料金に上乗せされて徴収され、再エネ事業者に配分されていきました。再エネ賦課金は無条件に各契約者から集められますので、生活弱者にとって厳しいシステムです。そして付加金として集められたお金は個人であれ企業であれ、再エネ事業を始めるだけの資金のある、つまりお金持ちに再配分されていきました。そういう事業者向けに小泉さんの盟友である吉原さんの城南信用金庫などは融資をしてきたわけです。マイナス金利の下、ビジネス環境が非常に厳しい金融業界にあって、このような再エネ賦課金に群がるビジネスは、なかなかオイシイものであったと言われています。

2012年11月1日、東京ドームにおいて全国の63の信用金庫の共催のもと「日本を明るく元気にする〝よい仕事おこし〟フェア」が開催されました。仕掛け人は、このフェアの事務局でもあった城南信用金庫の吉原氏でした。

このフェアに付随して「自然エネルギーによる安心できる社会へ　21世紀……新しい日本づくりをめざして」と題したイベントが行われました。

小出裕章氏のビデオメッセージに始まり、吉原氏が加藤寛氏のメッセージを代読しました。それに続いて、脱原発──→再エネシフトの錚々たる面々がスピーチにたちました。その面子とは、田坂広志氏（元内閣府参与）、桜井勝延氏（南相馬市長）、三上元氏（湖西市長）、飯田哲也氏（環境エネルギー政策研究所）、河合弘之氏（弁護士）、高橋洋一氏（経済学者）、そして加藤登紀子氏のライブを挟んで、藤田和芳氏（大地を守る会）、マエキタミヤコ氏（サステナ)、田中優氏、落合恵子氏、鈴木悌介氏(鈴廣かまぼこ副社長)、池田香代子氏(ドイツ文学翻訳家)、鎌田慧氏、小林よしのり氏、広瀬隆氏、山本太郎氏、野中ともよ氏と続き、最後に吉原氏が締めくくりました。

吉原氏が代読した加藤寛氏の「メッセージ」とは次のやや長い一文です。

『ただちに原発をゼロに！国民の手に安全な電気を取り戻し、日本経済の活性化を実現しましょう!!』

原発はあまりに危険であり、コストが高い。ただちにゼロにすべきです。原発がなくても日本経済は問題ないことは今年の原発ゼロですでに実証されています。火力発電だけで電力は十分に供給可能です。

燃料費がかかると言いますが、日本の経常収支は黒字です。仮に赤字になっても、為替レートで収支は調整されるので全く問題ないのです。それに為替レートが円安になれば国内企業にとっては輸出競争力が高まり、かえって経済の活性化につながるのです。

松永安左ヱ門のつくった９電力体制は、地域分割で独占の弊害を是正しようとしたものですが、今では、政府と癒着し、利用者を無視し、さらに原子力ムラという巨大な利権団体をつくってマスコミ、そして国家をあやつるなど、独善的で横暴な反社会集団になりさがっており、独占の弊害が明らかになっています。これを公共選択論という経済学では、レントシーキング（たかり行為）といいます。かつての国鉄は、独占を排除し分割民営化により、利用者や国民を向いた経営に転換しました。

太陽光や風力、地熱、バイオマスなどの発電技術、LED、エコキュート、スマートグリッドなどの節電技術、さらには蓄電器などの蓄積技術などにより、電力の技術革新も急速に進み、地産地消や新たな配送方法が発達することが予想されます。こうした技術革新の中で、そもそも、原発に依存したこれまでの巨大電力会社体制も、近い将来は、時代遅れになり、恐竜のように消滅すると思われます。

このまま「古い電力である」原発を再稼働しても、決して日本経済は活性化しません。むしろ脱原発に舵を切れば経済の拡大要因になる。中小企業などものづくり企業の活躍の機会が増える。新しい時代の展望が開ければ新しい経済が生まれる。脱原発は新産業の幕開けをもたらし景気や雇用の拡大になる。経団連が雇用減少というが、脱原発は雇用拡大です。

その意味でも、ただちに原発をゼロにすべきです。そしてかつての国鉄改革のように、電力の独占体制にメスを入れて、発送配電分離はもちろん、官庁の許認可に頼らない、真の自由化を実現し、国民の手に安全な電気を取り戻し、日本経済の活性化を実現しましょう。

この「原発ゼロ」宣言の内容は、経済学の泰斗とも目され大学教授、そして政府の構造改革の要職にあった方にしては、あまりにも論理的でない言説が目立ちます。

例えば、〝為替レートが円安になれば国内企業にとっては輸出競争力が高まり、かえって経済の活性化につながる〟といとも簡単に断定しておられますが、外貨建てで輸出している企業ならば、もちろん業績改善が見込めるでしょうが、それも国内の設備投資の増加や社員の賃金引き上げに繋がらない限りは、経済の活性化に繋がると言えるのか、いささか疑問です。しかも、日本の主力輸出産業のひとつである総合家電メーカーでは、輸出入の外貨建て取引額を相殺させて、業績に対して為替の変動を中立にしています。こういう企業は円安のメリットを端から当てにしていないので、円安によって業績が特に良くなることはありません。つまり経済が活性化するとはそう簡単には言えないでしょう。

また原子力ムラというレッテルのもとに〝レントシーキング（rent seeking）〟を行っていたと決めつけているのも短慮というほかありません。レントシーキングとは、超過利潤（レント）を追い求めることです。超過利潤とは、通常では起きないような出来事などによって、従来想定されていたよりも多い額として得られる利潤のことを言います。そのために、法制度や政治政策の方向をシフト（変更）し、自らに都合のよいように規制を強化したり緩和させたりすることがあります。

原子力ムラと一口で言っていますが、国策民営のもとに原子力発電をも事業に取り入れて、9電力体制の礎を築いて発展させてきたのが、加藤さんの慶應義塾の大先輩である松永安左エ門や福澤桃介であって、その9つの電力会社は何も原子力発電だけをやってきたわけではありません。

レントシーキングを言うならば、2012年の再エネ促進法を企画し、FITによる法外な買い取り価格を実現させた果ての再エネ付加金ビジネスに群がってきた人々こそは、まさにレントシーキングなのではないでしょうか。

太陽光発電や風力発電などの再生可能エネルギーはそのエネルギー収支比が悪いことは、第13章で詳しく見ていきます。蓄電池とセットにしてもそのことは改善されません。むしろ、再生可能エネルギーが巨大な蓄電池という〝再生不可能〟な尻尾に振り回されてしまう笑えない事情どころか、きわめて深刻な事情をお話しします。

リスがクルミ集めに消費するエネルギーが、そのクルミを食べて得られるエネルギーを上回ってしまえば、そのリスはやがて死んでしまいます。エネルギー収支比にまともに目を向けず、エネルギー収支比が劣悪な太陽光発電や風力発電に拘泥すれば、経済のみならず社会が滅びてしまう可能性も第13章で指摘します。

このようなエネルギーシフト、原発から再エネへのシフトの流れに小泉さんが明確に乗り込んできたのは、第６章で書いたオンカロでの出来事の年の春ごろ、つまり２０１３年の４月ごろですので、この〃よい仕事おこし〃フェアから約半年後のことです。これは、恩師の加藤さんが２０１３年１月に逝去され、３月にその遺著『日本再生最終勧告／原発即時ゼロで未来を拓く』が刊行された頃でもあります。

小泉さんや吉原さんの発言や行動の原理は、加藤さんの「原発ゼロ宣言」に集約されています。最初に気がつく点は、加藤さんの冒頭の「原発はあまりに危険であり、コストが高い。ただちにゼロにすべきです」を、小泉さんがそのままオウム返しのように事あるごとに繰り返し発言していることです。

郵政民営化を振り返る

少し時を遡ると、加藤寛さんが指南した土光臨調は、当時あった三公社、つまり国鉄、電電公社、専売公社、の民営化に加えて郵政の民営化も答申していました（１９９７年８月）。その後、三公社は民営化されましたが、郵政の民営化は手付かずのままでした。加藤さんは、〃われわれの答申が無理だったんでしょうか〃と回顧しています。

しかし、その後さまざまな紆余曲折を経て郵政民営化は、２００５年10月に小泉政権下で成し遂げられたのでした。小泉さんは毎日新聞の山田孝男さんに次のように語ったそうです。

「加藤さんは最後に『原発ゼロ』って言ったんだよ。私が郵政民営化が必要だと思ったのは、加藤寛さんの本を読んだからだもん……」[※1]

ところで、この小泉さんが成し遂げた郵政民営化ですが、今更ながら、なんのための民営化だったのでしょうか。

当時、『郵政を民営化すれば国家公務員（郵便局員）が24万人削減できる。そして、税金による人件費の支出が大幅に削減できる』と謳われていました。しかし、意外にもあまり知られていなかったのですが、当時すでに郵便局は独立採算制で運営されていました。つまり、税金による人件費などの支出はまったくなかったのです。

郵政民営化というシングルイシューの是非を問う解散総選挙が２００５年8月に行われました。この結果、小泉自民党は「改革を止めるな」というキャッチフレーズの下、郵政改革に反対する自民候補には公認を出さないのみならず、その選挙区に『刺客』と称する対立候補を立てたりしました。

選挙の候補者のみならず、郵政改革に反対する一般市民も悪であるというキャンペーンとしてテレビ、新聞をはじめとするマスメディアを総動員した「郵政民営化ＴＶキャラバン」

が大々的に展開されました。このキャラバンは当時、郵政民営化担当大臣であった竹中平蔵氏が先頭に立って企画・推進しました。全国民を対象として郵政民営化にマインドをシフトさせる国家的キャンペーンが着々と実行されていったのです。

この広告宣伝作戦は大成功し、『小泉劇場』の仕掛けに酔いしれたのか、国民は大挙して郵政民営化を支持し、自民党は２９６議席を得るという歴史的な大勝利を収めたのでした。

そもそも郵政民営化は、米国の強い要望に基づいたものであったことが今ではわかっています。１９９４年から米国は毎年10月頃に、日本政府に対して対日年次要望書を送りつけていました。そのなかで簡保生命の民営化を要望してきたのです。同じ年に、小泉さんは『郵政省解体論』[※2]を著しています。後年、小泉さんが首相になったあとの、２００４年９月22日の日米首脳会談では、当時のブッシュ大統領が直接、小泉さんに郵政民営化が進んでいるかどうかを確認しています。[※3]

当時、「郵政民営化で公務員24万人が削減できる」という嘘に加えて、「民営化でサービスが良くなる、料金も安くなる」、「分社化すれば効率が上がる」などと盛んに喧伝されましたが、今ではすべて虚言であることがわかっています。

そして、海外の主要国で郵政民営化が失敗していることを国民には伝えずに、「民営化すればよくなる」を繰り返していました。失敗した海外の主要国とは、英国、ドイツ、ニュージーランドなどです。なお、民営化を強引に押し付けてきた米国の郵政は、今でも民営化されてはおらず国営のままです。米国郵政庁と言います。郵政民営化の成り行きは、原発を含むエネルギー政策に大失敗したドイツに倣おうとしている今の日本と、まさに状況が二重写しになるのは私だけでしょうか。

当時、良識ある国会議員らが郵政民営化に反対した理由は3つあります。

①民営化によって、郵政公社が保有している日本国債の書き換えができなくなり、日本国家の破綻につながる懸念が強い。

②米国の要求通りに進めれば、日本は国債の原資を奪われ、金利が一挙に高騰し、日本経済が窮地に陥る。

③地域社会の中心的存在である郵便局が民営化されれば、いずれは儲かる都市中心になり、地方が見捨てられ地域社会が崩壊する。

その後、郵政民営化法案が衆議院で再可決された2005年10月14日の翌日の英国の経済新聞ファイナンシャルタイムズに、「日本はアメリカに3兆ドルをプレゼント」という記事が一面に掲載されました。

その記事には、軍服姿の日本兵らしき人物が日章旭日旗を掲げていますが、その旗はところどころ大きな裂け目があります。その裂け目に向かって、シルクハットをかぶり銀行鞄を手にした欧米人らしき紳士たちが進んで行くという戯画が描かれています。その横には法案通過を得て満面に笑みをたたえた小泉さんの写真があります。

当時、郵貯と簡保には、国民の労働の対価が貯金や保険金として蓄えられ、３４０兆円にもなっていました。郵政民営化によって、日本の資産３４０兆円をアメリカ資本のものにできる――つまり、日本は米国に３兆ドルをプレゼントという新聞記事について、そのことをどう捉えているかを野党の議員が衆院予算委員会で糺すという場面もありましたが、ほとんど報道されていません。

小泉さんや、その下にあった竹中さんが掲げたのは、いわゆる新自由主義的な政治方針です。新自由主義は、しばしばグローバリズムとセットで語られます。

新自由主義は、政府による市場介入を最低限に止め、規制を緩和し、自由な経済活動を進めるという考え方です。グローバリズムは、世界の経済の一体化を進めて、国境を超えた経済活動を促進し、自由貿易や市場主義経済を地球規模、すなわちグローバルに展開してネットワークで結んでいくことを言います。

ですから、新自由主義を標榜する政治家、経営者、学者、専門家らの目的は、規制緩和、自由化、税制改革などによって、それまでにあった政治経済体系を破壊し、それに代わる新しい政治経済体制を創造しようとすることにあります。そして、それによって新しい利権と、それに伴う利益を獲得することにあるとされています。彼らがよく口にするのは、構造改革、レジームのチェンジでありシフトです。従来の構造を破壊せよ！　そこに利権と利益が発生する！　です。

そして困ったことに、新自由主義者は往々にして、破壊したあとの政治経済体制に責任あるビジョンを持っていないのです。

小泉さんの構造改革の核心である郵政民営化法案が可決されてからすでに約14年が過ぎました。この間に日本はどうなったでしょうか？

経済学者の中谷巌氏は『資本主義はなぜ自壊したのか』の中で、小泉構造改革は「勝ち組」、「負け組」の二極化、地方経済の疲弊、自己中心的なメンタリティーの増殖、凶悪犯罪の増加などさまざまな問題を生み出したと述べています。また企業の雇用改革については「会社」という共同体を分断し、帰属感や連帯感を希薄化させ、個人の心の安定を奪ったとも指摘しています。

中谷さん自身は、かつて竹中さんらとともに構造改革を推し進める一翼を担っていました。その中谷さんが『改革なくして成長なし』というスローガンで推し進めた郵政民営化をはじめとする小泉構造改革は、新自由主義の行き過ぎからくる日本社会の劣化をもたらしたと言っています。また、『貧困率』の急激な上昇は、日本社会にさまざまな歪みをもたらしたとも指摘しています。

小泉さんは、首相になった2001年秋の第153回国会の所信表明演説において、「改革なくして成長なし」を強調していました。そうして、国民の世論を上手に誘導し、郵政民営化を成し遂げました。その後、日本が失われた14年を過ごしてきたことは先に述べた通りです。

エコーチェンバー効果

私たちを取り巻いているネットワーク社会は、同じ意見を持った人たちだけがそこに居ることを許されるような閉鎖的なコミュニティが形成されやすい傾向を持っています。そういうコミュニティでは〝フェイクニュース〟もフェイクか否かの検証なしに共有される傾向があります。そのような場所で彼らのコミュニティが心地よく思い共有されている〝事実〟と違う意見を発すると、その意見はやがてかき消されてしまうといわれています。かたや、コミュニティと同じ声を発すると、増幅・強化されて返ってきて、「自分の声」がどこまでも響き続けるように錯覚し始めます。それをエコーチェンバー（echo chamber: 共鳴室）効果と言います。

SNSなどでこのエコーチェンバー効果をうまく利用すれば、〝真実でないこともあたかも真実であるように思い込ませる〟ことができます。

この小泉さんの著書『原発ゼロ、やればできる』は、ネットの社会と活字社会とをつなぎ、エコーチェンバー効果をより大きく実効的にする〝仕掛け〟として機能する可能性があります。

それでは、エコーチェンバー効果に惑わされて間違った判断をしないためにはどうしたらよいのでしょうか？

もっともよいのは面倒がらずに、できるだけ元ネタを調べてみることです。エビデンス（証拠）を手繰り寄せようとすることが大切になってくると思います。

例えば、小泉首相が郵政民営化を推進していた当時、『郵政を民営化すれば国家公務員（郵便局員）が24万人削減できる。そして、税金による人件費の支出が大幅に削減できる』と謳われていましたが、実は、当時すでに郵便局は独立採算制で運営されており、税金による人件費などの支出はまったくなかったことを既にお伝えしました。このことは、意外に知られていなかっただけで秘密でも何でもなく、その気になればすぐに自分の手で検証できたのではないでしょうか。

今は、どのようなことでもインターネット上で調べれば、ある程度はわかるようになっています。嘘の情報や、それをうまく利用した謳い文句に乗せられないためには、ちょっとした努力を惜しむべきではないと思います。もちろん、ありとあらゆることに懐疑的になっていては時間の無駄でしょう。しかし、重要な局面では、きちんと元データまで辿って確認するのが賢明なのではないでしょうか。

ことの重要度を自分自身のマインドで見極めようとすることが大切なのだと思います。そして、重要度の高い事柄については「ＴＶ、新聞や周りの人々がそう言っている」からではなく、きちんと情報の真偽を精査し、結論を出すように心がけるべきではないでしょうか。

小泉さんは、２００１年秋の第１５３回国会の所信表明演説の中で次のように述べました。

> 進化論を唱えたダーウィンは、「この世に生き残る生き物は、最も力の強いものか。そうではない。最も頭のいいものか。そうでもない。それは変化に対応できる生き物だ」という考えを示したと言われています。
>
> 私たちは、今、戦後長く続いた経済発展の中では経験したことのないデフレなど、新しい形の経済現象に直面しています。日本経済の再生は、世界に対する我が国の責務でもあります。現在の厳しい状況を、新たな成長のチャンスと捉え、「改革なくして成長なし」の精神で、新しい未来を切り開いていこうではありませんか。

実のところ、ダーウィンの『種の起源』にはその通り書かれているわけではないのですが、「変化に適応した種が生き残る」という〝進化論の考え方〟は、ざっくりとビジネス界でも援用されており、小泉さんは、それをうまく利用して「改革なくして成長なし」というワンフレーズに結晶させ、それがあたかもダーウィンの考え方の延長線上にある必然であると、人々が眩惑されるような効果を生み出しました。そして当時は、TV、新聞などを通じて繰り返し、大々的に「改革なくして成長なし」のフレーズが流され、エコーチェンバー効果を最大限に発揮しました。

そして今、小泉さんのワンフレーズは「原発ゼロ、やればできる」となっています。私たちは、またしても安易に眩惑され、まんまと二匹目のドジョウにされていいのでしょうか。まず、そのキャッチフレーズがエコーチェンバーを狙っているのではないかと冷静に判断する必要があると思います。

再エネの現状

震災後に再エネ事業を促進するために導入されたFIT（固定価格買取制度）ですが、ここにきて経済産業省は2020年度を目処に廃止する方針を打ち出してきています。

太陽光ビジネスの業界は、今どうなっているのでしょうか？

２０１８年11月に太陽光発電事業者連盟（ＡＳＰＥｎ）が設立総会を開きました。そこには、連盟として一致団結していこうという意気込みがあると同時に、ある種の危機感が背景にありました。この設立総会は城南信用金庫本店で開催され、多くの事業者が一堂に会するいい機会になりました。小泉純一郎さんと中川秀直さん(自民党元幹事長)が来賓として、「原発ゼロ」の決意を熱く語り、その様子はメディアを通じて華々しく報じられました。

一見、太陽光発電業界は順風満帆で勢いづいているように見えますが、内実は大きく異なるようです。数年前ならともかく、今は太陽光発電業界に籍を置く誰しもが、多かれ少なかれそれぞれの立場で先行きに対する不安を感じているようです。経済的にあまりうまみのないものになっていくのではないかという不安です。

再エネ発電から利益を得てきたのは、発電事業者、設計・建設事業者（Engineering, Procurement and Construction: ＥＰＣ）、そして地方銀行などです。[※4]

これまで年を追うごとに固定買取価格が下落していること、系統の空き容量が不足してきていること、過去の権利取得案件に対する規制が年々強化されていることなどの要因で、最近は新規プロジェクトがほとんど立ち上がっていません。その煽りを最も食らっているのがＥＰＣで、数年先はお先真っ暗の状態だと言います。また２０１４年以降、太陽光発電関連事業者の倒産[※5]は年々増加しています。

発電事業者の視点から最も困るのは接続制限です。太陽光も風力も受け身の発電なので、お天気まかせ風まかせで、ときとして必要以上の電気が系統に入ってくれば、たちまち系統は不安定になって停電を招きかねません。接続制限によって売電量が減れば、それは直ちに事業の収益の下落つながります。

そして地方銀行ですが、近年のゼロ金利政策の影響で、地方銀行は既存貸出先の金利低下に苦しんでいます。金融庁の調査では、過半の地銀が本業の貸出業務で赤字という状況だということです。こうした地銀の経営問題は、スルガ銀行の不動産の不正融資問題の温床にもなったのです。既存貸出先の金利が低下し、不動産融資にも限界が見えてきている地銀にとって、太陽光発電事業、特にメガソーラー事業は、安定していて、なおかつ、それなりの金利も見込める非常に好ましい貸出先だったのです。太陽光発電事業が縮小することは、地銀の業績に大きな打撃を与えることでしょう。信用金庫も同様の事情を抱えています。

２０１９年３月29日深夜のテレビ朝日、田原総一朗さんの『朝まで生テレビ！』は原発がテーマでした。私のちょうど向かいには城南信用金庫の吉原さんが従来通りの『原発ゼロ』の主張を、自前のフリップをたくさん用意して熱弁をふるっていました。最後の方では、私の方を向いて、「あなたは原発の再稼働に賛成と言っていますが、もし万一また３・11のような事故が起こったら、腹を切れますか!?」とえらい剣幕で畳み掛けるように言うなど、この討論の全般を通じて、吉原さんには鬼気迫るものがありました。その背景には、再エネ付加金ビジネスに翳りが見えてきた焦りがあったのかもしれないと今思い返しています。そのような状況下、２０１８年末に『原発ゼロ、やればできる』が小泉さんの単著として刊行されたわけです。

この章で見てきたように、そもそもやる意義があったのかさえよくわからない郵政民営化も、一国の総理が「郵政民営化こそが善」であるようにワンフレーズを決めて、メディアを通じて大々的に広告すれば、世論はいともたやすくそちらに誘導されるのです。良心ある政治家として郵政民営化に反対していた方々も結局はその世論のもとに屈服する、あるいは抵抗勢力とレッテルを貼られ追われるのです。

そんな政治家として名を馳せたのが亀井静香氏でした。しかしその亀井氏は、今小泉さんと一緒になって原発ゼロと言っています。かつて小泉の郵政民営化のウソに抗戦した人物が今や同じ小泉の原発ゼロのウソに加担している――なんとも人をバカにした話です。

「原発ゼロ、やればできる」。

小泉さんは、「原発ゼロ」は決して複雑なことではなく、総理が「原発を止める」という方針を決めさえすれば、あとは専門家たちがきちんと道筋を整えてくれますと言っています。つまり、「原発ゼロ」という方針の先の具体的な道筋は何も考えていないのです。原発をゼロにするということの意味も道筋も語らず、ただ、「原発ゼロ、やればできる。私たちがそう思えばできる。総理が原発ゼロにすると号令すればできる。そう思いませんか」と畳みかける結びの言葉は、まさしく、郵政民営化のときと同じくワンフレーズです。このようなワンフレーズが再び国民を眩惑し、世論を誘導し、世の中の空気を形成することを心から危惧します。それは、日本という国が戦後、必死で築き上げてきた技術力もエネルギー安全保障も放り出し、地球温暖化対策に貢献するどころか、不安定にして高価な電力供給に日常生活も産業も立ち行かないという滅亡への道を歩み始めることにほかなりません。私たちは、それを本当に望んでいるのでしょうか。

※1　山田孝男「小泉純一郎の『原発ゼロ』」P.79（毎日新聞社、2013）
※2　小泉純一郎、梶原一明「郵政省解体論」（光文社、1994）
※3　https://www.mofa.go.jp/mofaj/area/usa/kaidan_040922.html
※4　宇佐美典也「太陽光発電業界と原発業界が共存する方法を考える」日本原子力学会誌 Vol. 61, No. 6, pp. 436-437 (2019)
※5　https://www.itmedia.co.jp/smartjapan/articles/1901/11/news038.html

第10章

世界はすでに脱「脱原発」に向かっている

中国は第4世代の原子力開発で先陣を切る勢い

原発の世界地図

皆さんは、世界でどことどこの国が脱原発に向かっていると思われますか？今のところ、3・11後に国家として脱原発を政策として明確に掲げているのはドイツのみです。しかし、現在ドイツでは10％弱の電力を原発に頼っており、それを廃止するのはハードルが高いと思われます。

図10‐1では、ドイツ以外に、韓国、台湾、スイスが3・11後に脱原発に舵を切ったかに思えます。

しかし、これらの国も本当に脱原発するのか、できるのかは、きわめて不透明です。各国の事情を見ていきましょう。

韓国、台湾、スイスは本当に脱原発するのでしょうか

韓国版エネルギー転換の末路は

韓国は、やや不透明感はあるものの、いまだに自国内で原発を新設しています。さらに、

図 10-1　原子力利用の現状とすう勢

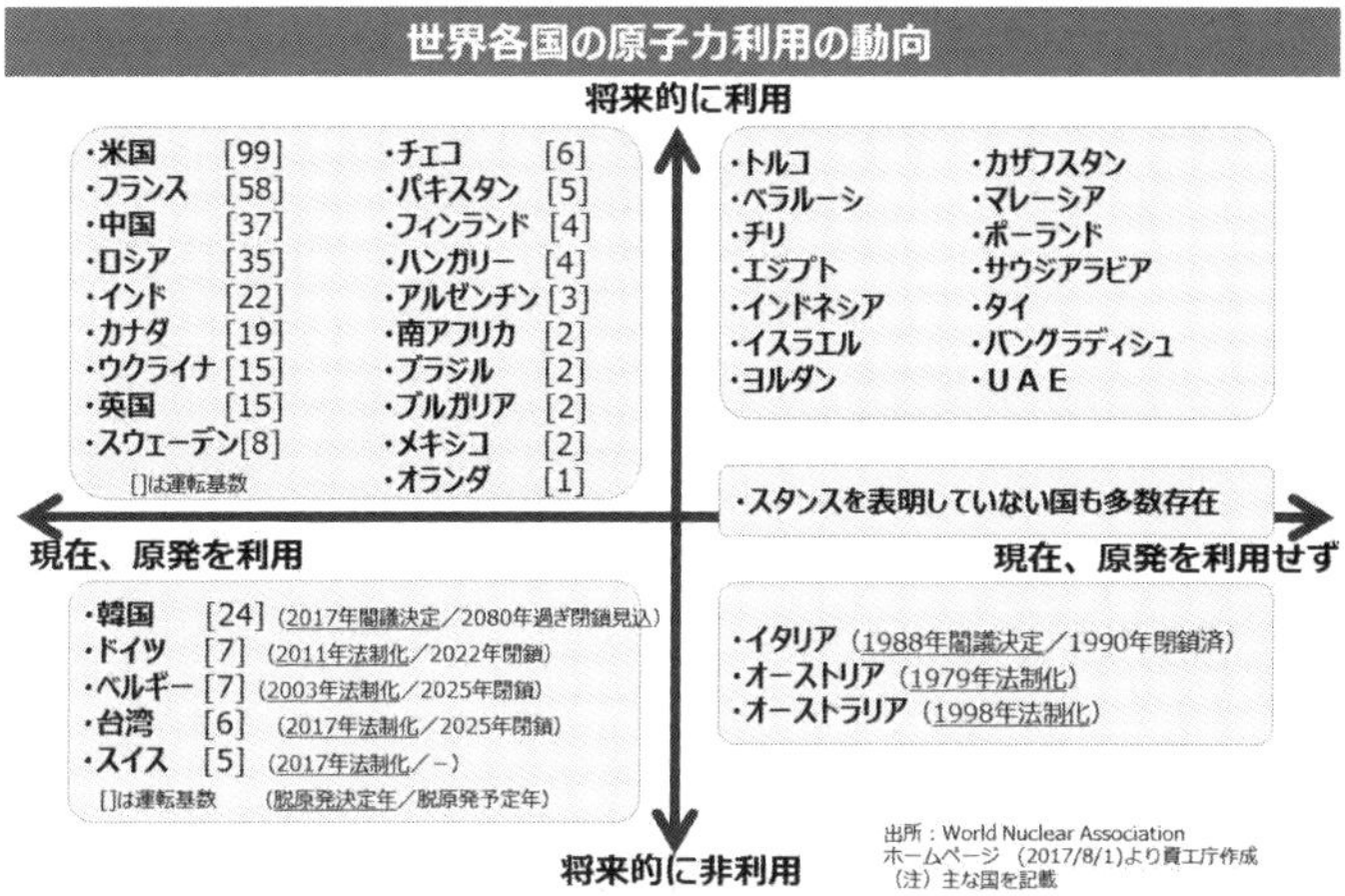

出典：経済産業省

外国への原発輸出も行っています。

現政権の文在寅大統領は、脱原発に舵を切りたいのでしょうが、韓国の製造業（特に自動車、家電製品）は安価な電力なしでは競争力を失ってしまいます。

アラブ首長国連邦（ＵＡＥ）などへの原発輸出や、ごく最近自国で独自開発した原子炉が米国の規制当局の型式認証を得たことも耳新しいところです。

このようにさまざまな状況を考えれば、韓国が脱原発に実質的に向かうのは難しいのではないでしょうか。

韓国のエネルギー事情を見れば、１次エネルギーの自給率（２０１５年）は、わずかに３％（原子力を除く）です。これは、日本以上に厳しい値なのです。エネルギーセキュリティつまりエネルギーの安定供給のために、韓国は、これまでに原子力技術を国産化して原発を大規模に展開し、国の産業発展を後押ししてきたのです。

２０１７年12月の時点で、軽水炉と重水炉24基（22・５ＧＷｅ）を運転中です。建設中が３基（４・２ＧＷｅ）、そして計画中が２基（２・８ＧＷｅ）あります。２０１６年の全発電設備容量に占める原子力比率は19・３％で、全発電量に占める原子力による発電量は30・３％でした。

しかし、２０１７年５月に発足した文政権が脱原子力発電政策に転換し、それ以降の新規原子力発電所計画を全面的に白紙撤回しました。また、設計寿命（40年）を迎えた原子炉の運転期間延長を停止する方針を打ち出しました。

２０１７年12月14日、韓国産業通商資源部（ＭＯＴＩＥ）は、２０１７年から２０３１年まで15年間の電力需給見通しと電力設備計画を盛り込んだ「第８次電力需給基本計画案」を国会に提出しました。これには、原子力と石炭火力を段階的に削減していくことが盛り込まれています。また再生可能エネルギーを大幅に拡大する韓国版〝エネルギー転換〟を推し進めることになっています。ドイツのエネルギー大転換に倣おうとしているのでしょう。

これまで文政権が主張してきたように、現在建設中の原子炉はそのまま完成させるのですが、新規原子力発電所の建設計画は白紙化します。その結果、総発電量に占める原子力の割合を現在の30・3％から、２０３０年までに23・9％まで削減するとしています。この計画案は、２０１７年末に電力政策審議会での議論を経て、ほぼ原案通り確定しています。しかし、今後の推移というより政情変化を見守っていく必要がありそうです。なんといっても韓国は政権が変わると、政策が１８０度転回しかねませんので。

脱「脱原発」を国民投票で決めた台湾

台湾は、２０１８年11月24日に脱原発法案（２０１７年に法制化）の廃止に関する国民投票が行われました。その結果、２０２５年脱原発法の廃止が賛成多数で勝利しました。

国民投票では、学生をはじめ若者が〝台湾から原発をなくすべきではない〟と論陣を張ったことが有名になりました。そのリーダーは31歳の黄士修氏です。黄さんは、５年前まではロンドンのインペリアルカレッジで理論物理学を学ぶ大学院生でしたが、５年前に帰国しました。当時、脱原発運動が高まっていました。

黄さんは反対派の主張、特に日本の元総理の菅直人さんが流言した原子力発電に関する内容が事実に基づいていないことに憤りを感じていました。

菅さんの誤った発言が国民の不安をあおっていたことに疑念を持ち、『核能流言終結者 Nuclear Myth busters』というグループを立ち上げたのです。当初、このグループは30名ほどのメンバーを集めて活動を始めました。

特に、これから台湾を担っていく若い世代へ向けての情報提供に心血を注ぎました。そして、国民投票にあたっては、彼らは『以核養緑（原子力発電で空気をきれいにして緑を守ろう）』というスローガンを掲げました（写真10‐1）。

国民投票は、「2025年までに原発の運転をすべて停止する」と定めた電気事業法の条文削除を問う形で行われました。その結果、条文の削除賛成が589万票、反対が401万票という大差で勝利したのです。

このようにして、台湾の原発政策は脱原発から〝脱・脱原発〟へと大きく舵を切り直したのです。

写真 10-1 「以核養緑」のスローガンがプリントされたTシャツの黄氏とその仲間（© 黄 士修）

スイスの事情

スイスは、総電力の約4割が原子力で、残りの6割弱は水力発電が担っています。ご存じのように、スイスは国土が狭く山岳地帯が多いのです。したがって、地政学的に見て水力発電を中心に電源開発を行ってきた歴史があります。地形の起伏が激しいこと、ドイツ北部やデンマークに比べてスイス

図10-2　スイスの電源構成と推移

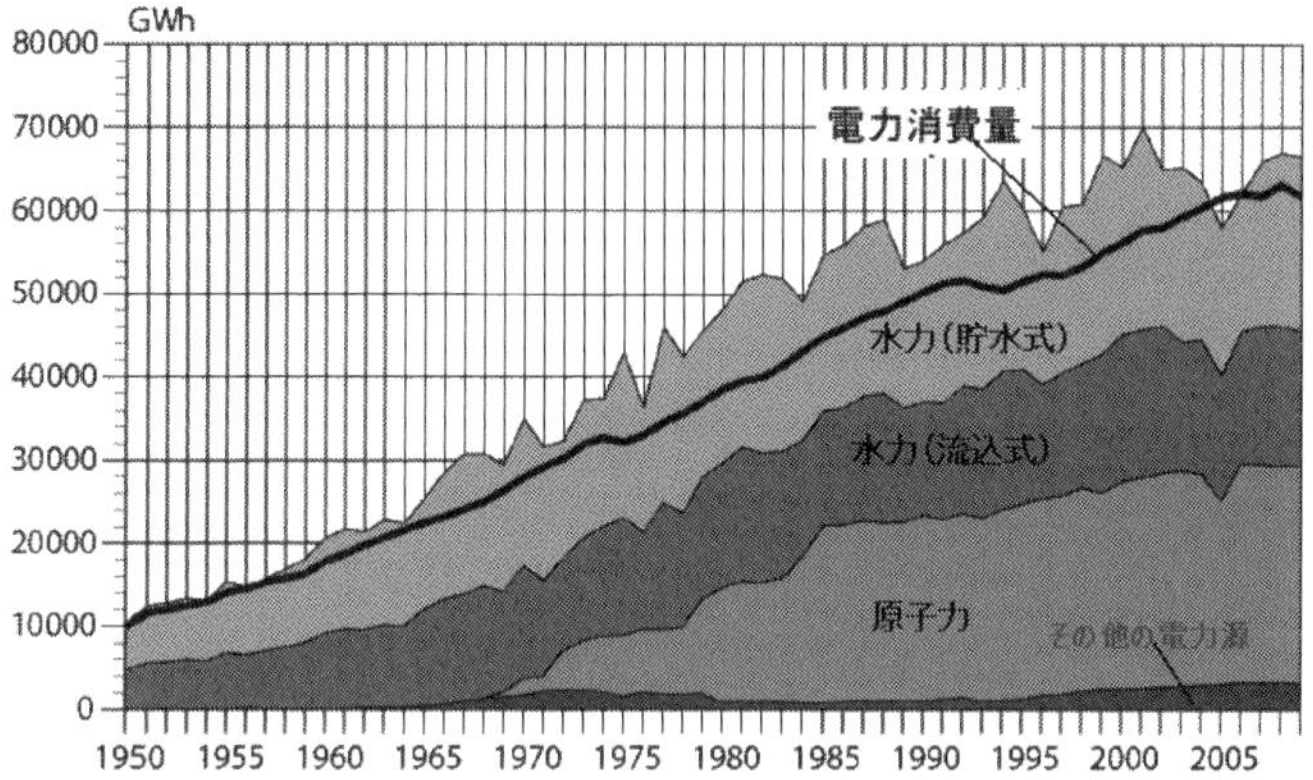

（単位：100万kWh）

	1990	1995	2000	2005	2006	2007	2008	2008
水力	30,675	35,597	37,851	32,759	32,557	36,373	37,559	37,136
流込式	13,561	16,148	17,566	14,998	15,819	16,547	16,686	16,110
貯水式	17,114	19,449	20,285	17,761	16,738	19,826	20,873	21,026
原子力	22,298	23,486	24,949	22,020	26,244	26,344	26,132	26,119
火力他	1,101	1,275	2,548	3,139	3,340	3,199	3,276	3,239
発電電力量合計	54,074	60,358	65,348	57,918	62,141	65,916	66,967	66,494
揚水用	1,695	1,520	1,974	2,631	2,720	2,104	2,685	2,523
電力輸出	24,907	36,219	46,990	40,734	46,085	50,630	51,408	54,159
電力輸入	22,799	28,948	39,920	47,084	48,788	48,568	50,273	52,002
正味輸出量	2,108	7,271	7,070	−6,350	−2,703	2,062	1,135	2,157
国内供給電力量	50,271	51,567	56,304	61,637	62,124	61,750	63,147	61,814
送配電損失	3,693	3,685	3,931	4,307	4,342	4,318	4,418	4,320
最終電力消費量	46,578	47,882	52,373	57,330	57,782	57,432	58,729	57,494

出典：日本原子力研究開発機構

は緯度が低く、安定した偏西風の恩恵にはあずかれません。つまり風況がよくないので、風力発電にはあまり期待できません。観光大国であり、風力や太陽光発電は景観を著しく損ねるばかりか、環境破壊も深刻になります。ですから、太陽光や風力の変動再エネが果たしてどれくらい実際に導入できるかは現状では疑問です。いずれにしてもとてもハードルの高い仕事になることでしょう。

スイスは、自然豊かな国

であることは誰もが知っていることです。しかし、その自然は太陽光や風力という再生可能エネルギーの大量生産にはまったく不向きなのです（図10 - 2）。

段階的に原子力発電を廃止していく方針ですが、実際にどのように実現されていくのかは不透明です。また、段階的な廃止と言っても、その最終的年限や具体策は何も示されていません。米国やその他の国々を見習って、クリーンエネルギーとしての原子力発電が再度見直される可能性もあります。

世界の原発利用人口は50億人以上へ

これまでも原発を利用してきて、将来的にも利用することを決めている国は、日本を含めて20カ国あります。また、今後原発を導入していこうとしている国（図10 - 1の右上）は少なくとも14カ国はあります。少なくとももと言ったのは、図10 - 1には含まれていませんが、できれば導入して利用したいと考えている国が、国際原子力機関によれば少なくとも20カ国以上はあるとも言われているからです。そのような国の中には、アフリカの大国であるガーナやナイジェリアが含まれています。

図10 - 1における上半分、つまり原発の利用に積極的な国々の人口を合わせると約50億人以上になります。

表10-1　世界の人口の多い国上位11カ国

順位	国名	人口
1	中華人民共和国（中国）	13億8639万
2	インド	13億3918万
3	アメリカ合衆国（米国）	3億2571万
4	インドネシア	2億6399万
5	ブラジル	2億928万
6	パキスタン	1億9701万
7	ナイジェリア	1億9088万
8	バングラデシュ	1億6466万
9	ロシア	1億4449万
10	メキシコ	1億2916万
11	日本	1億2678万

出典：The World Bank -World Development Indicators - Population, total（2017）

表10-1は世界の人口上位11カ国です。

これらの国々はいずれも、現在も将来も原発を利用するか、もしくは今後導入していこうとしている国々です。この11カ国の総人口は44億7753万人に上ります。このうちまだ原発を持っていないインドネシア、ナイジェリア、バングラデシュを除いても、38億5800万人です。

現時点で原発を動かしていて、今後も使い続ける国々の人口の総数は、約42億人です。これは現在の世界人口の約6割に相当します。今後、導入していこうとする国々も合わせれば、約7割になります。

もちろん、これらの人々の中には、原子力に慎重ないしは反対の人々も含まれています。ただ、国々の方針としては世界中の総人口の7割を原子力発電が支えていくというのが現状であり、今後のすう勢と考えてよいのではないでしょうか。

表 10-2　世界の原子力発電所の現状

2019 年 1 月 1 日現在（万 kW、グロス電気出力）

	国・地域	運転中【運転可能炉】		建設中		計画中		原子力発電量（シェア）	
		基	万 kW	基	万 kW	基	万 kW	億 kWh	%
1	米国	98	10,305.7	2	220.0	1	126.0	① 8,056	19.9
2	フランス	58	6,588.0	1	163.0			② 3,818	72.3
3	中国	44	4,463.6	14	1,409.1	24	2,574.0	③ 2,328	3.8
4	**日本⁂**	**9(33)**	**913.0(3,308.3)**	3	414.1	8	1,158.2	⑭ 293	2.7
5	ロシア	32	2,906.0	7	606.2	15	1,587.8	④ 1,901	18.5
6	韓国	24	2,269.5	5	700.0			⑤ 1,413	25.5
7	カナダ	19	1,451.9					⑥ 951	13.8
8	ウクライナ	15	1,381.8	2	200.0			⑦ 804	55.3
9	英国	15	1,036.2	1	172.0	1	172.0	⑨ 639	20.0
10	ドイツ	7	1,001.3					⑧ 722	11.7
11	スウェーデン	8	862.3					⑩ 631	39.5
12	スペイン	7	739.7					⑪ 556	21.0
13	インド	22	678.0	7	530.0	6	680.0	⑬ 349	2.4
14	ベルギー	7	620.3					⑫ 400	47.7
15	台湾	5	467.7					⑯ 216	8.4
16	チェコ	6	420.4					⑮ 268	33.5
17	スイス	5	348.5					⑱ 196	35.1
18	フィンランド	4	288.2	1	172.0	1	120.0	⑯ 216	32.6
19	ハンガリー	4	200.0			2	240.0	⑲ 152	49.1
20	ブルガリア	2	200.0			1	100.0	㉑ 149	40.0
21	ブラジル	2	199.0	1	140.5			㉑ 149	2.6
22	スロバキア	4	195.0	2	94.2			㉓ 140	60.1
23	南アフリカ	2	194.0					⑳ 151	6.3
24	メキシコ	2	161.5					㉔ 106	3.5
25	パキスタン	5	146.7	2	220.0	1	110.0	㉖ 81	6.8
26	ルーマニア	2	141.0	2	141.2			㉔ 106	17.9
27	アルゼンチン	2	110.2			1	100.0	㉙ 57	4.0
28	イラン	1	100.0			3	249.9	㉗ 64	2.1
29	スロベニア	1	72.7					㉘ 60	35.5
30	オランダ	1	51.2					㉚ 33	3.0
31	アルメニア	1	40.8			1	106.0	㉛ 24	36.6
32	UAE			4	560.0				
33	バングラデシュ			2	240.0				
34	ベラルーシ			2	238.8				
35	トルコ			1	120.0	7	800.0		
36	エジプト					4	480.0		
37	インドネシア					4	400.0		
38	ウズベキスタン					2	240.0		
39	リトアニア					1	138.4		
40	イスラエル					1	66.4		
41	カザフスタン					1	N/A		
	合計	443	41,445.4	59	6,341.1	84	9,342.7	25,029	10.3

出典：(一社)日本原子力産業協会「世界の原子力発電開発の動向 2019 年版」

⁂日本の 5 月 22 日現在の再稼働炉(すなわち、運転中の基数・出力)を示す。()内は、廃炉決定・廃炉方針表明した以外の原子炉も含む(すなわち、再稼働炉と安全審査申請中/未申請炉の合計)。出力はグロス。

※原子力発電量・シェアは 2017 年実績値　　　出典：IAEA・PRIS

原子力発電量の数値前の番号は、原子力発電量の世界順位を表す。

表10-3　世界の2010年以降の原子力発電所の運開、着工、閉鎖状況の現状

年	営業運転開始		建設開始		閉鎖（運転終了）	
	基	国（原子炉）	基	国（原子炉）	基	国（原子炉）
2010年	5	中、中、印、印、露	14	中、中、中、中、中、中、印、印、印、印、露、露、日、伯	1	仏
2011年	4	中、印、韓、パキ	4	中、露、パキ、パキ	13	独、独、独、独、独、独、独、独、日、日、日、日、英
2012年	4	中、韓、韓、露	6	中、中、中、韓、露、UAE	3	英、英、加
2013年	3	中、中、イラン	8	中、米、米、米、米、韓、UAE、ベラルーシ	6	米、米、米、米、日、日
2014年	6	中、中、中、中、中、印	2	UAE、ベラルーシ	1	米
2015年	10	中、中、中、中、中、中、中、中、露、韓	8	中、中、中、中、中、中、UAE、パキ	7	日、日、日、日、日、独、英
2016年	8	中、中、中、中、中、露、韓、米	4	中、中、中、パキ	4	米、日、日、露
2017年	7	中、中、印、露、パキ、パキ、アルゼンチン	5	中、印、印、バングラ、韓	4	独、韓、瑞典、西
2018年	9	中（田湾3,4、陽江5、三門1,2、海陽1、台山1） 露（ロストフ4、レニングラードⅡ-1）	5	トルコ（アックユ1） 露（クルスクⅡ-1） バングラ（ルプール2） 韓（新古里6） 英（ヒンクリーポイントC-1）	9	日（大飯1,2、伊方2、女川1 韓（月城1） 米（オイスタークリーク） 台（金山1，2） 露（レニングラード1）
2019年	1	中（海陽2）、*韓（新古里4）、*露（ノボボロネジⅡ-2）	1	露（クルスクⅡ-2）	1	露（ビリビノ1）

注：瑞典：スウェーデン、西：スペイン、伯：ブラジル　＊印：送電開始

出典：原産協会、IAEA、WNAなど

原発の利用に積極的な国々の情勢

表10－2は現在の原子力発電利用国の統計です。

原子力発電所を運転中の国が31カ国あります。新規参入の建設中の国はUAE、バングラデシュ、ベラルーシ、トルコの4カ国です。ベラルーシは、1986年のチェルノブイリ事故を起こしたウクライナよりも甚大な被害をこうむりました。チェルノブイリ原発は、ウクライナとベラルーシの国境近くにあるのです。しかし事故から30余年、ベラルーシは原発利用国に舵を切ったのです。そして今後建設を計画しているのはエジプト、インドネシア、ウズベキスタン、リトアニア、イスラエル、カザフスタンの6カ国です。これら10カ国を合わせると、近いうちに原発利用国は

総勢41カ国になるでしょう。

表10‐3は、2010年以降に運転開始した原子炉、建設開始した原子炉、および閉鎖した原子炉を示しています。この中で目立つのが中国です。2018年度こそ建設着工した原子炉はありませんが、すさまじい勢いで原発が増えてきています。また米国は、1979年のスリーマイル島の原子力発電所事故以来、新しい原子力発電所の建設がストップしていましたが、2013年に4基の原子力発電所の建設に着工しています。

ごく最近の世界情勢～2019年3月以降～

ここでごく最近、つまり2019年3月以降の原子力開発に関係する世界の動向を見て見ましょう。

・3月4日　ウクライナ　同国大統領がウクライナのエネルギー・ミックスにおける原子力発電の重要性を強調しました。
・3月7日　フィンランド　同国政府は建設中のオルキルオト3号機（仏製のEPRとい

う軽水炉）の運転認可を発給しました。
・3月11日　ブルガリア　国営電力（NEK）はベレネ原子力発電所の建設再開に関して戦略的投資家選定の手続きを開始しました。
・3月14日　米国　エネルギー省がX-energy社に高温ガス炉用燃料の製造工場建設に向けた融資保証の適用申請を行うように要請しました。
・3月15日　米国　ミルストン原子力発電所が売電契約を延長し、2023年の早期閉鎖を回避する方向に舵を切りました。
・3月19日　米国　NuScale Power社がルーマニアのNuclearelectricaと小型のモジュラー式原子炉（SMR）の設置可能性の評価を行うための協定を締結しました。
・3月20日　カナダ　同国のGFP社が、米国のUSNC社が開発するMMR（高温ガス炉、電気出力5MWe／熱出力15MWt）を設置するサイトの準備許可を同国のカナダ原子力安全委員会（CNSC）に申請しました。
・3月21日　英国　Moltex Energy社がエストニアのFermi Energia社とMoltexという呼称の先進型の原子炉に関する研究開発協力の覚書を締結しました。
・3月21日　米国　2018年の原子力発電量が過去最高を記録しました（8071億キロワット時）。

・3月22日　米国　エネルギー省が建設中のボーグル3、4号機（AP1000×2基）に37億ドルの追加融資の保証をしました。

・3月以降　中国　環境省、海南省昌江にて小型炉（ACP100 SMR）計画の環境影響評価を実施中、年末着工の見込み。

・4月3日　米国　ボーグル2号機（PWR）にフランスのフラマトム社製の事故耐性燃料の試験集合体を装荷しました。

・4月8日　エジプト　同国原子力庁（NPPA）がエルダバ（VVER-1200x4基計画）のサイト許可を取得しました。

・4月8日　ベラルーシ　建設中のオストロベツ1号機（VVER-1200）が試験運転開始段階になりました。年内に送電を開始する予定です。

・4月8日　ウズベキスタン　同国の初号機（VVER-1200x2）の建設に向けて、原子炉を設置するサイトの選定を開始しました。

・4月15日　ロシア　クルスクII-2号機（VVER-TOI：電気出力130万キロワット級の軽水炉）の建設に着工しました。2024年8月に営業運転を開始する予定です。

・4月18日　米国　ニュージャージー州公益事業委が、セーレム原子力発電所とホープ・

クリーク原子力発電所に〝ゼロ排出認定証書（ZEC）〟を適用すると発表しました。

・4月22日　韓国　新古里4号機（APR－1400）の送電を開始しました。

・4月30日　米国　原子力規制委員会（NRC）が、韓国のAPR－1400の包括的設計認証を承認しました。これにより、韓国は米国内のニーズがあれば韓国製の原子炉を建造することが可能になりました。

・4月30日　フランス　2025年までに原子力による発電のシェアを50％に低減する目標をさらに遅延して「2035年」とするエネルギー気候法案を発表しました。

・5月1日　ロシア　建設中のノボボロネジII－2号機（VVER－1200）の送電を開始しました。

出典：原産新聞（©原子力産業協会）

このように米国や中国に加えて、原子力新興国のエジプト、ベラルーシ、ウクライナなどで原子力利用の大きな進展が見られます。

また、注目に値するのは、上記の諸外国では、大統領や政府系組織が原子力の意義を国民に向けてしっかりと発信していることです。とりわけ二酸化炭素を排出しないクリーンなエネルギー源であることや、エネルギーセキュリティ上の重要性に鑑みて、責任ある行動をとっている（米国のZEC証書適用、ウクライナ大統領の発言、ブルガリアの投資促進、米国エネルギー省の追加融資保証）ということです。

中国が世界のリーダーへ～2018年新規に7基運開～

ここまで見てきたように、世界の原子力開発は脱原発に向かうどころか、原発の利用促進に向かってうねるように動いていっています。

そんな昨今、世界で最も活況を呈しているのが隣の中国です。2018年は、世界に先駆ける最新鋭の原子力発電所7基を新設し、運転を開始しました。その結果、すでに稼働中であった原子炉とあわせて45基となり、設備容量は世界で米国とフランスに次いで3番目の4590万キロワットに達したとしています。

今や中国は、世界のエネルギー構造を大きく変革させる駆動力になろうとしています。中国国内では、石炭火力依存のエネルギー体質から再エネや原子力などクリーンなものへと移り代わりつつあります。そして中国は、これから自国産の原発を英国を始め、先ほど示した新規参入の原発新興国にどんどんと売り込んでいく態勢を整えています。

ゼロからスタートした中国の原子力発電は、30年余りの研究と開発を経て、その規模や性能が大幅に向上してきているのです。そのなかで、設計や製造の能力も一段と高まり、建設管理や運用管理の面でもかなりの経験を積んできています。

また、国際社会との協力も相当積極的に進めてきており、世界の原子力発電の発展にも今やリーダー的な存在感をもって貢献していると言えるでしょう。

経済協力開発機構（ＯＥＣＤ）の原子力機関のマグウッド事務局長は「中国との協力の緊密さはこれまでにないほどになった。中国は重要なパートナーである」との認識を最近の国際会議で表明しています。

中国のエネルギー構造は、まだまだ化石エネルギーの割合が高く、非化石エネルギーの割合を来年には15％、２０３０年には20％とするという目標を果たすのは、なかなかハードルが高いことは中国当局者も認めています。したがって、原子力発電などクリーンなエネルギー源を大きく発展させる必要性をひしひしと感じているようです。

国家核安全局の劉華局長は、「原子力発電を発展させる際は、安全を確保する必要がある。『核安全法』に基づいて職務を果たし、稼働の安全レベルを絶えず向上していく。特に第三

図 10-3　中国は今や世界最大・最速の原子力発電プロモーター

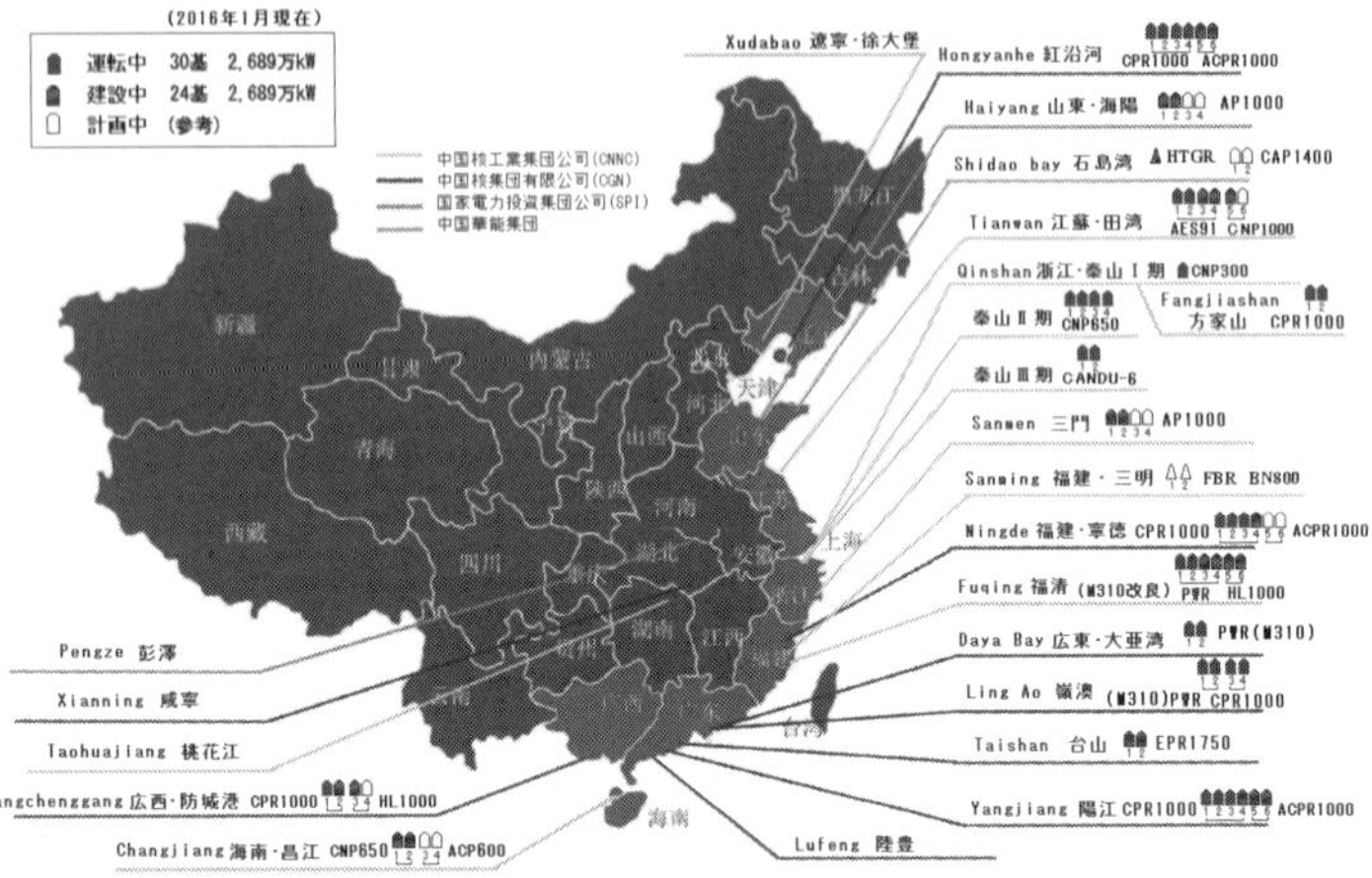

出典：日本原子力研究開発機構

世代原子炉の安全と建設の質を確保しなければならない」と安全性の向上を強調しています。

いずれにしても、このままいけば、この先10年のうちに中国が量と質において世界のトップに躍り出ることはほぼ間違いないでしょう。それは軽水炉だけでなく、後述する高速炉でも言えることです。

２０１８年に送電を開始した三門原子力発電所は、世界最新鋭の軽水炉であるＡＰ１０００という原子炉で、受動的な安全性が一段と高められているのが大きな特徴です。

図10‐3は、中国の運転中、建設中、そして計画中の原子炉のマップです。

中国の計画では、２０３０年までに１００基の原子炉を稼働する予定になっています。

そして、さらに、その先2050年までに400基を超える勢いであり、その結果、4億キロワットを超える原子力発電設備容量を誇ることになると言います。その予算は1兆ドルを超えると見積もられています。また、中国はすでに原子炉の国産化を終えているとして、国産原子炉の輸出第一号をパキスタンに建設し始めています。

中国は一帯一路の国家政策のもと、アジアインフラ投資銀行（Asian Infrastructure Investment Bank: AIIB）の資金源を礎に、自国の原子力発電所をどんどん増設する一方で、原発輸出大国を目指しています。すでにアフリカをはじめ世界中の多くの発展途上国に拠点を築いており、そこを軸に原発輸出もどんどん進めていくことは間違いがありません。

小国や島嶼国家にも対応できるような可搬式の船舶型原子炉の開発も進めています。これは、原子力発電装置を積んだ船ごと国や島に接岸して、その国の電力網に接続する原子力発電所です。運転員も丸ごと送り込みます。したがって、当然ながら事情に応じて接岸も離岸も中国の意のままにできるようになります。このようにして、他国の電力供給を中国の手中に握ることも可能になるような技術なのです。

その他の国々の動向

ポーランド／ハンガリー／チェコ／スロバキア

これらは再エネ大国ドイツを取り巻くいわばエネルギー小国の4カ国です。ドイツの質の悪い再エネの押し付けという猛威にさらされてきています。

ポーランドのように系統の不安定性をドイツによって押し付けられるという実害に遭っている国もあるので、これら4カ国は、本気で原子力を新規開発ないしは拡充に努めようとしています。原子力開発の計画実現性や将来性を技術面とファイナンス面から検討しています。

この原子力シフトの動きの背景には、ドイツの再エネから被る迷惑に加えて、ロシアへの天然ガス依存に危機感を強めていることがあります。さらには、CO_2排出増大につながる石炭火力を削減するようにEUから圧力を受けているという事情もあるのです。

サウジアラビア

サウジアラビアの動向は、中東のパワーバランスの観点からも注目を集めています。永遠のライバルであるイスラエルの動向ともあいまって、サウジアラビアは8基の原発建設を予定していて、5カ国が入札しようとしている状況です。米国当局は、ウエスティングハウス社の受注獲得に動いているようですが、例のカショギ事件が微妙な影を落としているともいわれています。米国としては、安全保障上の観点からロシアが受注することに警戒心を持っているのですが、結果的にロシアがサウジアラビアに乗り込んでいく公算は大きいでしょう。

トルコ

サウジアラビアがロシア寄りに動けば、トルコも今以上にロシアからの原発導入に舵を切っていくと考えられます。石油ビジネスは武器輸出とセットで進められてきたという歴史があります。原発ビジネスも同じような傾向を持っています。韓国がＵＡＥとの間で原発ビジネスを成功裡に進めた裏では、潜水艦の輸出もセットになっていました。トルコには、アクーという大型のガス田があるのですが、その防備のためにロシア製のＳ４００という迎撃ミサイルを配備する計画が進んでいます。それとロシア原発導入は繋がっているとの見方が有力です。

インド

インドにはフランスが積極的に原発ビジネスを働きかけています。ジャイタプールの原発立地点では、フランスが受注することがほぼ決まっているようです。日本は、かつて安倍首相を陣頭に原発ビジネスを展開しましたが、まったくもって頓挫しています。ただ、フランスの受注が実を結べば、三菱重工業にも機器供給メーカーとしてビジネスになるのではないでしょうか。

ＡＳＥＡＮ諸国

東南アジア諸国連合（ＡＳＥＡＮ）では、フィリピンでロシアの原発新設のビジネスが進んでいます。１９７０年代には日本の原発をフィリピンに輸出する計画もありましたが、政情が流動化していたことや、十分な資金源の確保が難しかったこともあり、うまく進まなかったという歴史があります。インドネシア、タイ、カンボジアでは、中国がパキスタンに続けとばかりに原発の売り込みを推し進めています。

英国

英国では、北海油田が好調だった頃に原子力の廃止が進みましたが、北海油田の枯渇とともに再び原子力利用に舵を切らざるを得なくなってきました。英国は、１９５６年に世界に先駆けて商用の原子力発電を成功させた国ですが、豊富な石油の産出に押されて世界に先駆けて原発の廃止も進んでいました。英国の北海油田は、その後１９９０年代にピークを迎えたのち徐々に産油ペースは落ち込んできています。それに伴って、21世紀に入って原発推進に再び方向を変え、まさに〝脱・脱原発〟の先進国と言えるでしょう。

差額調整契約制度（ＣＦＤ）など原発の電源導入について、世界で最も制度設計が進んで

図10-4　差額調整契約制度（CfD）の概念

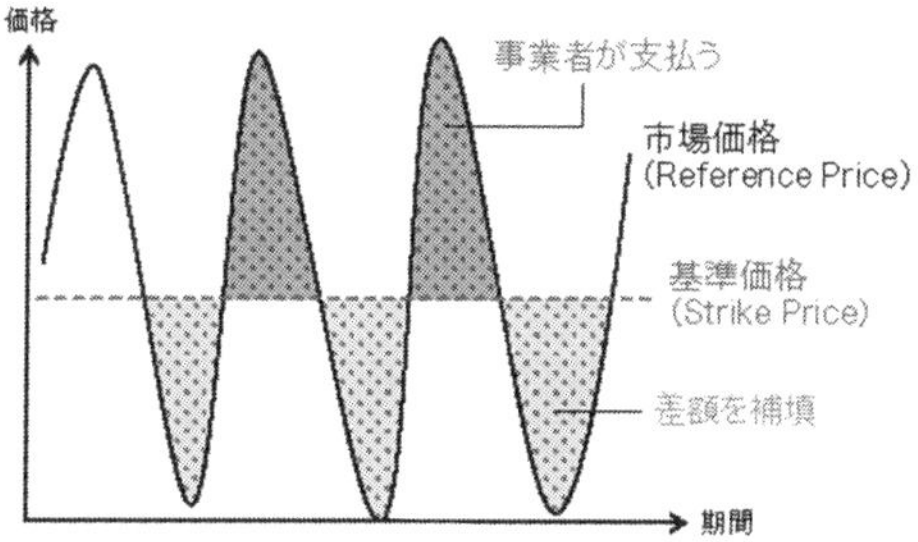

いると言われています。

原子力事業は、そもそも長期にわたる開発投資が必要な大規模技術です。それに加えて、昨今は自由化や脱原発などの政策変更の影響を受けて、事業環境が不安定化するというリスクが避けられません。このことで、民間投資家が資金提供を嫌う傾向があります。このようなリスクに対して、長期にわたり安定的な事業ができるようにするための金融的支援政策が差額調整契約制度です。英語ではContract for Differenceと言います。その概念を図10-4に示します。

わが国も状況が酷似しており、英国の先進的な制度設計に見習うべきところが多々あるように思います。

日立製作所が受注をしかけていたホライズンの原子力発電所は、ファイナンスの面で頓挫してしまいました。それを見ていた中国が早くも英国にアプローチを始めています。英国の自動車や航空機エンジンメーカーとして有名なロールスロイス社が小型モジュラー炉（Small Modular Reactor: SM

R）に大変な関心を寄せています。小型炉の分野で英国の原子力研究開発力の再興を目指していることは間違いないでしょう。

米国

トランプ大統領はこれまでのところ、原子力に関しては特に発言していません。当然のことですが、側近の中には安全保障の専門家がいます。国家安全保障でありエネルギーセキュリティ（エネルギー安全保障）です。エネルギー安全保障の観点からは、シェールガスが順調なうちは大丈夫なのでしょう。しかし、ロシアや中国が国家として原子力に非常に力を入れていますから、側近らが原子力においても米国のリーダーシップを発揮していこうとしていることは間違いありません。トランプ大統領は「依存度を限りなく減らしていく」というような発言はしていません。間違いなく米国は今でも世界最多の原子力発電利用国家です。

さらに昨今、流行りの小型モジュラー炉というコンセプトを世界に先駆けて創成した元祖です。マイクロソフトの創業者のビル・ゲイツ氏が、「地球温暖化を防止する取り組みにおいて原子力は理想的だ」と明確に指摘しています。そのことは２０１８年12月29日付けの自己のブログの中で表明しており、再生可能エネルギー源による発電コストが低下していくのは喜ばしいことですが、「間欠的」であると断言しています。クリーンな電力源としては、原子力だけが1日24時間の利用が可能であり、発電規模の拡張縮小が可能であるとしています。現時点で問題となっている事故の発生リスクも、技術革新によって解決できると説明しています。温暖化を食い止めるため、世界は数多くの解決策に取り組む必要があるが、先進的原子炉もそのひとつであるとゲイツ氏が強調しているのです。

テラパワー社が進行波炉（Travelling Wave Reactor：ＴＷＲ）という１００年も燃料補給しないでも使い続けられる原子炉の開発を行っています。ビル・ゲイツ氏は、このＴＷＲに多額の資金援助をしてきています。かつては中国がこの計画に非常な関心を寄せていましたが、米中貿易戦争の煽りを食らって、いまは中国とは袂を分かっています。日本に再び協力の誘いをかけているようです。ＴＷＲのそもそものコンセプトは、東芝などが１９９０年代頃から創成した４Ｓ原子炉という小型炉にありました。この炉は、小型で安全性を高め、超長期に利用ができて、核防護つまりテロ対策の面からも極めて優れていることが特徴です。ビル・ゲイツ氏は、かつてこの４Ｓ炉へも非常に大きな関心を寄せていました。

米国内の原発に対する関心は、このように今や上昇気運なのです。安定供給、経済効率性の向上、環境への適合、そして安全性の向上の観点からしても昨今はＳＭＲが注目されています。その理由としては、いま世界に広がっている大型の原子炉（１００万キロワット級以上）は1台あたりの建設コストがとても高いことが挙げられます。また、その建設期間が短くても6年という長期にわたり、投資環境が必然的に悪くなります。つまり、国家が資金を出しでもしない限り投資対象としての先行きが極めて不透明になってしまいます。

元祖SMR国である米国にあっては、エネルギー省がニュースケール社に強力にテコ入れし、小型モジュール炉の開発を一緒に進めています。そして、規制当局である米国原子力規制委員会（NRC）は、ニュースケール社のイノベーション原子炉に対して規制を合理化しました。

NRCは『過度な規制負担を課すことなく、安全、セキュリティ、環境保護のミッションを実行するうえで、効果的かつ効率的である必要がある』と公言しています。実にスマートな考え方ですね。これは、脱原発に邁進する日本の原子力規制委員会にあっては考えられないことです。残念なことです。今や規制の行き過ぎにより、日本は原子力後進国に転落しようとしていると言わざるを得ません。

ジェネラルエレクトリック社と日立が進めるBWRX（30万kW）というSMRがあります。コストが安いこともあって英国が関心を寄せているようです。今のところ、どのタイプのSMRが市場の主役になっていくのかはわからない状況です。

2019年3月28日、米国議会上院で、前日に超党派議員15名が「原子力エネルギーリーダーシップ法（NELA）案を提出しました。そのことを大変歓迎するとビル・ゲイツ氏は

図10-5　米国規制当局が推進するNEXIPの３つの構成要素

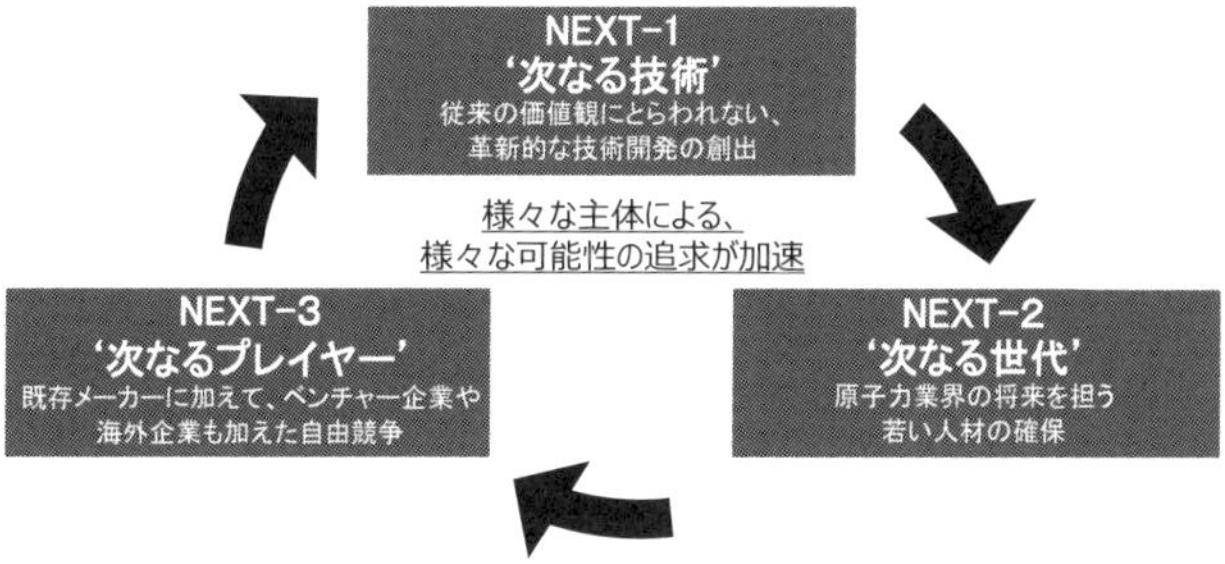
NEXT-1
'次なる技術'
従来の価値観にとらわれない、
革新的な技術開発の創出
様々な主体による、
様々な可能性の追求が加速
NEXT-3
'次なるプレイヤー'
既存メーカーに加えて、ベンチャー企業や
海外企業も加えた自由競争
NEXT-2
'次なる世代'
原子力業界の将来を担う
若い人材の確保

出典：経済産業省

表明しました。

米国の原子力規制当局であるＮＲＣは「ＮＥＸＩＰ」(Nuclear Energy × Innovation Promotion) と称して、次世代の原子力技術開発の検討を進めています。これも脱原発に邁進している日本の原子力規制委員会・原子力規制庁にあっては考えられないことです。

ＮＥＸＩＰは将来に向けての原子力の発展とより安全な利用の実現のために、３つの中心課題を挙げています。それは、①次世代技術の創出、②次世代技術を担う人材の確保、③原子力イノベーションを促進する次なるプレイヤー(ベンチャー企業など) の発掘です (図10 - 5)。

次世代の原子力技術
—第４世代の原子力は日本が発祥—

ここまで話してきた原子力技術は主に〝第３世代＋〟といわれるものです。昨年中国で運転開始したＡＰ１０００

図10-6　将来世代の原子炉〜第4世代の原子炉〜

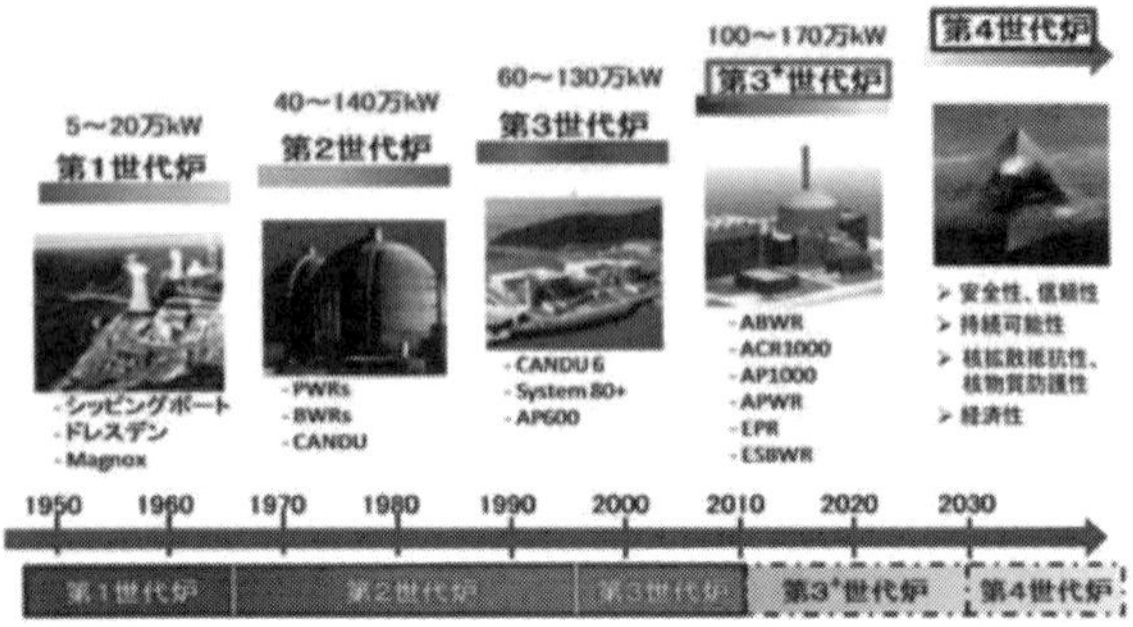

出典：経済産業省

というのが、その代表的なものです。

私たちが目指している次世代のものは〃第4世代〃の原子炉技術です。第4世代では、安全性や経済性の向上に加えて、持続可能性や軍事転用ができない性質（核拡散抵抗性と言いますが）などが要求されてきます。持続可能性とは、まさに第1章で説明しましたSDGsへの適合性が問われるわけです（図10-6）。

そもそも第4世代の原子力開発の基礎を拓いたのは日本の原子力研究者たちでした。東京工業大学の藤家洋一氏らが1990年代初頭に『自己整合性のある原子力システム』というコンセプトを築き上げたのがそれなのです。

この自己整合性のある原子力の概念（註：著者）が、1997年より2003年まで通算5回米国で開催された通称〃サンタフェ会議〃によって日米間で共有されたのです。そして自己整合性こそが第4世代の原子力に備

図 10-7　米国エネルギー省による原子力発電の導入見通し

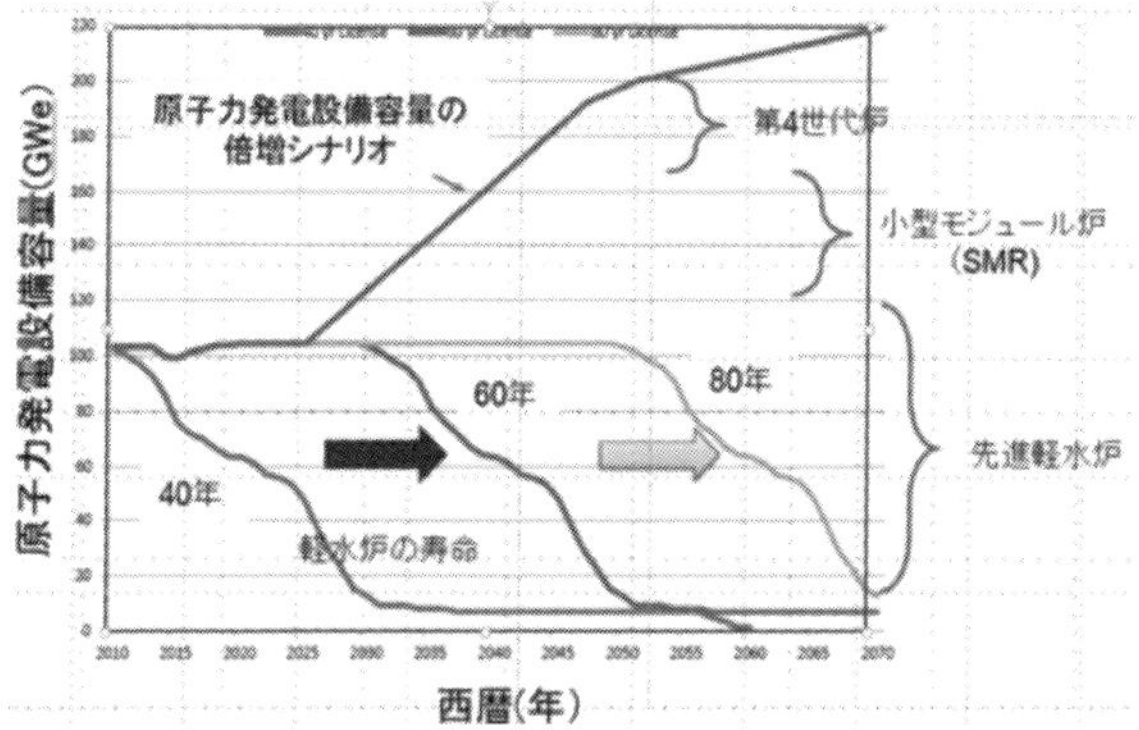

出典：東京都市大学工学部原子力安全工学科

わるべきだとされたのです。原子力基本法で原子力は平和利用に限るとしている被爆国日本であるからこそ、着想できたのが自己整合性のある第４世代原子力のコンセプトなのです。

以上で見てきましたように、世界は小型モジュラー炉やＳＤＧｓへの適合性がより高い第４世代原子炉の開発に着実に向かっています。このような動向のもとに、米国のエネルギー省は図10‐7のような将来炉の導入戦略を描いています。

これによれば、２０３０年から２０４５年頃までは小型モジュラー炉の導入に注力し、その後は第４世代炉の導入にシフトしていくという筋書きです。

世界の高速炉開発はいまどうなっているのか？

第４世代原子炉には、６つのタイプがノミネートされています。第４世代原子炉は、ＳＤＧｓへの適合性の観点、特に資源の持続的な利用ということからすれば、核燃料サイクルと一体化した高速炉でしかあり得ません。このうちで、実用化に向けて研究開発が進んでいるのが液体ナトリウム冷却高速炉です。6つの候補には、高速ガス炉や溶融塩炉もあります。これらは有用な研究対象ではありますが、その実現性はきわめて乏しいのです。

第4世代原子炉の6つの候補のうち、これまでに実際に登場し発電をしたことがあるのは液体ナトリウム冷却高速炉しかありません。

日本で言えば、つまらない経緯で廃止に追い込まれつつある高速増殖炉「もんじゅ」こそが、いま諸国がしのぎを削って開発の先陣を切ろうとしている液体ナトリウム冷却高速炉なのです。

日本のエネルギー事情、世界の原子炉開発の趨勢を見れば、「もんじゅ」廃止という選択は実にMOTTAINAI（もったいない）ことであり、愚かな選択だというほかありません。

さて、主要な国々の高速炉開発の現場と将来展望を見ていきましょう。

主要国の高速炉開発の現状と将来展望

ロシア

ロシアは、原子力を最も経済的なエネルギー供給システムと位置づけています。総合的に見て、現時点で世界中で最も進んだ原子力国家です。そのことは特にナトリウム冷却高速炉の開発において如実に現れています。原子力の開発当初からナトリウム冷却高速炉の開発も軽水炉と同様に進めてきています。そして、その実験炉の段階から小規模ながら発電も行っています。現在、実験炉BOR60（1・2万kWe）、原型炉BN600（56万kWe）、実証炉BN800（78・9万kWe）の3基が運転中です。

ロシア連邦政府は、2010年に定めた「連邦目標プログラム：2010年より2015年の期間、さらに2020年までの見通しを含めた新世代原子力技術」というプログラムに沿って原子力開発を進めています。このプログラムの目標は、ロシアのエネルギー需要を確保し、天然ウランと使用済み燃料の利用率向上を確保する原子力発電所の開発にあります。そのために、ロシアで自主開発をした加圧水型軽水炉と、燃料を使い捨てにしない〝閉じた核燃料サイクル〟を持つ高速炉を開発することにしています。

その後、2017年にロシア政府は、ロシアの一人当たりの年間のエネルギー消費量を将来的に欧米並みに倍増させるためには、原子力発電設備容量の増大が必須であるとしました。そして、国内の主力となる原子力発電を、ロシア製加圧水型軽水炉（PWR）のVVERとナトリウム冷却高速炉であるBNの2炉型とすることを方針として決めました。これを、軽水炉と高速炉からなるサイクルシステム「2コンポーネントシステム」と呼んでいます（図

図10-8　熱中性子炉と高速炉からなる核燃料サイクルシステム：
2コンポーネントシステム

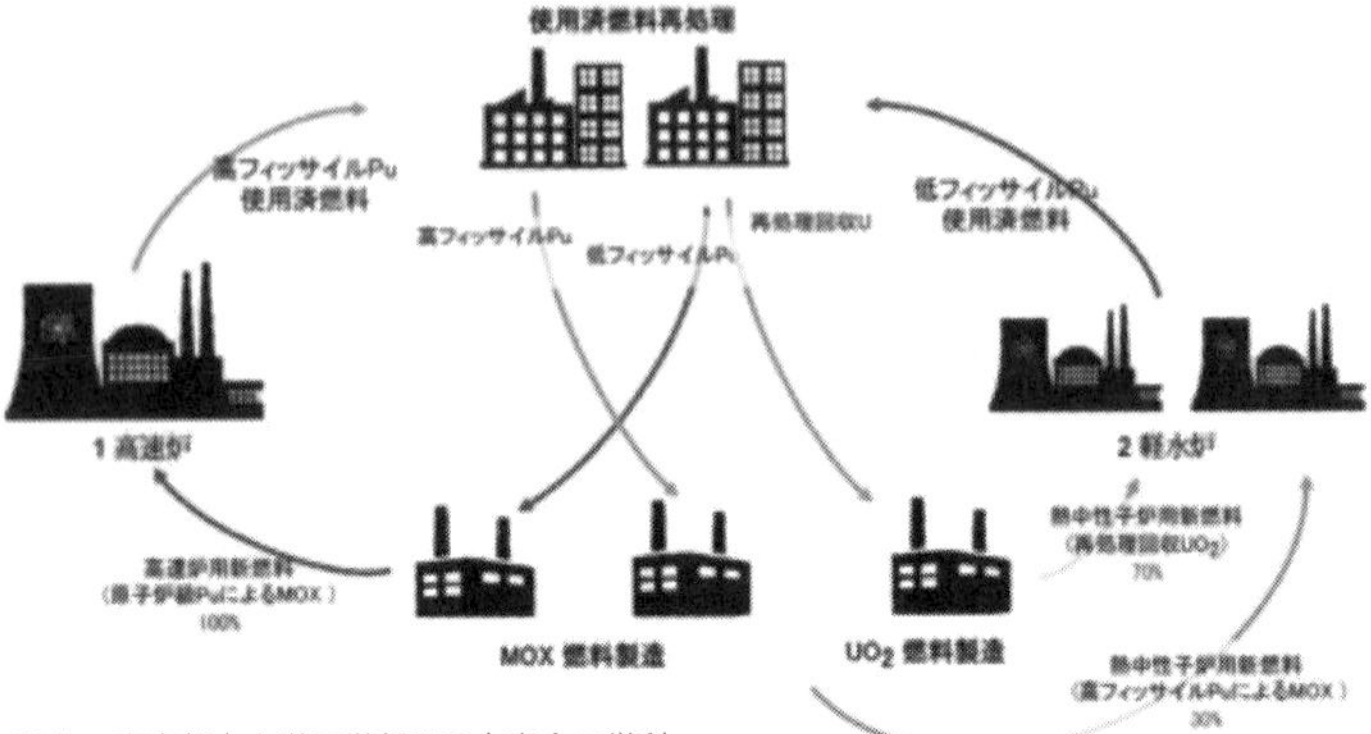

出典：東京都市大学工学部原子力安全工学科

10-8)。

これは軽水炉と高速炉の共生方式として、ロシアが自らの手中にある先進技術をフルに生かしたとても実利的な考え方になっています。この実現には、ロシアがまもなく実用化しようとしている高速炉BN1200が重要な役割を果たします。この共生方式により、使用済み燃料や回収プルトニウムの余分な蓄積が大きく抑制されるようになるはずです。VVER1200（軽水炉）とBN1200（高速炉）の2つの原子炉を建設することにより、現在28GWeある原子力発電設備容量を2030年に35GWe、2050年に52GWe（そのうち高速炉約20GWe）、2100年に120GWe（そのうち高速炉約90GWe）まで増強するという野心的な目標を掲げているのです。120GWeは大型原子炉（1GWeつまり電気出力100万キロワット）120

図10-9　ロシアの高速炉と軽水炉の共存方式による導入量

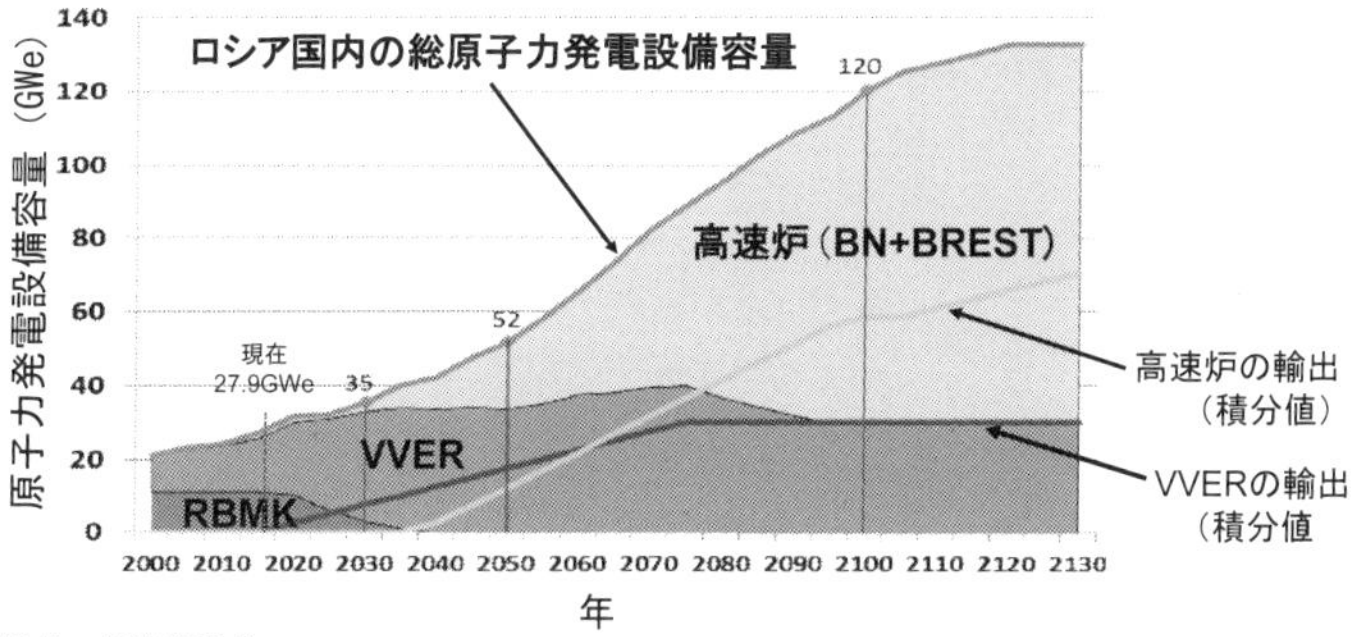

出典：経済産業省

基分に相当します。ロシア国内での建設と並行して、同規模のＶＶＥＲ１２００とＢＮ１２００を海外に輸出することも計画しています。ロシアでのＶＶＥＲとＢＮの設計、建設、運転経験は、今後急速に増大していくのは間違いないでしょう（図10－９）。

このようにロシアでは、独自の技術を基に高速炉の実用化に向けた開発が着実に進められているのです。

中国

中国では、中長期の原子力発電の見通しとして、中国工程院が２０１１年２月、「中国能源（エネルギー）中長期（２０３０～２０５０）発展戦略研究」を公表しました。エネルギー需要の大幅な拡大に備えて、原子力発電容量を現在の35ＧＷｅから２０２０年に70ＧＷｅ、２０３０年に２００ＧＷｅ、２０５０年に４００ＧＷ

図 10-10　中国の原子力発電の増強計画
[中国原子能科学研究院（CIAE）の試算（高速炉の高導入ケース）]

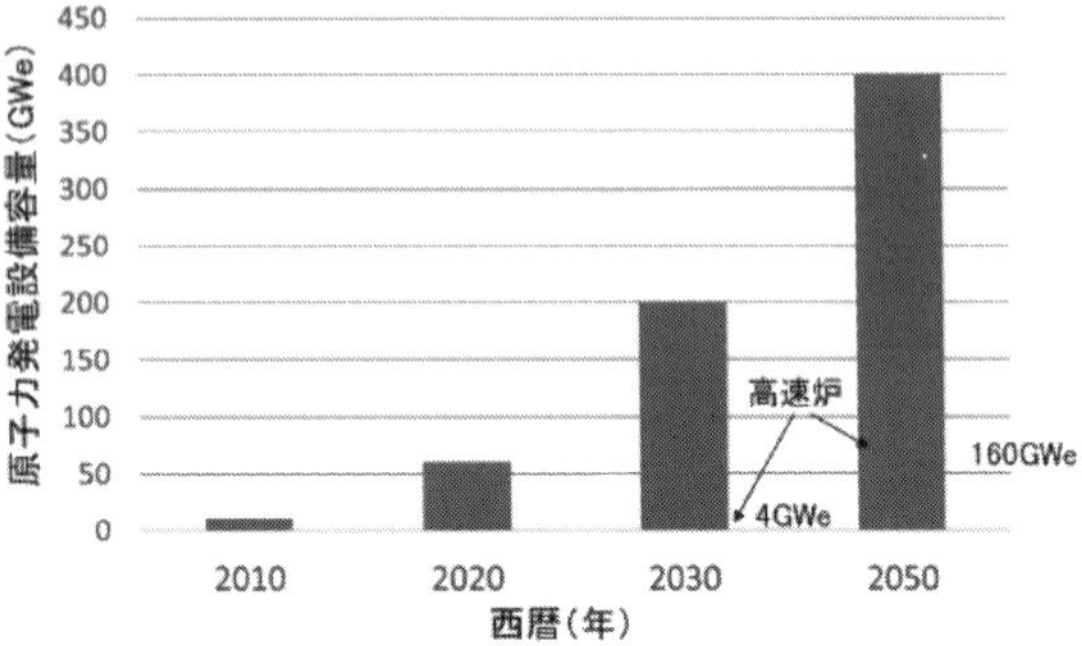

出典：東京都市大学工学部原子力安全工学科

ｅまで増強する計画です。１ギガワットは１００万キロワットで、大型原子炉１基に相当しますから、２０５０年までに４００基にまで増やそうという壮大な計画です。２０１９年時点で世界にある原子炉の総数が４４３基ですから、これはもう大変なことです。

なお、この開発計画の策定直後に発生した福島第一原子力発電所事故により、２０２０年の原子力発電容量の開発目標値は58ＧＷｅへ縮小されましたが、２０３０年、２０５０年の開発目標値は変更されていません。

中国原子能科学研究院（ＣＩＡＥ）は、２０３０年頃にナトリウム冷却高速炉を実用化し、２０５０年には原子力発電容量の約４割である１６０ＧＷｅを高速炉が担うと試算しています（図10-10）。

また、中国政府は、クリーンエネルギーである原子力産業をハイテク戦略産業と考えています。ですから、原子力産業の国際競争力を高めることは重要な国家目標になります。

習近平国家主席が提唱した「一帯一路」（陸と海のシルクロード）戦略に従って沿線国家に華龍（軽水炉ＡＰ１０００）などの国産化した軽水炉を積極的に輸出していく準備を着々と進めています。

しかし、ハイテク戦略における原子炉の本命は、ナトリウム冷却高速炉であると明確に位置付けています。軽水炉はあくまでもつなぎの技術であって、本命ではないのです。

しかも、燃料としてのプルトニウムを増殖する高速炉を実用化し、自国のみならず世界に売り込んでいくことを本気で考えています。

実験用の高速炉ＣＥＦＲが２０１４年に定格出力運転を開始しました。これは実験炉ですが、２万ｋＷｅの発電も行っています。ロシアからの技術輸入により建設されたものです。現在、中国の自主技術によって開発された実証炉ＣＦＲ６００の建設が２０１７年12月以降急ピッチで進んでいます。２０２３年の試運転開始を目指しています。

このＣＦＲ６００には、世界も驚く機能が盛り込まれるようです。ＣＦＲ６００は、60万ｋＷｅとやや中程度の発電規模です。ところが、前節から何かと問題にして書いてきました〝第４世代炉〟としての設計要求上の機能を満足するような原子炉になっているというのです。第４世代原子炉の開発を具体的かつ明確に謳っているのは、これ以外に今のところ聞いたことがありません。

実用炉CFR1200（120万kWe）については、現在その概念や設計が行われている最中だそうです。ところが、間もなく来年2020年に建設にゴーサインを出して、2035年頃の運転開始を目指しているというのです。このように、中国は、とても短期のうちに急ピッチでロシアに追いつき追い越していこうとしているのです。

インド

インドの原子力委員会は、国内にトリウム資源が豊富に存在するため、「ウラン‐トリウム（U‐Th）サイクル」を将来的に実現することを目指しています。これは、インド独自の三段階の開発方式で1950年代に策定されたものです。今でもこの計画に沿って開発を進めています（図10‐11）。

第一段階では、天然ウランを燃料とする重水減速加圧重水冷却炉（PHWR）で発電をしつつ、劣化ウラン（U238）から核燃料になる核分裂性の高いプルトニウム（Pu239）を生産します。

第二段階では、PHWR（及び軽水炉）の使用済み燃料を再処理して回収されるプルトニウムを基に高速炉を運用します。そして、核燃料サイクルを確立し、原子炉の数の大幅な増

図 10-11　インドの原子力開発計画（三段階方式）

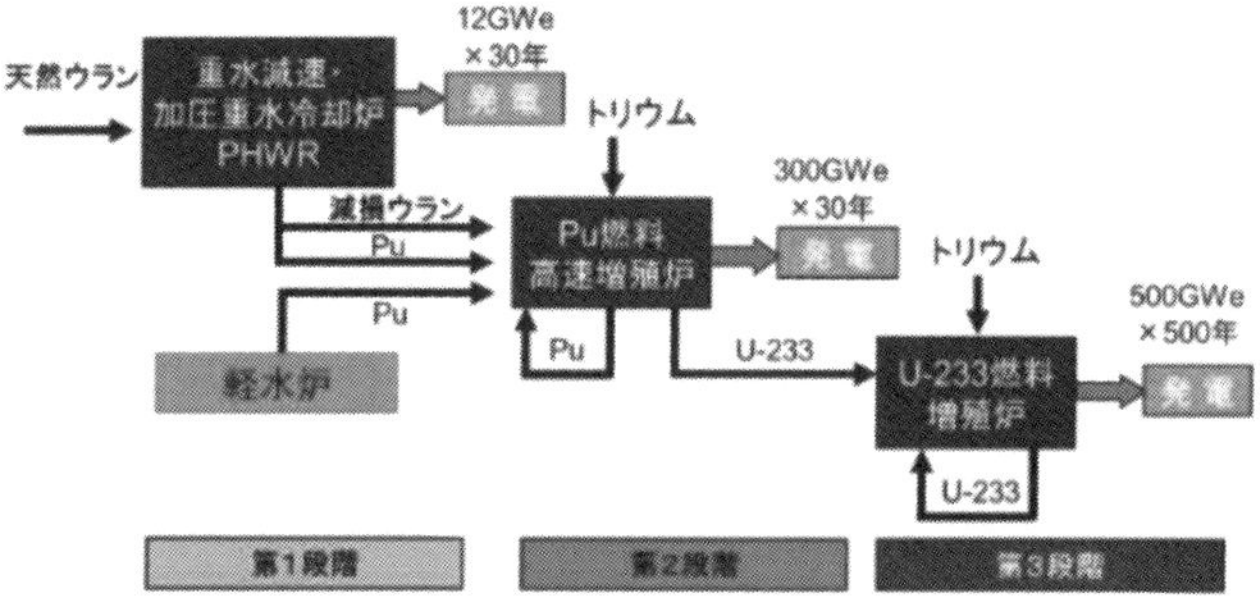

出典：東京都市大学工学部原子力安全工学科

大を計画しています。

第三段階では、高速炉の炉心の外辺部分にトリウム（Ｔｈ２３２）を装荷して核分裂性の高いウラン（Ｕ２３３）を生産します。それを回収して、新型重水炉（ＡＨＷＲ）などで利用することで長期にわたる安定した原子力発電を達成することを目指しています。

インド原子力庁（ＤＡＥ）が２００４年に策定した「電力成長戦略」では次のように書かれています。

「インドの生活水準を先進国並みに向上させるためには、一人当たりの年間電力消費量を今後約50年間で1桁増大させる必要がある。エネルギー安定供給と環境負荷低減を考えると原子力発電の大幅な増大が必要であり、さらに国内の資源的制約を考えると高速炉の大幅導入が不可欠である」

そして、目標とする原子力設備容量を図10‐12のように示し、次のように高速炉開発に大変な意欲を示しています。

図 10-12　インド原子力庁の原子力導入戦略（2008 年）

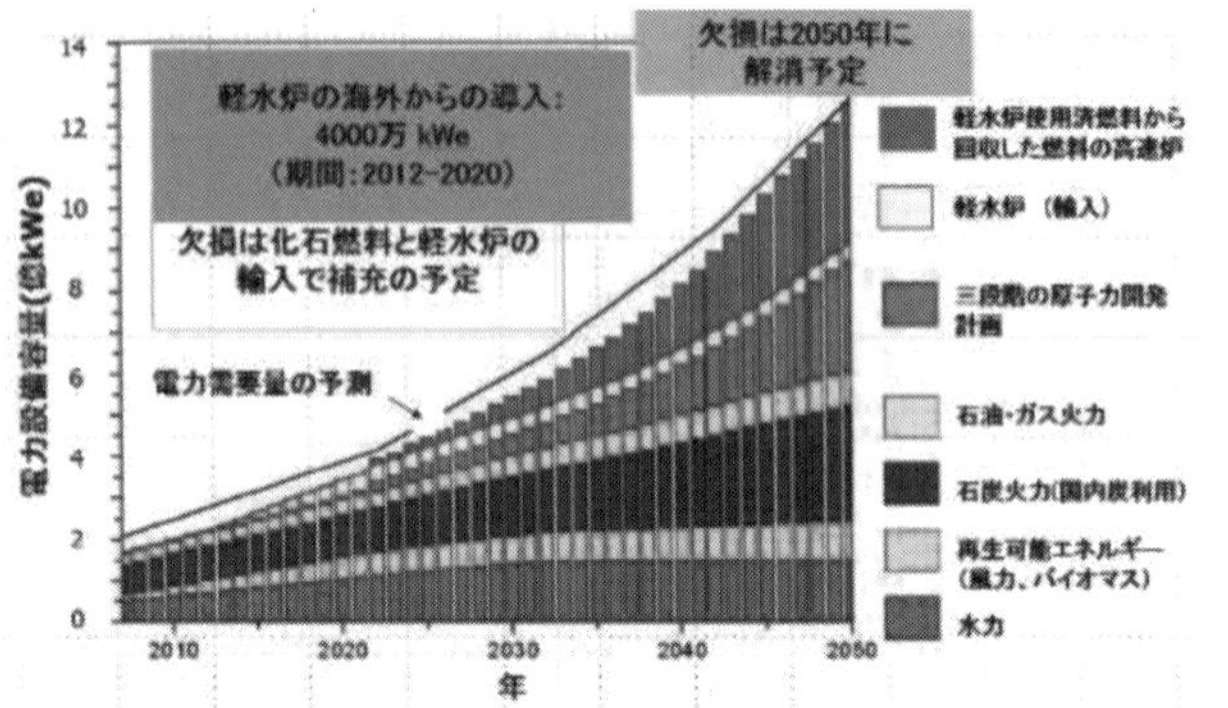

出典：東京都市大学工学部原子力安全工学科

「２０２２年までに29ＧＷｅ、２０３２年までに63ＧＷｅ、２０５２年までに２７５ＧＷｅ（２０５２年の全発電設備容量約１３００ＧＷｅの20％相当）を導入し、その大半を高速炉で賄いたい」と記しているのです。

その後の状況の変化もあって、これまでは海外から輸入できなかった濃縮ウランが解禁されました。それに加えて、大型軽水炉を輸入することも可能となってきたのです。そして、上記の計画の見直し検討が行われた結果、軽水炉の使用済み燃料をインドで再処理し、回収したプルトニウムとウランを高速炉でリサイクルする道が開けてきました。同時に、２０５０年頃の電力設備の半分を原子力で賄うという可能性も示されています。２０１８年時点で、インドの原子力発電比率はわずかに３・５％にすぎませんから、これはとても野心的な見通しです。

急速な経済成長と人口増加のために、一次エネルギー消費量が急増しています。2016年CO_2排出量は中国、米国に次いで世界第3位となっています。そのため、環境負荷低減に向けてインド政府はCOP21で、2030年までにGDP当たりのCO_2排出量を2005年比で33〜35％削減する自主目標を発表しているのです。当面の対応として、欧米露から大型軽水炉約40GWeを輸入し、自国開発してきたPHWR（0・7GWe）を12基とナトリウム冷却高速炉（0・6GWe）を6基建設することが計画されています。

フランス

フランスは歴史的に見て、英米や日本とともに原子力の開発を牽引してきた主要国のひとつです。原子力を基幹エネルギーで輸出戦略上も重要な産業と位置づけています。核燃料サイクルとセットになったナトリウム冷却高速炉を将来の原子力の本命としている点は他国と変わりません。いや、そのことを最も早く世界に先駆けて1990年代に実証炉の段階にもっていった実績があります。実験炉ラプソディ、原型炉フェニックス、実証炉スーパーフェニックスの設計、建設、運転を通じて、今のところ世界に比肩するものがない豊富な経験を有しています。

ところが、1998年の実証炉スーパーフェニックスの閉鎖にともない、ナトリウム冷却高速炉の開発は一時中断されました。しかし、２００６年の大統領宣言に基づき、その開発を再開し、２０１０年から工業的実証を目的とした第４世代炉ＡＳＴＲＩＤ《アストリッド》の開発が進められてきています。

ところが、２０１７年末にフランス政府は、高速中性子炉の実用炉導入の必要性は現在のウラン市場の状況に鑑みると、それほど緊急ではないとし、フランス原子力・代替エネルギー庁（ＣＦＡ）にＡＳＴＲＩＤ計画の見直しを求めました。

そして、２０１９年1月に発行された「エネルギー多年度計画（ＰＰＥ）」において、ＡＳＴＲＩＤ計画は２０２０年以降、事実上骨抜きにされてしまう雲行きになっています。ＡＳＴＲＩＤかどうかは不透明ですが、実際の高速炉の建設の意向はあるようですが、当面は研究開発を中心に取り組んでいくという実にボンヤリした方針に様変わりしています。現在でも、日仏で実用化の研究はしていますが、内実の伴わない協力であって、その先行きはなんとも不透明です。

なお、一応名目上は、既存の「第2世代」の軽水炉を、順次「第3世代＋」のタイプの軽水炉であるＥＰＲに置き換えていくとしています。そして、２０７０年頃に「第4世代」のナトリウム冷却高速炉に置き換えていくというのです。しかし、過去10年ほどのこの国の経緯を見ていますと、計画はあってなきに等しいと思います。政権交代によって原子力政策は大きくブレるのです。ロシアや中国に追い抜かれて、大きく水を開けられるのは間違いないのでしょう。

なお、２０１５年7月に「グリーン成長のためのエネルギー転換法」が成立し、２０２５年までに原子力発電量比率を50％へ削減するとしていましたが、上記エネルギー多年度計画にて、削減までの期間が10年延期され、２０３５年までにとするように見直されました。

この国が一体何を目指しているのかは、ドイツ同様にまったくもって理解不可能です。

日本

そしてさらに理解不可能なのが日本です。

日本はエネルギー安全保障の観点から、１９６０年代から一貫して高速炉サイクル開発を国策として進めてきています。なぜならば、ともかくも私たちの国日本は、エネルギー資源の乏しい国だからです。高速炉サイクルは軽水炉とは違って、新たな燃料であるプルトニウムが作れるという点がとても魅力です。ここまで見てきたように、これから高速炉でリーダーシップを争っていこうというロシア、中国、インドも皆同じことを目論んでいます。軽水炉では、使い捨てにしてしまう劣化ウラン（Ｕ２３８）が新たな燃料プルトニウム（Ｐｕ２３９）として蘇るのです。これはＳＤＧｓの観点からも、是非とも着実な技術として獲得したいものなのです。日本では、１９７７年に実験炉「常陽」が、１９９４年に原型炉「もんじゅ」が臨界に達しました。

ところが、「もんじゅ」は、１９９５年12月に2次冷却系配管でナトリウム漏えい事故を起こしてしまいました。その後の運転再開のための改良工事を経て、２０１０年5月に再起動しました。しかし、炉内中継装置の落下トラブルにより、同年8月に再度停止されてしまいました。

この間、２００６年からは「高速増殖炉サイクル実用化研究開発（ＦａＣＴ）プロジェクト」が実施されました。その目標は２０２５年の実証炉建設、２０５０年頃の実用化です。そのために、どのような技術開発が必要なのかということが広範に検討されていたのです。そこでは、安全性と経済性の向上に加え、環境負荷低減つまり放射性廃棄物の減容が重要項目として加えられました。そして、２０１１年4月からの実証炉の概念設計と主要な技術の実証試験を開始していく計画でした。

その直前の２０１１年3月11日に発生した東日本大震災による巨大津波によって、東京電力の福島第一原子力発電所の1号機から3号機の全電源が喪失してしまいました。福島県の住民のみならず日本国民に及ぼした影響は甚大なものがあり、それ以降、国内の脱原発の世論がとても高まりました。その状況を受けて、高速炉の実用化研究開発計画は凍結されることになりました。

その結果、高速炉の研究開発は、第4世代炉国際フォーラム（Generation-IV International Forum：ＧＩＦ）の場での安全性向上の研究開発に注力するようになりました。そして、２０１４年より、フランスの実証炉開発計画（ＡＳＴＲＩＤ）の協力を通じて、高速炉の実用化に向けた研究協力や設計情報の交換などが行われています。実際にモノづくりをするのではなく、机上の研究、つまりペーパーワークをしていくしかないというのが、悲しいかな現状なのです。

元原子力規制委員長・田中俊一氏らによる〝もんじゅ〟への勧告に端を発し、２０１６年末の原子力関係閣僚会議では、「もんじゅ」を廃止措置にする政府方針と、今後の開発方針を示す「高速炉開発の方針」が決定されました。

「高速炉開発の方針」には、高速炉開発のこれまでの蓄積や昨今の状況変化を踏まえて高速炉開発の4つの原則が示されました。また、開発の「ロードマップ」を策定して工程を具体化することと、開発体制を確立することが明記されました。これを受けて、高速炉開発に関わる関係5者のトップで構成される高速炉開発会議の下に、戦略ワーキングが組織されました。ワーキンググループは、内外の開発動向や環境変化を踏まえて、２０１８年末に、戦略ロードマップを取りまとめ公表しました。

原則論とモノづくりに繋がりそうにもないロードマップの作成——空論に堕したと言えるのが、日本の高速炉開発の現状です。
私は旧動力炉・核燃料開発事業団（動燃）の関係者や政府のもとで政策立案と実施に携わってきた方々、そして現役の研究者などにさまざまな角度からインタビューをしましたが、どこに本気度と実力があるのかはまったく見えてきませんでした。

米国
米国は、原子力をエネルギー・ミックスの主要技術と位置づけており、高速炉についても研究開発が進められています。ナトリウム冷却高速炉については、1950年代からEBR—2、フェルミ炉などの実験炉の設計、建設、運転などにわたって多くの経験がありますが、現在、運転している高速炉は一切ありません。
2015年8月、オバマ大統領は「クリーン・パワープラン」を発表しました。その最大のポイントは、老朽化した石炭火力のリプレースなどにより発電所からのCO_2排出量を2030年までに32％（2013年度比）削減するという目標を掲げたことです。その一環として、2015年11月に設立された「原子力の技術革新を加速するゲートウェイ（GAIN）」では、民間企業が先進原子炉を開発するために必要となる技術・規制・財政に関して、政府が積極的に支援するという方針が打ち出されたのでした。

これは画期的なことです。日本の政府もぜひこの米国の事例を範として、民間企業にテコ入れしていただきたいものです。

ところが、日立の呼びかけにも関わらず英国への原発輸出に対して、政府がなんら支援を打ち出さなかったことは耳目に新しいところです。日本政府には原発産業への新規参入、そしてベンチャー投資の対象として原発産業を魅力あるものにしていく義務があるのではないでしょうか。

その後、米国エネルギー省（ＤＯＥ）は、２０１７年1月に「先進炉開発のビジョンと戦略」を発表し、既存軽水炉の寿命延長（60年または80年）、新型の大型軽水炉、小型炉、先進炉（第4世代炉）を組み合わせて、２０５０年までに原子力発電設備容量を倍増するとしています（図10－7）。

トランプ政権は、パリ協定からの離脱を表明しましたが、まだ具体的なプランは発表していません。ただし、原子力の開発と利用は進めていくことが政府の方針として具体的な施策とともに鮮明になってきています。このことは見逃してはならないと思います。

この章で詳しくお伝えしました世界の原子力開発の現状と将来展望について、皆さんにご理解いただきたかったことをまとめると次の3つに要約できます。
・ひとつは、原子力の利用を進めていく限り、軽水炉の世界から高速炉の世界へと必然的に推移していくということです。
・2つ目は、高速炉の開発をエネルギー戦略の要としているロシア、中国、インドは高速炉の開発ステップを急速に駆け上がろうとしているということです。
・最後に、日本の研究者がその概念を創成した〝第4世代の原子炉〟のベースになるのはナトリウム冷却高速炉がゆるぎなき本命なのです。そして、中国はまもなくその第4世代であるための要求事項を満たす原子炉を世界に先駆けて開発する——ということです。

日本は、軽水炉に限らず高速炉の研究開発は今おやすみ状態ですが、果たしてこのままでよいのでしょうか。

国内の脱原発の世論の高まりにより、日本がこれまでに築き上げてきた原子力技術は今や世界の中で取り残され衰退の一途を辿っています。いずれにしても脱原発しない世界の中で、果たして日本は豊かさを保って生き延びていくことができるのか、危機感を共有していただきたいと思います。

第11章

太陽光発電や風力発電の抱える大問題

太陽光も風力も20%で頭打ち。
全電源が再生可能エネルギーになる日は来るのか?

停電はなぜ起こるのか？

再生可能エネルギー100％は、本当に安全で美しい私たちの未来なのでしょうか？それを考えるために、まず、電力の安定供給についてみていきます。

電力の安定供給のためには、停電が最大の敵です。停電を防ぐためには、時々刻々変化する需要（消費）と供給（発電）の状況に合わせて、常に需要量と供給量がバランスを保つための高度なシステムが必要になります。需要量とは、家庭の電気やオフィス街や工場などで必要とする電気です。これは時々刻々変化します。朝になれば、各家庭で一斉に室内灯、テレビ、炊飯器などの電化製品が動き始めます。また、9時頃にオフィスアワーが始まれば、会社の電気の需要が一気に増え始めます。

このように利用する側が必要とする電気量に合わせて、発電所から電気を運んでいって供給するわけです。

時々刻々変化する状況に合わせて、常に需要量と供給量がバランスを保つためには、高度なシステムと熟練した人の技が必要不可欠です。

電気それ自体は、揚水や電池を除けば、水や灯油のように貯めておくことができません。要するに、発電所で作った電気は即座に家庭やオフィスに届けるほかないのです。一年中毎日24時間絶え間なく発電して、時々刻々変化する利用者のニーズ（需要量）に合わせて適切な量（供給量）を届け続けなければなりません。

この需要と供給のバランスが崩れると、送電網システム内の電気は不安定になり、システムダウン、つまり停電になってしまいます。

発電所からは変電所などのいろいろな施設を経由して家庭や工場、オフィスに滞りなく電気が届けられる仕組みになっています。需要量と供給量を予測し、計画を立てて、刻々変化する状況を見ながら、滞りなく電気が届くように監視しています。そういう役割を果たしているのが、中央給電司令所というところです。

需要量に対して供給量が不足すると停電になるのは比較的わかりやすいですが、実は供給量が多すぎても停電になります。

不安定電源のための平準化

太陽光発電や風力発電は天候や風況という自然の変化に左右されて、時々刻々発電量が変動します。したがって、変動電源とか不安定電源と呼ばれます。

これを補うためには3つの方法があります。ひとつ目は、①揚水発電所に貯める方法です。2つ目は、太陽光発電量が変動して足りなくなった分を、②火力発電によってバックアップして補う方法です。３つ目は、③大規模な電池に貯める方法です。そのほかにも、余った電気で水を電気分解し、水素にして貯めこむ方法もありますが、これはあまりにも効率が悪くて現実的ではありません。

現実には、①の揚水発電方式と②の火力によるバックアップ方式が用いられています。しかし、揚水発電はすでに満杯状態ですし、これ以上、揚水発電所を新たに建設して増やしていくことも現実的には不可能です。揚水発電に適した場所がもうないのです。

②の火力発電によるバックアップは、結果的に二酸化炭素を大量に放出してしまいますので、現状において使わざる得えないのはやむを得ないとしても、できれば避けたい方式です。

では③番目の蓄電池はどうでしょうか？　後で詳しく検討します。

太陽光発電や風力発電は、太陽の光や風を受けて発電します。つまり受動的な発電システムです。ですから、時々刻々変化する需要量にはおかまいなしに、自分の都合で勝手に発電して、電気を送電網に送り込んできます。その量が多すぎると停電を引き起こしてしまうので、需給バランスを見込んで場合によっては太陽光パネルを送電線に接続しないようにしています。これを「接続制限」と呼びます。

図11‐1（口絵参照）は、九州電力で実際にあったある一日の電気の需給バランスを表しています。２０１７年４月30日（日曜日）です。

一番下の緑で描いた量は、原子力、水力、地熱によって安定的に供給される発電量を示し

図11-1　2017年4月30日（日曜日）（口絵参照）

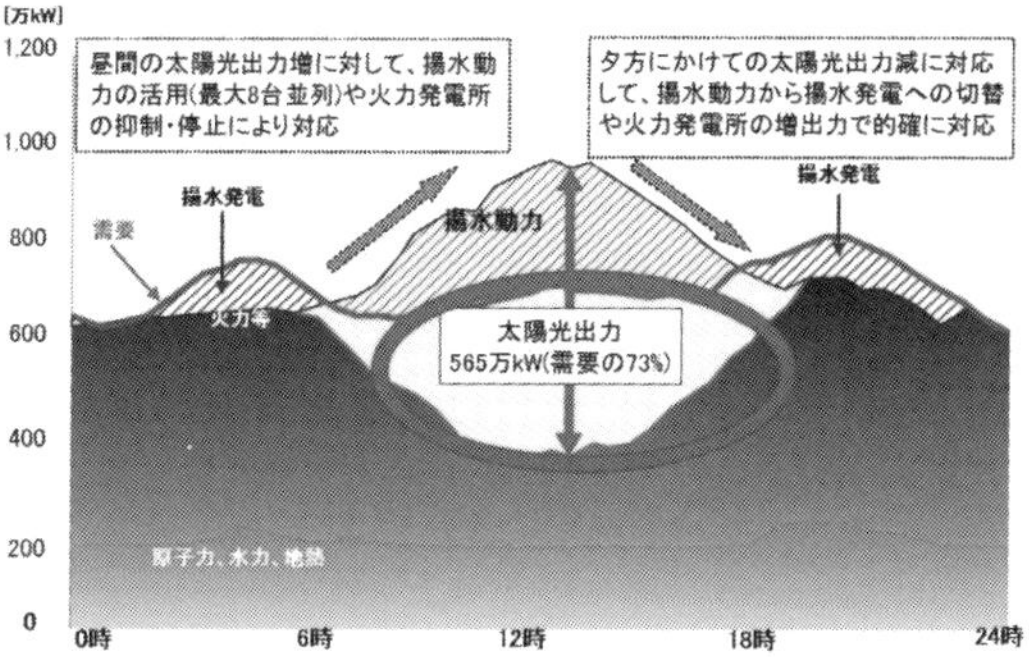

出典：資源エネルギー庁

ています。

一番上の黄色で描かれた量は、太陽光による発電量の変化です。日の出とともに発電量が増えて行き、太陽が南中する頃にピークを達成し、日没とともにゼロに落ちて行きます。

赤い線で示されたのが、実際に必要とされる需要量です。夜明け前のピークは、各家庭で電灯をつけて朝ごはんの準備などの朝の活動が始まることで、電気の需要が一気に高まるからです。夕方のピークも朝のピークと同じ理由です。

注目したいのは、この日は日曜日なので、オフィスや工場など昼間に多量の電力を消費する施設の多くが休みなので、昼間の全電力需要量が朝晩よりも少ないことです。

さて、先ほど述べましたように、発電される電気量が需要量をオーバーしすぎても停電が起こります。したがって、この昼間の〝多すぎる〟太陽光発電の電気は勝手に送電網に侵入してくる危険な厄介者です。なぜなら、そんなにたくさんはいらないから〝欲しいだけください〟とお願いしても、太陽の光に対して〝受け身〟の太陽光パネルはまったくその自由がきかないのです。

では、どうするのか？

3つの方法を組み合わせています。

ひとつは、発電量の調整がしやすい火力発電の発電量を絞り込んで少なくすることです。

もうひとつは、それでもまだ過剰にある太陽光の電気を揚水発電所に送って溜め込むことです。その日に揚水発電に溜め込んだ電気は、その日の夕方や翌朝のピーク時に送電線に送り出していくのです。

そして、それでもだめなら、太陽光パネルの接続を切るしかないのです。

揚水発電はコスト高、それにもう適地がない

図11-2に揚水発電の仕組みを示しました。揚水発電所は、山間部に設置されています。高い方である山側と、低い方である谷川にそれぞれ水を溜め込んだ池があります。昼間、太陽光で余った電気を使って、下池の水を汲み上げて上池に送り込みます。そうして、今度は必要なとき、つまり朝夕に電力需要がピークに達する頃に上池の水を落として発電をします。

火力発電は起動して出力を最大にするまでに、短くて半日、場合によっては数日かかることがあります。一方、揚水発電は起動から最大出力まで２分程度しかかからないのです。ですから、緊急な需要にも迅速に対応できるのです（図11‐３）。

このように揚水発電は非常に便利ですが、充電つまり揚水しなければ発電できないという本質があります。

普通のダムによる水力発電ならば、流水や降雨という自然の仕組みによって放っておいて

図11-2　揚水発電の基本的な仕組み

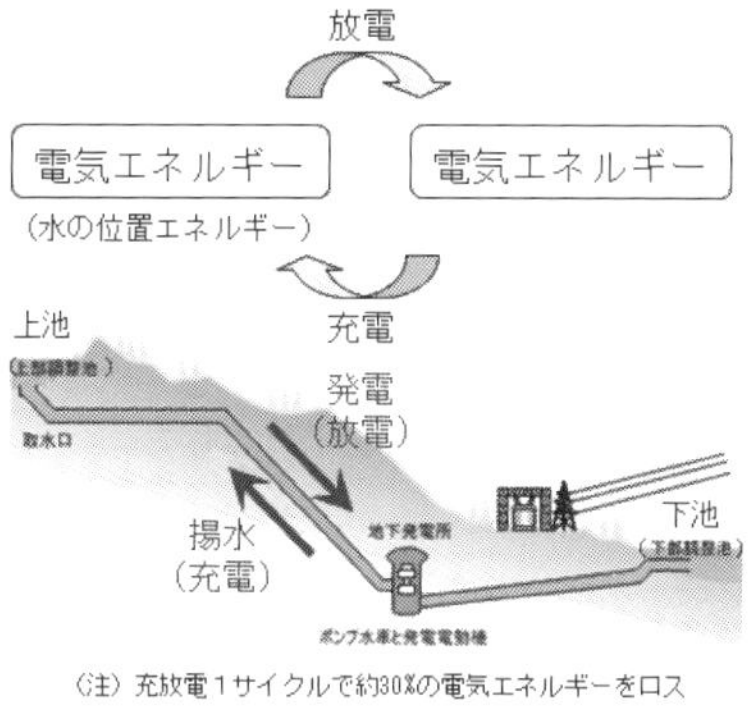

（注）充放電１サイクルで約30%の電気エネルギーをロス

出典：九州電力

図11-3 揚水発電所の実例
（九州の小丸川揚水発電所－山頂に見えるのが上池、谷底の川を堰き止めたダムが下池）

出典：九州電力

もダムに溜まっていった水を落下させて発電します。しかし、揚水発電では、下池の水を人工的な仕組みによって上池に汲み上げます。ですから、自然のダムに比べて汲み上げるコストが余分に嵩むわけです。

そして、揚水と発電の1サイクルで、約30％のエネルギーロスがあります。つまり、この点でもコスト高になります。また、通常は長くても数時間程度で上池の水量が尽きてなくなってしまいますので、長時間の供給力としては期待できません。

歴史的な経緯では、揚水発電所は、そもそもは夜間に原子力発電などで余った電気を溜め込んで、電気が多く必要なピーク時に不足しそうな分を放電して供給を補う目的で建設されました。

揚水発電所の仕組みは、ダムを使った水力発電所の仕組みとほぼ同じですが、そのコストは普通の水力発電に比べて随分と高くなります。その要因は、建設費用がそもそも高いことです。そして、ピーク時の調整用なので、そもそもの設備利用率が低いことがあります。それに加えて、余った太陽光の電力を使うとなれば、その太陽光の買い取り価格もコストに上乗せされてきます。太陽光発電の規模によりますが、九州電力の場合その買い取り価格は、大型の太陽光発電で14～18円／キロワット時、小型の家庭用太陽光発電の場合は26円／キロワット時程度となっています（いずれも２０１９年度）。さらに揚水発電に適した場所も今

図 11-4　太陽光発電の１日の変化

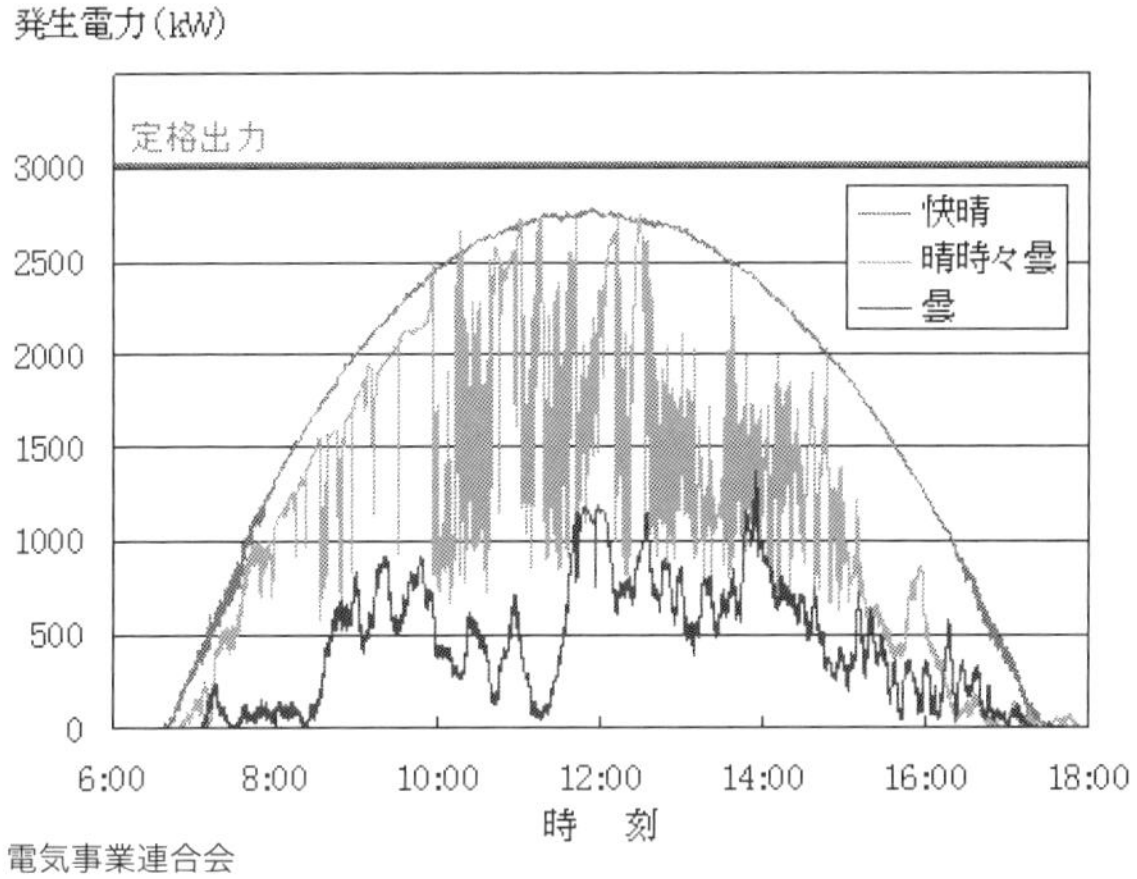

出典：電気事業連合会

やほとんどなくなっていますので、新設はとても難しいのが現状です。

平準化のコストは数千兆円？

さて、揚水発電は１日単位で余剰電力を溜め込んで、次の日の需要のピーク時に放電して使うためにそもそも開発されたシステムです。つまり日単位もしくはせいぜい数日内で電力の余剰と不足を補って〝平準化〟することを目的にしています。

図11‐４は、太陽光の１日の変化の例です。１日中快晴であればまだよいのですが、晴れ時々曇りや曇りの日には発電量が時々刻々変化しています。

太陽光や風況は昼夜や季節によって大きく変動します。このように太陽光や風力などの昼夜や季節によって大きく変動する不安定電源の利用を拡

図 11-5 太陽光発電量の年間変動と供給モデル（新田目倖造「太陽光、風力発電の安定供給コスト」※1）

太陽光や風力の不安定な再エネ電源で１年間に必要とされるすべての電力を賄うとすると、季節による出力の変化を補う必要があります。そのためには、年間の総需要電力量の 10 ～ 15%の蓄電設備が必要になるという分析結果を、新田目倖造氏が日本電気学会の論文誌に報告しました。

新田目氏によれば、これだけの量の蓄電設備つまり蓄電池のコストを含めると、私たちが買い求める電気の値段は、太陽光発電あるいは風力発電単独のコスト単価の数十倍になると分析しました。つまり、仮にいま太陽光単独の発電コストが 20 円／キロワット時だとすると、これに蓄電池の値段も含めれば 400 円／キロワット時以上になります。

総務省の 2018 年の統計※2によれば、４人家族の家庭では、１カ月あたり約１万 2000 円を支出しているようです。ですから、太陽光や風力発電のみで発電した場合、この家庭の１カ月あたりの電気代は、20 万円をはるかに上回ることになります。

家庭だけでなく、会社、商業施設や工場で使っている電気のコストも今の数十倍になるということです。

日本の一年間の総電力消費量は約 1000 テラワット時です。これは、1 兆キロワット時です。そうすると年間の電力需給の平準化のためには、その 10 ～ 15%、つまり 1000 億～ 1500 億キロワット時分の電池が必要になります。

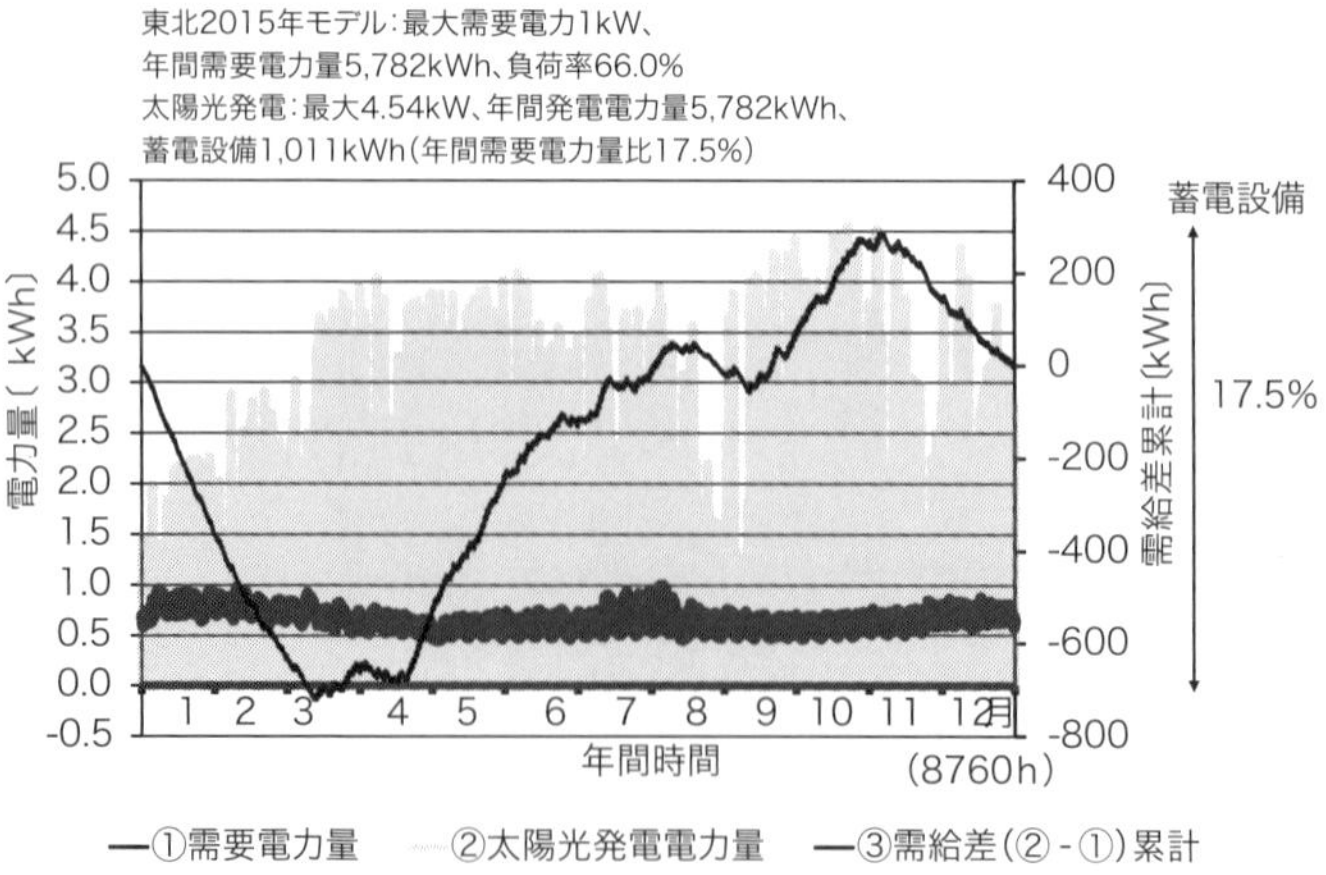

※1　電気学会論文誌Ｂ（電力・エネルギー部門誌）
Vol.138,No.6.pp.451-459 (2018 年 6 月 1 日発行)

※2　https://enechange.jp/articles/average-of-family

表11-1　各種蓄電池の1kWhあたりのコスト

蓄電池種別	1kWhあたりのコスト
鉛蓄電池	50,000円
リチウムイオン蓄電池	200,000円
ニッケル水素電池	100,000円
NAS電池	40,000円

充するためには、年間を通じての〝平準化〟を行うことがどうしても必要になってきます。

そうなると、先に述べた理由で、揚水発電では到底まかない切れません。

図11-5は、東北電力管内における1年間（2015年）の太陽光発電の発電量の変動を表しています。灰色の部分が激しく棘立ちながら変動しています。なお、この図は最大需要電力を1キロワットに圧縮していますので、ご留意ください。

では、蓄電地に貯める場合はどうでしょうか。蓄電池のコストは、経済産業省蓄電池戦略チームがまとめた『蓄電池戦略』（2012年7月）によれば、表11-1のようになっています。最も安価なNAS電池を用いたとしても、その総額は4000兆～6000兆円にもなってしまいます。日本の国家予算（一般会計）の40～60年分です。

世界の国家予算（歳出）は2016年の統計では、2587万5789（単位100万ドル）です。これは同年の日本

図 11-6　焼け焦げたスマホ

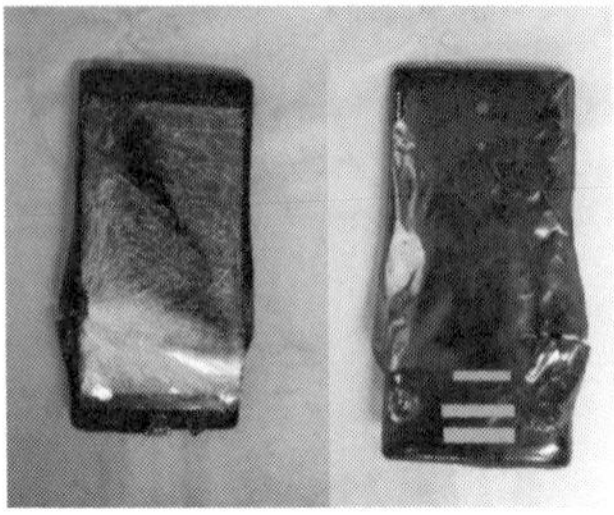

出典：東京消防庁

図 11-7　バック内で発火した電子タバコ

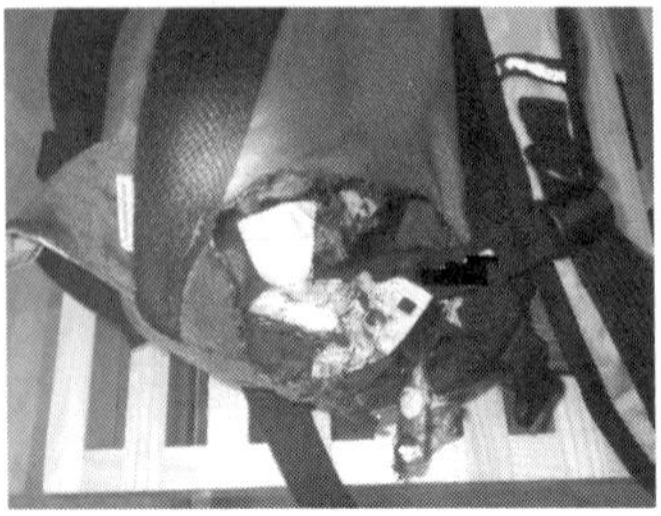

出典：東京消防庁

の歳出額１９３万１０００（単位１００万ドル）の13倍です。４０００兆～６０００兆円というのが、いかに巨額なのかがわかるのではないでしょうか。

　電気自動車を電力網につないでネットワーク化し、蓄電池にするアイデアがあります。電気自動車リーフを例にとって、電気自動車１台の電池容量を40キロワット時とします。そうすると、日本の電気を太陽光や風力と電気自動車の蓄電池で賄うとすれば、なんと日本国内で25億台の電気自動車が必要になってしまいます。

　以上で見てきたことはすなわち、太陽光発電と風力発電という再エネのみでは、どうやっても私たちが必要とする電力を供給できないということです。

再生可能エネルギーは莫大な〝再生不可能〟なモノを産み出す

　再生可能エネルギーだけで電力を賄おうとすると、このように莫大な容量の蓄電池が必要になってきます。蓄電池にはコストの他に大きな問題がもう2つあります。

ひとつは、それは、蓄電池自体が再生可能ではないということです。もうひとつは、莫大なエネルギーを溜め込んでいるので過酷事故を起こすということです。

再生可能エネルギーのみでやっていこうとすると、もれなく〝再生不可能な蓄電池〟がオマケに付いてきてしまうという、笑うに笑えないパラドックスです。

スマホや電子タバコはリチウムイオン電池を使用しています。最近、リチウムイオン電池の火災が身の回りで起こっていることはよくご存じだと思います。東京消防庁は、２０１６年の暮れに「リチウムイオン電池からの火災ご注意を！」と報道機関を通じて呼びかけています（図11‐6、11‐7）。[※1]

同じようなことは大規模な蓄電池でも起こっています。

２０１１年9月21日午前7時20分頃、茨城県常総市の工場に設置されている電力貯蔵用NAS電池システムで火災が生じました。この火災は、NAS電池の火災としては3件目の事例でした。この火災を受けて、製造メーカーの日本ガイシは、火災発生後すぐにNAS電池を使用しているすべての事業所に対して運転停止を依頼するという異例の事態になりました。

NAS電池は、多くのナトリウムと硫黄が主な成分の化学物質を含んでいます。これらの化学物質は、単に発火するだけではなく、有毒なガスも発生します。

危険物としての蓄電池

東京消防庁の片寄雅之氏は、その論文の中でＮＡＳ電池を例にとって、その危険性について述べています。

危険物としてのＮＡＳ電池※2

ナトリウムと硫黄の消防法上の扱いと性状

・ナトリウム

消防法別表第一に規定される第三類の禁水性物質指定数量は10キログラムである。銀灰色のやわらかい金属で、臭気はなく、融点は98℃、発火点は２８０～２９０℃、密度は０・97（20℃）である。主な危険性は、次のとおりである。

1. 水と反応すると爆発的に燃焼する。
2. 水分を含んだ空気との接触により、温度上昇し発火する。
3. 延焼により、刺激性の酸化ナトリウムの白煙が出る。
4. ナトリウムが直接皮膚に接触すると、火傷の他に、アルカリによる薬傷を起こし、皮膚のみならず筋肉、骨組織をも腐食する。
5. 眼に入ると、視力低下、失明に至る場合がある。
6. 漏れた固体又は溶融物は、空気に触れると発火する可能性がある。
7. 漏れると火災、爆発事故につながる恐れがあるので、作業前に設備上漏れが起こらないこと及び付近に水がないことを確認し、必ず保護具を着用して作業する。
8. 水分を遠ざけ、人体に有害なので保護具を付けて防除作業を行う。

・硫黄
消防法別表第一に規定される第二類の可燃性固体で指定数量は100キログラムである。通常は淡黄色の固体で、弱い腐乱臭であり、比重（水＝1）は2・1である。融点は122℃、引火点は202℃、発火点232℃である。主な危険性は次のとおりである。
1. 可燃性である。燃えると有毒な亜硫酸ガスを発生する。
2. 溶融硫黄の輸送温度は通常140〜160℃であり、水の沸点よりも高いので、水をかけると水蒸気爆発を起こす危険がある。
3. 溶融硫黄が皮膚に付くとひどい火傷をおこす。

片寄さんは、この論文で消防庁長官賞を受賞されています。

このように大規模な蓄電池は、その安全を確保するために監視システムや監視員が必要になってきます。

再エネはアンシラリー機能にとってとても厄介者

天候や風況という自然の変化に左右されて、時々刻々発電量が変動する太陽光発電や風力発電は、〝アンシラリー機能〟にとって、とても扱いにくい厄介なものです。

アンシラリー（ancillary）とは「補助的な」という意味です。電力のアンシラリー機能とは、電力系統の電力需要量と発電量つまり供給量を一致させることを言います。電力、周波数、そして電圧などを時々刻々調整することによって、供給の信頼性を上げています。

ここでは周波数について見てみましょう。

電力会社は、電気の需要と供給のバランスを、時々刻々変化していく状況に応じて瞬間、瞬間で一定の範囲内に保っています。その結果、私たちは、いつも安定して電気を使い続けることができるのです。仮にこのバランスが崩れると、停電になってしまいます。

私たちがコンセントから使っている電気は交流という電気です。スマホや懐中電灯の電池は直流です。交流は、時々刻々その流れる向きが変化します。１秒間に何回変化するのかを表すのが周波数です。

電気の安定した供給のためには、この周波数が乱れては困るのです。周波数は、需要が供給を上回る場合には瞬時に低下します。その逆の場合には、周波数は上昇してしまいます。この周波数の変化、すなわち乱れが10％ほどになると、停電が起こってしまいます。つまり、電気は少なすぎても多すぎても停電になってしまうのです。

ですから、周波数が低下した場合には発電出力を増加させます。一方、周波数が上昇した場合には発電出力を抑制します。このような発電出力の調整を瞬時、瞬時の需要と供給の変動に合わせて行っています。

需要側が時々刻々変化するのはしょうがないですが、それとは関係なしに、太陽光や風力のような発電装置では、供給側つまり発電側も時々刻々変化してしまうのです。図11‐4で見たように、晴れ時々曇りや曇りの日は、このバランスを取るのがきわめて難しくなります。その一方で、晴天の日には太陽が南中する時間に向けて太陽光発電の電力がおかまいなしにドンドンと送電網に入ってきますので、勢いあまって供給量超過になってしまいます。

もうおわかりのように、こうなると周波数の安定化にはなお一層困難かつ複雑なものになります。その分余計なコストがかかるということです。

太陽光や風力などの再エネが、電力系統により多くぶら下がるようになれば、それだけこの周波数の安定化は困難になっていき、よりコストがかかるようになってしまいます。

太陽光発電も風力発電も20〜30％で頭打ち〜再エネの共食い現象〜

ＯＥＣＤ／ＮＥＡが注目すべきレポートを出しました。レポートが導き出した再エネの未来像は、いずれも総発電量に対する比率が20％から30％程度で頭打ちになり、それ以上では共存できない――つまり共喰い現象が始まるというのです。

また、20〜30％以上の導入を無理に行おうとすると、コストの急激な上昇とともに電力供給系統が不安定になり、停電を頻発するようになるという、とても困った状況が見えてきました。

このＯＥＣＤ／ＮＥＡレポートでは、フランス１カ国が年間に消費している電力量に相当する電力システムを、まったく白紙の状態から構築する場合、どのような問題が発生するのかを分析しています。

地球温暖化防止が非常に重要なテーマですので、再生可能エネルギーのホープである太陽光や風力の変動電源が現実性をもって、どの程度の割合まで導入できそうかを分析しているわけです。そのために国際エネルギー機関（ＩＥＡ）の提示する２１００年２℃シナリオに匹敵させるために、２０５０年の全電源CO_2排出係数を50グラム／キロワット時以下に抑制するという前提条件を設定しています。

変動電源（太陽光・風力）の発電量導入割合を10％、30％、50％、75％とするケースについて、電力システムのシステムコストがどれほど増大するのか、また停電の頻度がどのようになるのかをコンピューターモデルによって検討しています。

50％や75％というのは現実にはあり得ないのですが、モデル上は計算できるので、そのような極端なあり得ないケースも含めているのです。

また比較のため、コストが安くて安定していて確実に電力供給ができる原子力と水力の組み合わせを基準ケースとしています。

また、フランスと同等の電力を消費する隣接諸国（スペイン、ドイツ、スイスなど）を、電力網を共有し電力の融通が可能なエリアとしてモデル化しています。

変動再エネ（太陽光・風力）が合わせて30％以上で確実に停電が発生

この分析によって得られた結果のひとつが〝残余需要曲線〟です。残余需要とは、変動再エネ電源を無条件に優先的に使用した場合、その他の電源（火力、水力、原子力など）がどの程度入り込む余地があるかという〝余りの電源量（キロワット）〟を示すものです。図11－8がそれです。

図11-8　変動再エネ電源（太陽光・風力）を優先的に導入した際のその他の電源の入り込む余地（kW）

（註）VRE(Variable Renewable Energy) は変動再エネ電源のこと

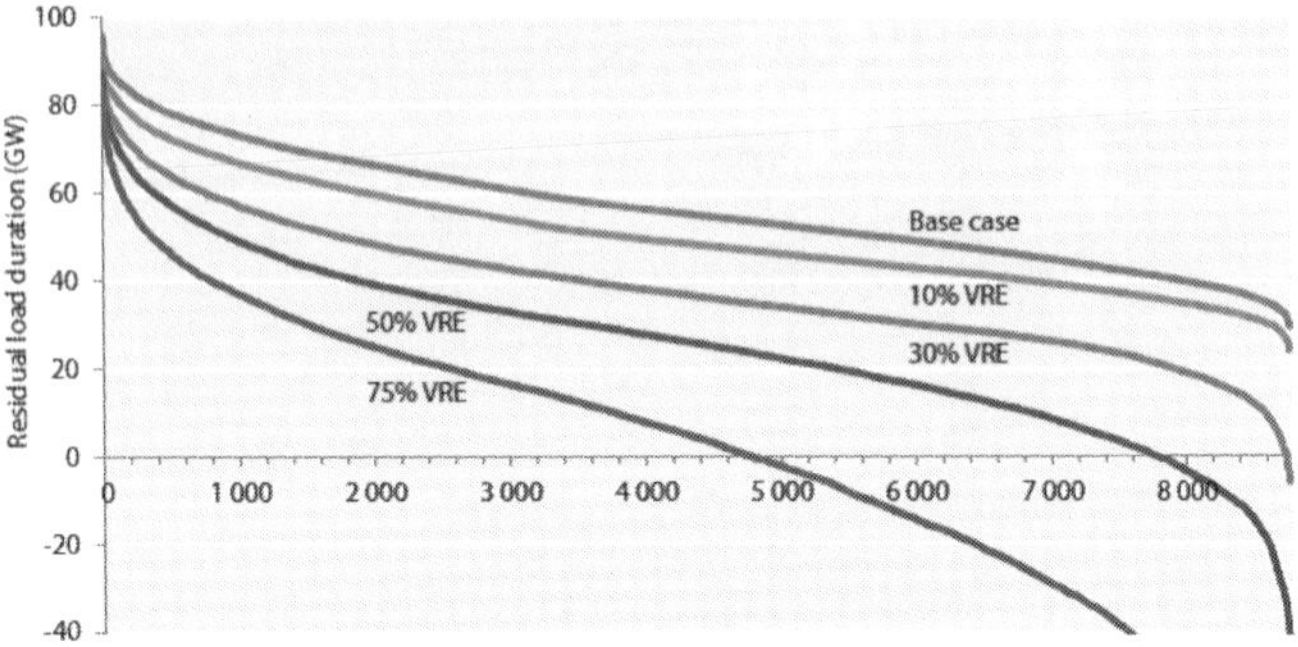

出典：http://www.engy-sqr.com/lecture2/197onosiryou.pdf

この図は、一番上の曲線が年間の電力需要曲線を表しています。この曲線は、1年間の総時間数8760時間について、毎時の電力需要量（キロワット）を高い順番から並べています。つまり一番左が1年のうちのどこかにある1時間あたりの最大需要量、つまり年間最大需要（キロワット）を示しています。一番右が年間の最小需要量（ある1時間のキロワット）ということになります。

その下の曲線は、変動電源が10％入ってきた場合の電力需要曲線です。太陽光や風力の変動電源が無条件に優先されて系統に入ってきます。その結果、この曲線は太陽光や風力以外の電源が入ってくる余地を示しています。つまり「残る需要（残余需要）の曲線」ということになります。

さて、図11‐8の曲線でゼロを下回るということは残余需要がない、あるいは需要を上回って発電しているということを意味します。放っておくと停電は免れませんので、あってはならないことを示す曲線です。

変動電源50％導入時は、横軸が７８００時間あたりでゼロになっていますので、８７６０時間（１年３６５日に相当）のうち累積で９００時間程度（40日程度に相当）は〝確実に〟停電になることを示しています。変動電源75％導入時は、４８００時間でゼロになります。この場合は、年間累積で約４０００時間（１７０日程度に相当）が確実に停電になります。

対策としては「変動電源を止める」、「システム外に過剰部分を輸出する」ことしかないでしょうが、そもそも需要に見合わない発電設備を設けること自体が非合理であり、あってはいけないことです。このグラフは、そのことを如実に示しているのです。

変動再エネとは、太陽光発電と風力発電を合わせたものですが、この図は、変動再エネ１００％どころか50％も現実的にはあり得ないことを示しています。それどころか30％でも停電する可能性が示されています。

以上は、変動再エネがどれだけ導入可能かを比較的おおまかにならして見た結果でしたが、実際の太陽光や風力は、もっと細かい時間で変動します。その点の悪影響を細かくに見ていく必要があります。

図11-9　異なる変動電源割合に基づく残余需要（折れ線グラフの下の空白部分の長さが火力や原子力電源の入りこむ余地を表している。余地がマイナスになれば確実に停電になる）

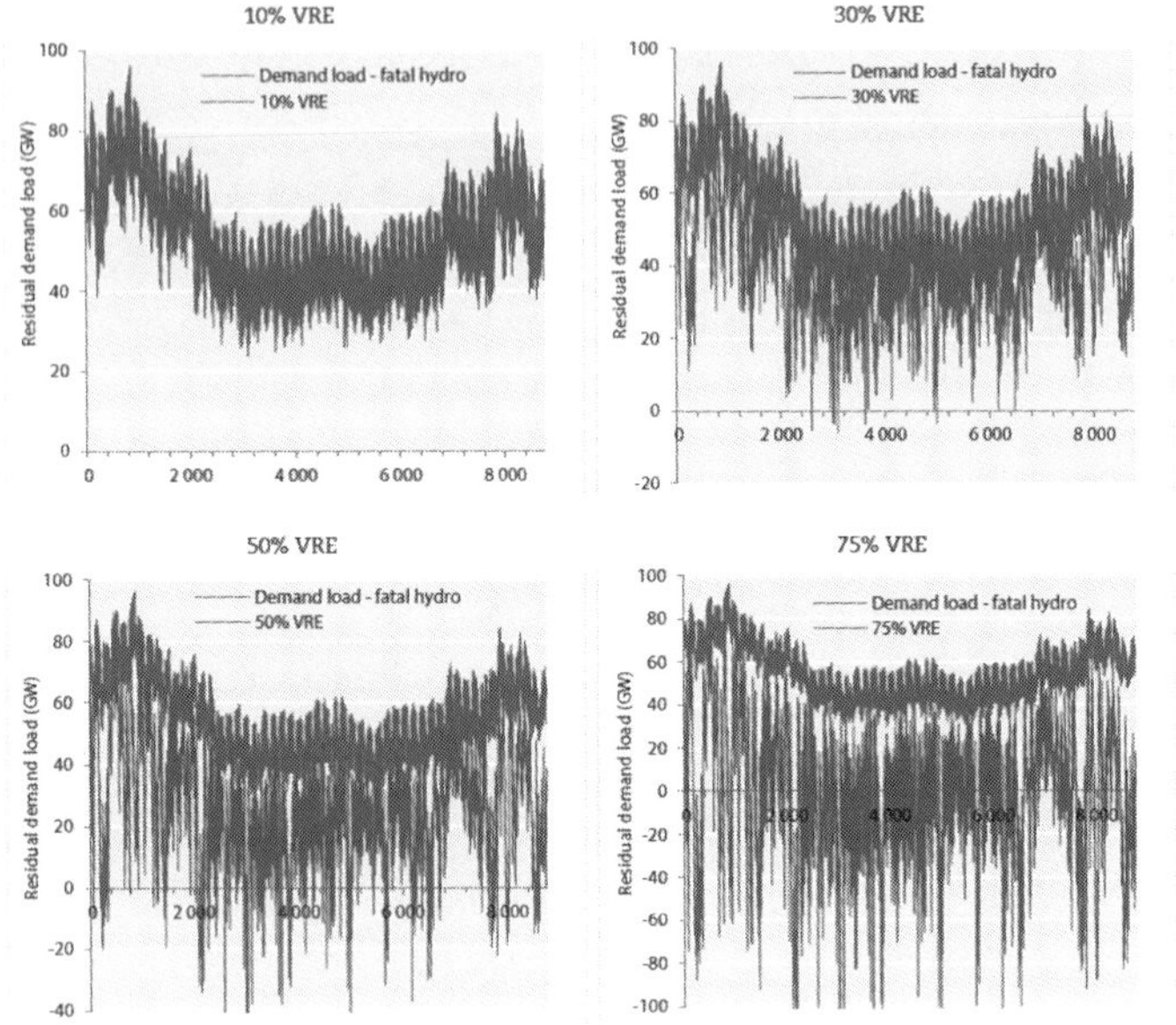

出典：http://www.engy-sqr.com/lecture2/197onosiryou.pdf

太陽光と風力合わせて30％で電力システムは破綻

図11‐9の横軸は、1年の最初（1月1日の0時）から年末（12月31日24時）までの各時間を表していています。図11‐10とは横軸の意味が違うことに注意してください。

一番上の折れ線グラフは、総電力需要から〝必ず使われる水力（fatal hydro）〟による発電量を差し引いた量を表しています。水力発電の電気は、最優先で必ず使うという前提です。その下の折れ線グラフは、優先的に導入する変

図 11-10　太陽光・風力の割合が増えた場合の自身の価値下落

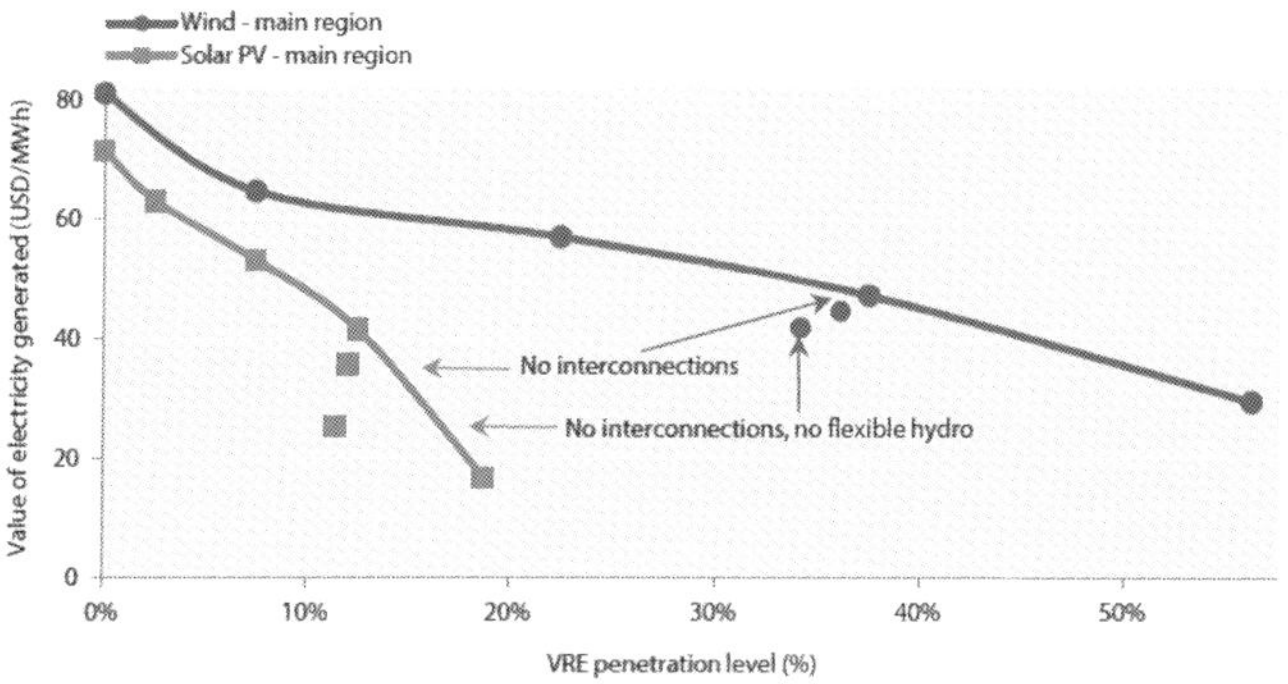

出典：http://www.engy-sqr.com/lecture2/197onosiryou.pdf

動電源（太陽光・風力）の発電量に対応します。つまり、その下の空白部分の量（縦軸の長さ）が、その他の電源（火力、原子力など）が入り込む余地（残余需要電力）を示しています。

当然、空白部分の長さがゼロギガワット以上でなければならないわけです。ゼロ以下になれば、確実に停電になります。ゼロ以上であればそれで良いというものではなく、変動電源30%でもわずかな残余需要しかありません。これでは、変動電力に必ず要るバックアップ電源（火力や原子力）、つまり在来型電源の採算が取れなくなってしまうことは火を見るよりも明らかです。

これは、単に発電コストを上昇させるということでは補えなくなる可能性がとても大きくなります。その結果、在来型電源が不採算になり、発電所を建設する人が誰もいなくなってしまうでしょう。

図11‐9は、本来ならもっと大きなグラフに描いて、1時間ごとの数値を示すべきだと思います。そうすれば、空白部分がゼロ以下になる、つまり停電になる頻度はもっと細かく頻出するでしょう。

変動再エネ50％（VRE50％）および変動再エネ75％（VRE75％）のケースでは、折れ線が激しくマイナスに振れています。そのときは、電力需要にまったく対応できないということを示しています。

先ほど見ました図11‐8と同様に、マイナスに振れるということは停電を意味します。つまり、変動再エネ電源（太陽光・風力）の50％以上の導入によって、このように過剰発電が激しく頻発して、電力システムを頻繁に停電に導くことが一目瞭然になったのです。

太陽光と風力は共食いし始める〜太陽光10％程度以上はムリがある〜

変動再エネ電源の設備が増えていきますと、仲間の発電が一部時間に集中して発生することが起こりやすくなります。

太陽光も風力も天気まかせの〝受け身〟の発電装置なのでそういうことが起こるわけです。

変動再エネの発電量が需要を上回る時間帯が発生して、停止を要する時間が増えるわけです（図11‐9）。

その結果、お互いが足を引っ張りあうようになります。これを再エネ同士の〝共食い現象〟と呼んでいます。

その度合いに応じて電力システムのコストが上昇していきます。同時に図11‐10に見るように、太陽光・風力自体の価値を引き下げることになり、さらにシステムコストを増大させる事態になっていきます。このグラフからわかることは、太陽光の割合が20％弱になると価値は4分の1以下に下がります。なぜ価値が下がるかといえば、量が増えれば増えるほど変動幅が大きくなるので、その分より多量のバックアップ電源（主に火力）が必要になります。しかも、それらバックアップ電源が実際に動いていない待機時間が増えます。要するに再エネ電源は設備導入量が増えるに従って、それが作り出す電気の質が悪化するので市場価値が低下していく、つまり誰も買いたくない電気へと劣化していくのです。安くなるから買う人が増えるのではなく、質が悪くて誰も買いたくないので、安くたたき売られるのです。また市場価格が40ドル／メガワット時（4・4円／キロワット時）程度に止まれば、太陽光を導入できる最大割合はなんとか12％に留まることがわかります。逆に、これ以上割合を増やしていくに従って、市場価値はどんどん低落していくわけです。

この結果、メガソーラーなど大型の太陽光発電所は採算が取れなくなってしまうでしょう。一方、家庭用のソーラー発電は売電する意味がなくなったとしても、自家用に消費する分には意味が残ると考えられます。

変動再エネのパラドックス：ＯＥＣＤ諸国の二酸化炭素排出量は増え続けている〜その主要因は太陽光と風力〜

この25年余り、ドイツをはじめとするＯＥＣＤ諸国は、いわばがむしゃらに太陽光と風力発電の設備増強に努めてきました。

しかし、その結果は驚くべきところにありました。なんとＯＥＣＤ諸国から排出される二酸化炭素量は、過去25年間増え続けてきたのです。図11-11は、風力・太陽光設備の増大量とCO_2排出量の増大との関係を示しています。

１９９０年から２０１５年の間にＯＥＣＤ諸国では風力発電設備が２４０ギガワット、太陽光発電設備が１７０ギガワット増設されました。この量は、大型原発１基の発電設備がだいたい１ギガワット（１００万キロワット）ですから、設備容量で比較すれば実に原発４１０基分に相当します。これは現在、全世界に存在する原発の数にほぼ相当します。

しかし、１９９０年に比較して２０１５年にＯＥＣＤ諸国が環境に放出した二酸化炭素の量は、発電による分だけを見ると11％も増えているのです。しかも、運輸（自動車）や工業などの発電以外の産業などによる二酸化炭素の排出増加は３％程度です。全体では６％の増

図11-11　OECD諸国の風力・太陽光設備の増大量とCO_2排出量の増大

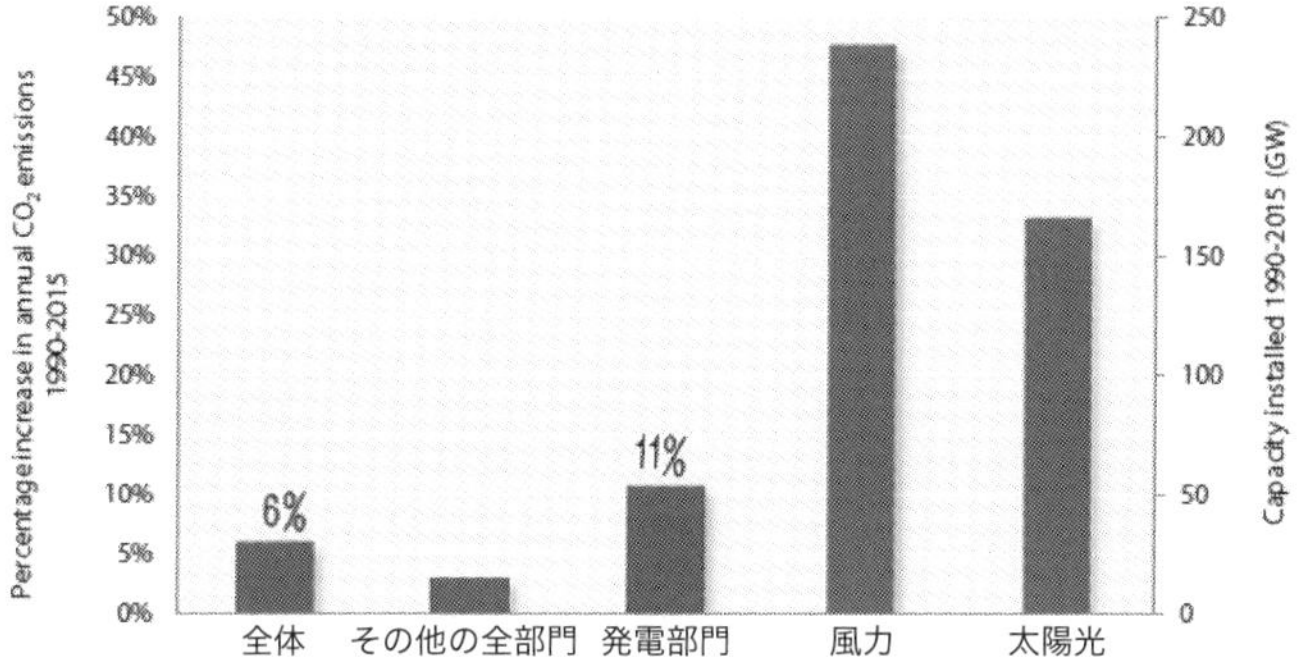

出典：http://www.engy-sqr.com/lecture2/197onosiryou.pdf

加です。

これは驚くべき事実です。風力や太陽光発電の増設は、二酸化炭素の削減にまったく役立っていないのです。それればかりか、〝太陽光や風力の変動再エネは、二酸化炭素排出量を着実に増やし続けてきた〟のです。

ＯＥＣＤ諸国をあげて、25年かけて行ってきた実験は見事な失敗に終わったのです。21世紀初頭の最大のパラドックスというほかないのではないでしょうか。

このように太陽光パネルや風車だけならばパッシブ（受動的）で自然でシンプルであって、自然との調和という見方からすれば、ある種の美しいシステムかもしれません。しかし、太陽光発電や風力発電などの再生可能エネルギー（Renewable Energy: ＲＥ）１００％、つまりＲＥ１００にしようとすればするほど、その再エネシステムはだんだんと現実の〝毒〟にまみれていきます。それはまるで蟻地獄のような罠ではないでしょうか。

私たちは、この蟻地獄にはまる前に、なんとかよい方法を見つけなければなりません。

※1　http://www.tfd.metro.tokyo.jp/hp - kouhouka/pdf/281222.pdf

※2　NAS 電池の課題と対策（Safety & Tomorrow No.144（2012.7）36）

第12章

クリーン電力100%市場は原子力なしでは成立しない

世界のクリーン電力系統の迅速な構築に向けて

再生可能エネルギーとクリーンエネルギー

再生可能エネルギーによる発電とは、太陽光、太陽熱、風力、水力、地熱、バイオマスなどによる発電を指します。

クリーンエネルギーによる発電とは、発電時に二酸化炭素を出さない発電源である太陽光、風力、水力、地熱の各発電に加えて原子力発電を指します。また、発電時に二酸化炭素を放出する火力発電所も、二酸化炭素回収・貯留システム（ＣＣＳ）とセットにすれば〝クリーン〟だと見なされる場合もあります。

ＣＣＳ（Carbon dioxide Capture and Storage）とは発電所、化学プラント、製油所などから排出される二酸化炭素を大気中に逃さずに回収して、例えば、加圧してドライアイス状などにして地下深くの岩盤のすき間に貯留するシステムです（図12－1）。

つまり、再エネに比べてクリーンエネルギーはより幅広い選択の可能性があります。

米国では、ここのところ州単位で再エネやクリーンエネルギーを促進するための法案が州議会で決議されています。

図12－2に各州ごとの現状を示します。

図 12-1　二酸化炭素回収・貯留（CCS）システム

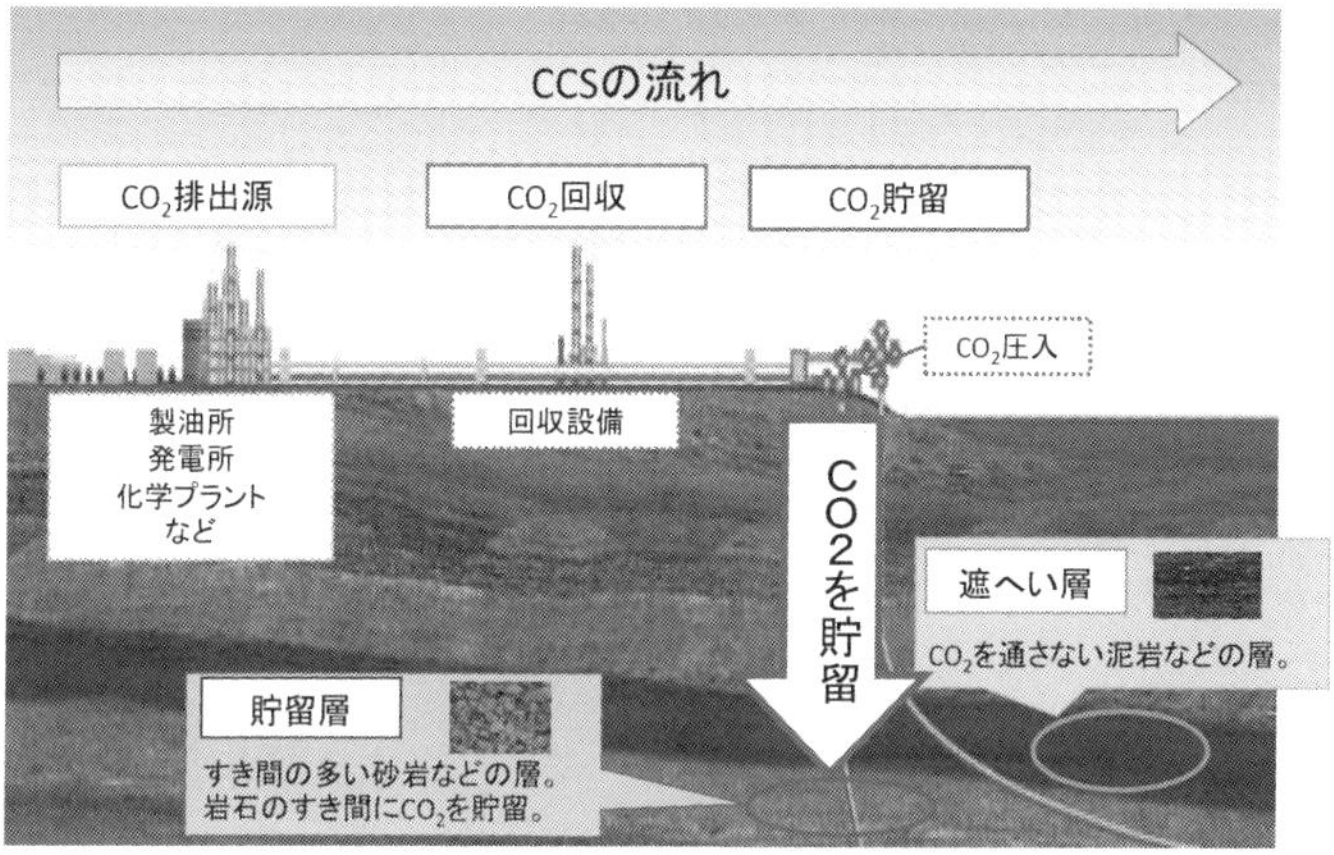

出典：資源エネルギー庁

図 12-2　各州のクリーン / 再生可能エネルギー導入目標

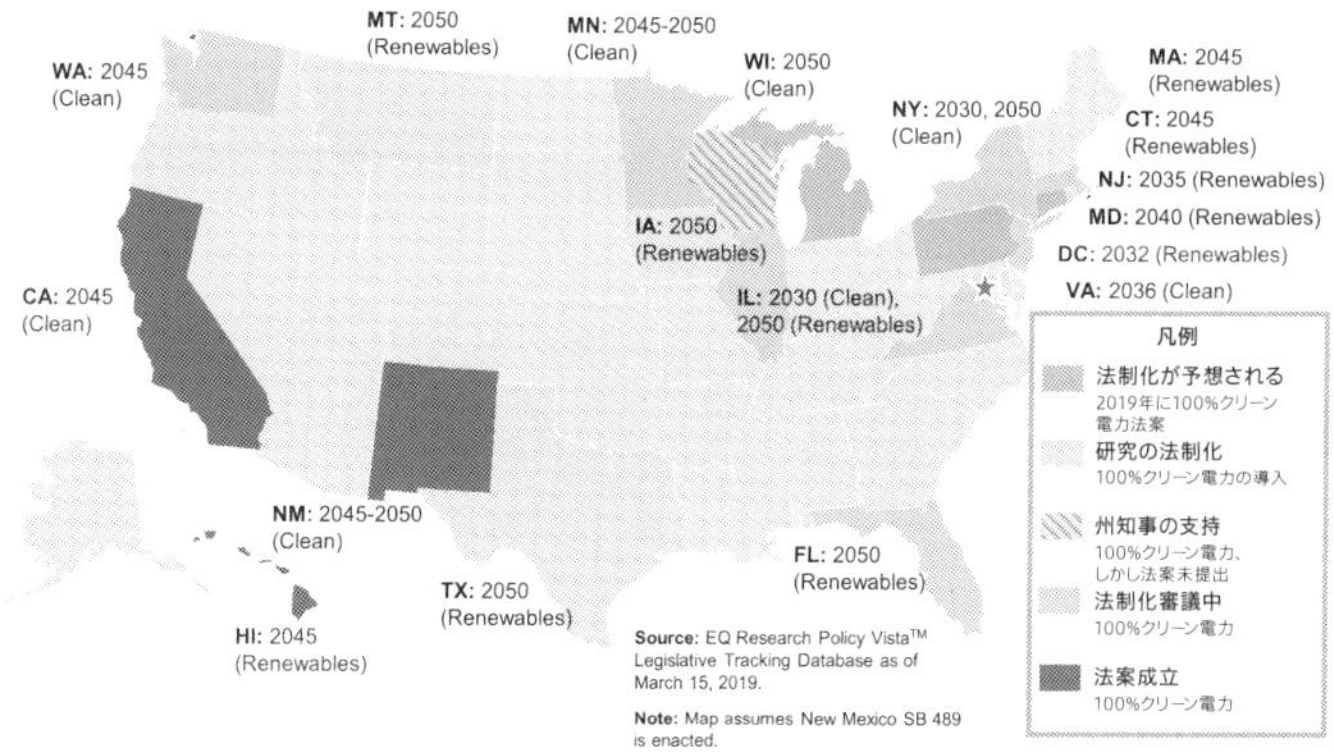

出典：https://pv-magazine-usa.com/2019/03/14/green-new-deal-arrives-in-state-legislatures/

この図で注目すべきは、ハワイ州とカリフォルニア州では、すでに州法においてクリーンまたは再エネによる100%の発電を、いつまでに達成するかという目標年が設定されています。

ハワイは再エネ100%を2045年までに、カリフォルニアはクリーンエネルギー100%をやはり2045年までに達成しようとしています。

ハワイは火山島なので地熱が豊富にあります。同じく火山や温泉が豊富なアイスランドが再エネ電力100%を達成しているので、良いお手本になるかもしれません。アイスランドは人口30万人ですが、ハワイは142万人です。ハワイの主な産業は、観光、軍関係、農業、繊維製造、サービス業なので、いわゆる電力多消費型の製造業はほとんどないので、アイスランドに追随できるかもしれません。

地熱は、再生可能エネルギーという分類ですが、温泉と同じで安定した質と量の熱が得られますので、太陽光や風力のような不安定電源とは違って、地熱は〝不安定ではない〟というのが最大のメリットです。

一方、カリフォルニア州の国民総生産（GDP）は、米国全体、中国、日本、ドイツに次いで世界第5位の規模を持っています。人口は約4000万人ですし、さまざまな産業を抱えており、その中には電力多消費型の産業も含まれます。シリコンバレーに代表されるようなビジネスオフィスや工場では、始業時間に伴って多量の電気が供給されないといけません。昼休みの前後での消灯や点灯に代表されるような、一斉の多量の供給電力の増減の要求（給電指令）に対応しなければなりません。給電指令に応じられるのは一部の発電方式（ガス火力、石炭火力、原子力など）に限られ、パッシブ（受動的）で不安定な太陽光や風力は、それができません。したがって、再エネのみでの１００％達成はハードルが高いばかりか事実上不可能なのです。したがって、カリフォルニア州は、より柔軟性のある選択肢としてクリーンエネルギーでの達成を目指していると言えるでしょう。

カリフォルニア州のクリーン電力法案

２０１８年８月下旬に、米国カリフォルニア州議会の下院が法案「ＳＢ１００」を可決しました。

ＳＢ１００とはSenate Bill No. 100（上院法案第１００号）の略です。この法案は、２０４５年までに州内の電力の１００％を〝クリーン〟なエネルギーでまかなうことを義務付けています。

法案通過後、２０１８年９月10日に、ジェリー・ブラウン知事が署名してカリフォルニア州の「２０４５年クリーン電力１００％」法が正式に成立しました。

このことは、日本でも新聞やテレビで報道されましたが、〝クリーン電力100％〟と伝えるべきところ、〝再エネ100％〟と伝えるなど、日本の報道ぶりには誤りがありました。

例えば、2018年9月11日のテレビ朝日のニュースでは、ヘッドラインを「米カリフォルニア州　再生可能エネルギー100％へ」として、「10日に成立したカリフォルニアの州法では、火力発電や原子力発電の割合を段階的に減らし、2045年までに再生可能エネルギーで100％まかなうとしています」と報道しました。再エネ電力100％とクリーン電力100％に大きな違いがあることは先に述べたとおりです。このような報道は、視聴者に大きな誤解を与えると思います。

間違えたのか意図的なのかはわかりませんが、いずれにしてもクリーンエネルギーと再エネをはき違えるのは、正しい情報を伝えるという報道の倫理からしてもあってはならないことだと思います。

また、「水力発電、太陽光発電はヨーロッパの主流となっています。アメリカでさえ原発放棄の方向にシフトしています」というような内容をよく耳にしますが、ヨーロッパでは原子力は相変わらず主力電力の一環を担っています。あのドイツにしたって、総発電量の10％程度はいまだに原子力です。

そして、米国は相変わらず世界一の原発大国ですし、米国では約30年ぶりの新設原子炉としてAWボーグル3、4号機（各110万キロワットの加圧水型軽水炉［PWR］）が建設中なのです。こういう事実を見逃しては、判断を誤ってしまうのではないでしょうか。

さて、このSB100法は同州が2002年に制定したRPS（再エネ利用割合基準）以降の制作シナリオを次のようにしています。

・2026年までに電力の50%を再エネで供給

・2030年までに電力の60%を再エネで供給

・2045年までに電力の100%をカーボンフリーエネルギーで供給

ここで「カーボンフリーエネルギー」とは、再生可能エネルギー（太陽・風力・小水力のほかに地熱・バイオマス・大型水力）、原子力、CCSをセットにした天然ガス火力などのCO_2を排出しないエネルギー源をさしています。

一部報道では間違って報じられていましたが、このカリフォルニア州のSB100法は〝再エネ電力100%〟でも〝化石燃料ゼロ〟でもないのです。また電力だけでなく自動車や工場などでの化石燃料も含めた「クリーンエネルギー100%」ではもちろんありません。SB100はあくまで電力のみを対象にしていることに十分注意することが必要です。

SB100法が成立する以前のカリフォルニア州の2030年60%再エネRPS法では、現在電源構成の15%を占めている大型水力は、適格な再生可能エネルギーではないとし、除外していました。当然、再エネではないカリフォルニア州内の原子力発電、州外の原子力発電、新設の原子力発電、水素発電、CCS付き化石燃料発電も除外していました。

ところが、これに比べてSB100法では、CO_2を排出しない発電はすべて認めています。その点ではより現実的で実現可能性が大きいように見えます。非常にフレキシブルになっているわけです。州議会で最初は再エネ100％への流れで審議されていた法案が、CO_2排出ゼロを目標とするより現実的な内容で成立することになったということです。

クリーン電力100％か再エネ電力100％か

クリーン電力100％か再エネ電力100％かは、現在でも論争の真っ只中にある問題です。2015年にスタンフォード大学のマーク・ヤコブソン教授たちが出した論文に端を発した論争は訴訟にまで発展しました。

ヤコブソンらは、米国において2050〜2055年には風力・水力・太陽光の電力のみで信頼性・経済性のある系統構成が可能とする論文を発表しました。これに対して、著名なエネルギー・環境の専門家21名が連名で反論を学術誌に掲載しました。

その指摘は、ヤコブソンらの解析は手法やモデルに過誤があり不当・不適切な仮定を用いているということです。「このシナリオは興味を持たせるような仮説について不完全に行われた探索」だとして、政策立案者にこのような再エネ100%のビジョンには注意が必要だと勧告したのです。

この連名論文に対してヤコブソンは、各項目に対して反論する論文を発表して、真正面からの対決となり、遂にヤコブソンが名誉毀損の訴訟を起こすまでに発展しましたが、学術論争に法的な解決はそぐわないなどの議論を呼び、最終的に訴訟は取り下げられました。

クリーン電力100%か再エネ電力100%かは、科学的・技術的な見解の相違だけではありません。米国の各州の環境・エネルギー政策においては、ハワイ州などの再エネ電力100%に対してカリフォルニア州やニューヨーク州などは、クリーン電力100%の政策をとるなどという相違が出ています。

電力系統内に太陽光、風力などの変動型再エネ発電の割合が増えると、電力貯蔵と出力抑制、つまり接続制限が必要になり、電力コストが高くなるという分析結果はすでに述べました（新田目論文、第10章）。米国の研究者も同様の結論を出しています。

この変動再エネの割合と電力コストの関係は系統の条件で変わりますが、2014年以降に発表された電力系統脱炭素化に関する論文40件の結果を検討したマサチューセッツ工科大学の研究者ジェシ・ジェンキンス博士の論文の中で、変動型再エネの割合と電力コストの関係を導き出しました（図12‐3）。

図 12-3　米国の系統における再エネ割合による電力コスト（左軸）と出力抑制割合（右軸）の増加

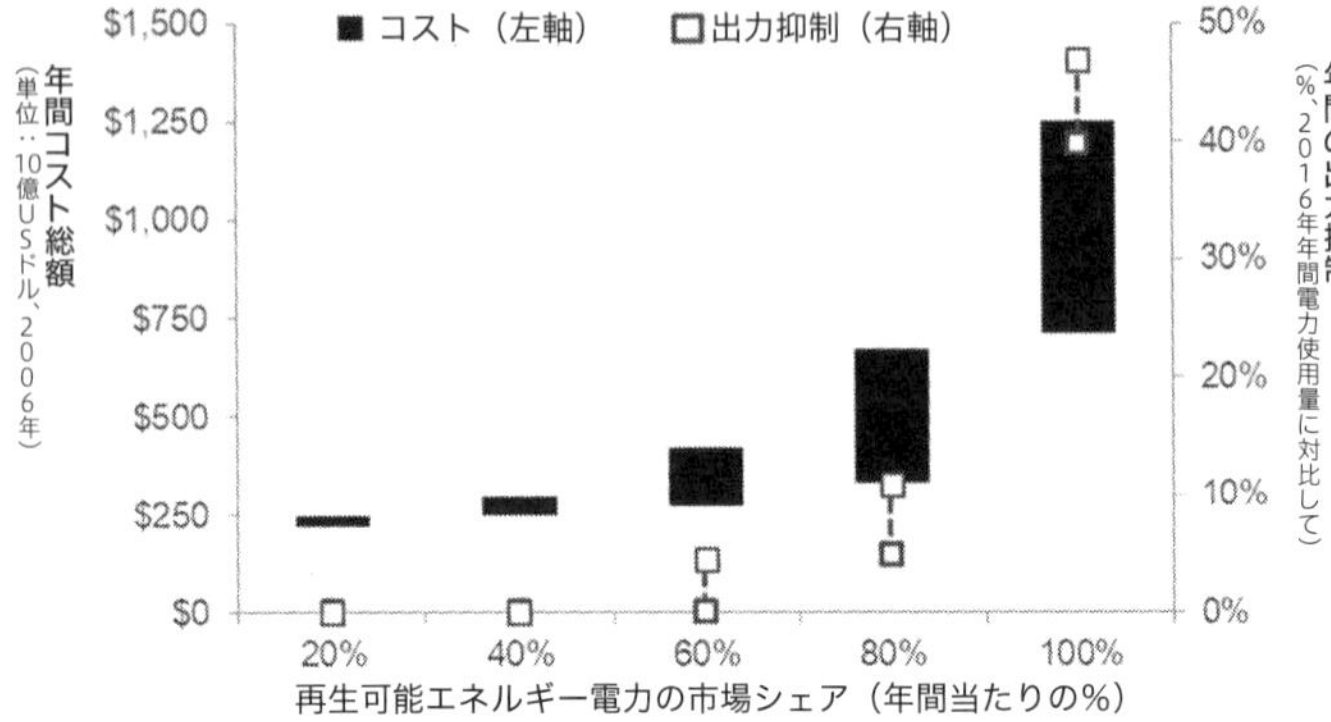

この図は、再エネの割合が60%付近からコストの上昇が激しくなる典型的な例を示しています。これは、すでに第10章でお話ししました新田目さんの分析と符合しています。図12‐3の右軸は再エネ発電の出力抑制を示しており、再エネ割合80%付近から急増してコスト増加の要因になっています。

ジェンキンス氏も次のように指摘しています。〝脱炭素化のための電力系統構成要素として再エネ電力の短期的な変動の吸収は、揚水発電・蓄電池などのエネルギー貯蔵やデマンドレスポンスなどで可能だが、季節変動などの長期的変動の吸収を電池などで行うのはコストが掛かり過ぎて現実的でない。どうしても水力、原子力、化石燃料火力＋CCS、バイオマスなどのクリーンかつ給電指令に対応可能な(dispatchable) 発電が必要になる。〟

この系統脱炭素化の分類構成について、ジェンキ

図12-4　脱炭素系統の分類構成（省燃料変動再エネ＋即応バランス機器＋確実クリーン発電）

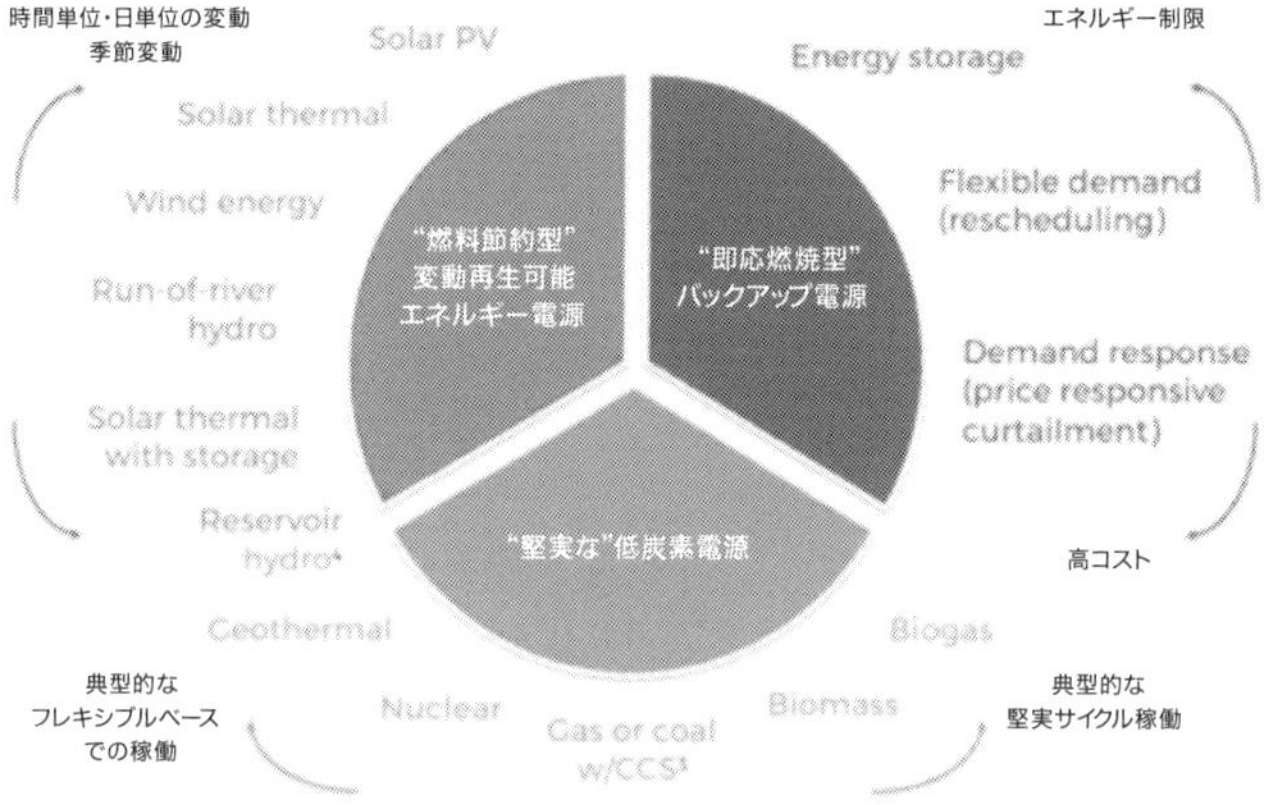

出典：https://www.sciencedirect.com/science/article/abs/pii/S2542435118303866

ンス氏は別の論文で図12‐4のように
①省燃料の変動再エネ（太陽光、風力など）
②即応型のバランス機器（短期変動対応の蓄電池、デマンドレスポンスなど）
③確実なクリーン発電（長期の需要変動に対応できて、しかも給電司令への対応可能な水力、地熱、原子力、火力＋ＣＣＳ、バイオマスなど）

の3つから成るとして、系統条件に合った炭素削減の最適ミックスを計算する手法を発表しています。

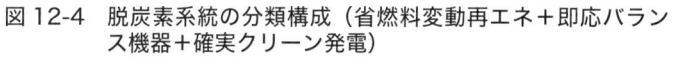

クリーン電力市場における原子力

世界的に電力系統の脱炭素化が進行しており、太陽光や風力などの変動再エネの割合は間違いなく増加しつつあります。このため、

図12-4に示すように短期変動には電池などによる、すぐに対応できるような仕組みでバランスを取ることが必要であり、長期変動には給電指令に対応することが可能で、CO_2を排出しない原子力などの発電が必要になります。

電力取引市場が、これらの構成要素を競争的なビジネスのなかで運用していくことになるわけです。

その場合、原子力もフレキシブルな運転、つまり負荷追従運転をすることにより収益を増す可能性が出てきます。負荷追従運転は、総電力の80％近くを原発が占めるフランスでは当たり前のように長年行われてきています。ただし、ガス火力や石炭火力に比べると、出力の上昇や下降の速さ（ランプ率と言います）がゆっくりになりますので、瞬時の給電指令には応えにくいですが、電力需要の少ない夜間の出力を抑制するなどにはとても有効です。

このような原発のフレキシブルな活用は、日本でも将来的に検討されるべきではないでしょうか。

フランスで日常的に大型軽水炉の負荷追従運転が行われていますが、この技術と経験をもとに米国の電力取引市場において軽水炉のフレキシブル運転の経済性をシミュレーションで評価した例があります。

それは、米国の〝南西部地域パワープール〟で原子力を負荷追従なし（No Flex）、負荷追従あり（Flex）、最大限に負荷追従する（Full Flex）の3つの条件で運転した場合の評価です。

その結果は、Flex と Full Flex 運転では、20～23％の時間は出力調整を行い、設備利用率はその分下がりますが、収益は Flex で2・0％、Full Flex で4・7％とベースロードの No Flex より増加しています。

このように、原子力は容量市場での給電指令に対応可能な発電能力（kW）のあるプラントの「kW」価値にフレキシブルな「kW」価値、つまり負荷追従運転によって生み出される価値を加えることにより、「kWh」価値のマイナスより大きな利益を得ることができるというわけです。

変動再エネの割合が増えた市場では、原子力のフレキシブル運転はその必要性に見合う対価を得ることになるのです。この点は見逃してはならないのではないでしょうか。

なお、パワープールとは、その名の通り電力を溜め込んだプールのイメージを思い描いてください（図12‐5）。

上流側からは火力、水力、原子力、太陽光などの発電所からの電力がプールに供給され、下流側にある工場、ビル、住宅などの需要側に、そのプールから電力が供給されます。このように供給と需要の間を取り持つのがパワープール（電力プール）なのです。

図12-5　パワープールのイメージ（© 黒石卓司）

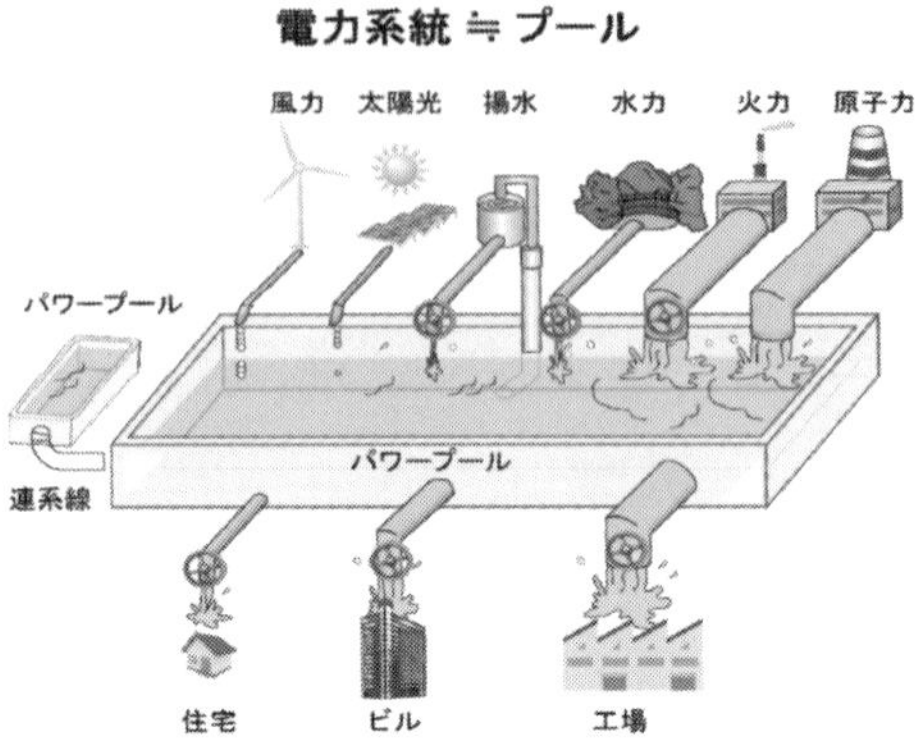

クリーン電力系統の迅速な構築

パリ協定の目標「世界の平均気温上昇を産業革命以前に比べて2℃より十分低く保つ」ためには、世界の電力系統をできるだけ早期に脱炭素化する必要があります。

もし世界全体がドイツと同じように積極的に再エネ電力を導入したら、世界の電力系統は迅速にクリーンになるのか？　この設問へのひとつの解答が図12‐6に示されています。

図12‐6を見ると、ドイツの「エネルギー大転換(Energiewende)」と同じ導入ペースを世界に適用する場合（〝エネルギー大転換〟の線）は、世界のCO_2排出量は下がらず横這いのままです。つまりドイツ方式ではまったくクリーンにならないのです。

これはすでに指摘したように、3・11以降ドイツは一見再エネ比率を増やしていますが、CO_2排出量がほ

図 12-6　世界の電力系統脱炭素化のスピード
（再エネ導入と原子力導入の比較）

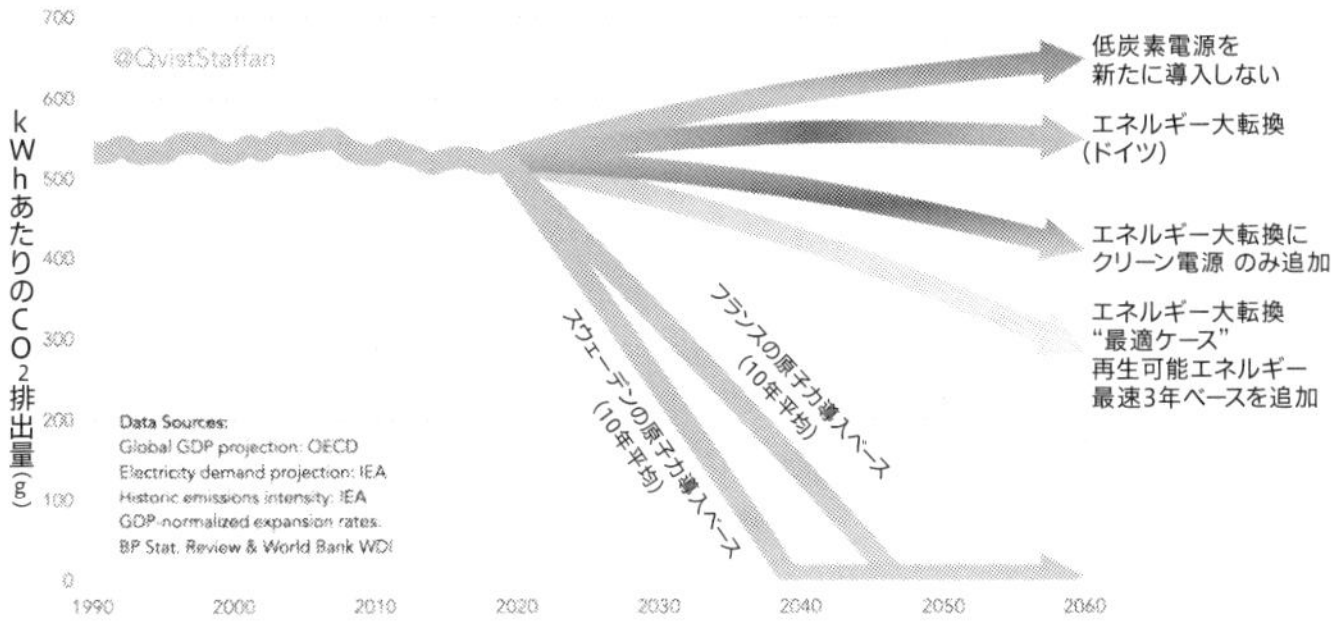

とんど変化していないという事実と実によく一致しています。

エネルギー大転換では、再エネとともに系統安定化のために褐炭《かったん》・石炭の火力発電を用いていますが、仮に再エネのみの導入ペースの場合（〝エネルギー大転換にクリーン電源のみ追加〟の線）および再エネ導入の最速３年間のペースの場合（エネルギー大転換〝最適ケース〟の線）は、世界のCO_2排出量は低下していきますが、非常にゆっくりと低下する程度で、いつまで経ってもカーボンフリーにはなりそうにありません。

これに対して、フランスとスウェーデンの10年間平均の原子力導入ペースを世界に適用する場合（フランスの原子力導入ペースとスウェーデンの原子力導入ペースの線）には、２０４０〜２０４５年頃には世界のCO_2排出量をゼロにすることができます。

世界的に電力系統の脱炭素化が進行していることは間

違いありません。太陽光や風力などの変動再エネの割合は間違いなく増加しつつあります。

以上で見てきたように、全世界規模で見れば、クリーンな電力系統の迅速な構築のためには、再エネ１００％に必ずしも固執せず、再エネを導入する場合の問題点を乗り越えられるように、原子力のフレキシブルな運転も含めたベストのパワープールを考えていくのが得策なのではないでしょうか？

このあたりの問題については、「再エネ対原子力」といった二項対立ではなく、それを超える枠組みでの冷静かつ論理的な情報共有と対話が必要ではないでしょうか。

第 13 章

エントロピー
そしてエネルギー収支比

生命や社会の存亡の危機から救う原子力

エントロピー大魔王にはかなわない

これまで見てきたことは、あらゆる発電方式は環境を無秩序な方向に持っていくということです。これは何も発電に限らないことで、私たちの文明と一体化してあるテクノロジーそのものが持っている逃れることのできない本質です。

これは物理の言葉でいえば、〃エントロピー増大〃の法則です。熱力学の第2法則というものです。

エントロピーが増えるとは、初めは整っていたものが乱雑になってしまうことを指しています。エントロピーの増大は、乱雑さ、つまり無秩序さの増大であり、モノの劣化を意味しています。

そして、この宇宙が開闢《かいびゃく》した138億年前から、エントロピーは増え続けています。それはこの宇宙がエントロピー的な死を迎えるまで続いていくとされています。

風車でいえば、17世紀に刊行された『ドン・キホーテ』の昔から、風車はミル（粉挽き）として活躍してきました。が、そのような粉ひきの仕事の動力も今では風力の代わりに、もっと使いやすい別の動力に置き換えられています。18世紀後半に英国から始まった産業革命のお陰です。産業革命はモノを動かす動力源の大革命であったわけです。

粉挽きとしての風力の利用は、いったんその使命を終えたのですが、形を変えてより強力になった風車が、20世紀においては発電装置として蘇《よみがえ》りました。しかし、テクノロジーの発展によって風車の能力が上がったのは事実ですが、エントロピー増大の法則という〃大魔王〃にはかなわないのです。

風のエネルギーは、太陽のエネルギーが姿を変えたものです。

太陽のエネルギーとは、太陽から届く光のエネルギーです。しかし、光のエネルギーが風というエネルギーに変換する間に、どんどんとエントロピーは増えていきます。つまりエネルギーの質は取り返しのつかない過程を経て劣化していくのです。この取り返しのつかない、もと通りにならない過程のことを〃不可逆過程〃と言います。

そのように不可逆な過程を繰り返しに繰り返して最大限に〃無秩序化〃して、私たちの地球に届いているのが太陽エネルギーです。大気圏外ならまだましなのですが、大気圏に入れば大気に触れてどんどん拡散していきます。また地上に近づく間に空気の流れや雲などさまざまな障害物があり、それらとぶつかることによっても、太陽エネルギーのエントロピーは増大の一途です。こうやってエントロピーをなお一層高めに高めた挙句に、やっと地上に届いているのが、私たちが日頃接している太陽エネルギーということになります。

テクノロジー社会の宿命

ジャック・エリュールは、このようなテクノロジーの築く社会を極めて辛辣ながら的確に言い表しています。

「歴史を見れば、どの技術を応用するにしろ、初めは予測することのできない副次的な作用がつきまとうのが常だ。技術がなかったときよりも、もっと悲惨な副作用がそれだ」。

エントロピー増大という逃れられない法則のもとで、エントロピーがパンパンに膨れ上がった最低品質のエネルギーを捕集して、よりエントロピーの低い、つまり質の高いエネルギーを作り出します。もうこれは、果てしない徒労と言うほかありません。

このようなエントロピー増大の法則に逆行することを人の工夫と力で行おうとすると、それは、エリュールの言う悲惨な副作用を生み出さずにはいないのではないでしょうか。

では、このようなどうしようもないエントロピーの縛りをどのように捉えてどう付き合っていくのがよいのか……。

そのことを生態系との関係で探求した科学者たちがいます。彼らが拓いた慧眼と知恵に今、私たちが学ぶべきことがあるのかもしれませんので、ここで紹介していきます。

エントロピーとエネルギーの質

さて、エントロピーの増大はエネルギーの質を劣化させせて行きます。

そもそもエントロピーの概念は、ドイツの物理学者のルドルフ・クラウジウスが、内燃機関の研究のなかで発展させたものです。内燃機関は13世紀ごろから使われていましたが、１８６０年代にはさまざまなタイプのガスエンジンが登場してきました。内燃機関などの熱発生システムによって熱エネルギーから運動エネルギーが不可逆であるというのがクラウジウスの発見で、この熱の不可逆性に関してエントロピーという新しい概念を提唱したのです。今から１５０年ほど前の１８６５年のことです。熱が運動に変換され、何らかの仕事をする過程は不可逆な、つまり元に戻すことのできない過程なのです。そして、このような不可逆過程ではエントロピーが増大するというのがクラウジウスの提唱したことになります。

クラウジウスによれば、エントロピー増大の法則は次のように表現されます。

『外との熱のやりとりがない断熱系で、後戻りができない不可逆な変化が起こると、その系のエントロピーは増大する』。

エントロピー増大の法則は熱力学の第２法則ですが、熱力学の第１法則はエネルギーの保存則です。

熱力学の第1法則は、どのような変化過程においてもエネルギーは保存されるということを示しています。言い換えると、ある〃系〃（いま考える対象としている部分のことを系と言います）が獲得したエネルギーは、その系を取り巻く外界が失ったエネルギーと等しいということです。ほかにもいろいろな言い方がありますが、平たく言えば、外の世界とのやりとりがない、ある〃閉じた系〃のエネルギーは、その系の中で変換することができますが、その全体量は不変であることを示しています。

　そのことは、この宇宙が開闢した約１３８億年前から変わりません。

約１３８億年前、宇宙が誕生しました。それ以来、この宇宙のエネルギーの総和は変わっていないというのが、この法則が示していることです。

　原初の宇宙は、点のような状態が爆発するようにして始まったとされています。ジョージ・ガモフが１９４８年に提唱したビッグバン（大爆発）理論です。その原初のサイズは「プランク長」と言って、１・６×10^{-35}メートルです。このサイズ以前のことはわかっていません。逆にこのサイズ以後は、放射線を材料にしてどのように物質ができていったかがわかっています。星や銀河などがどのようにしてできていったかもわかっています。

　現在、私たちに見える宇宙の大きさ、つまり可視宇宙の直径は約９３０億光年、つまり８・８×10^{26}メートルとされています。

エネルギー保存則は、宇宙が「プランク長」というごく微小であったときと、このように広大に広がった今とで、宇宙のエネルギーの総量が変わっていないということを言っています。

さて、エントロピーはエネルギーの質に関係していると言いました。

その概念はその後、クラウジウスに続いてオーストリアの物理学者ルートヴィッヒ・ボルツマンや英国の物理学者ジェームズ・クラーク・マックスウエルらが研究しました。

分子の運動の研究を通じてより深めていったのです。ボルツマンが私たちに残してくれた最大の功績は、エントロピーという概念を数式化して具体的に取り扱えるようにしたことです。

そのボルツマンは、以下のようにエントロピーの本質を述べています。

『最初は秩序正しく並んでいたものが、次第に自ずと無秩序な状態に変化していく。つまり、秩序正しい状態は維持しにくく、無秩序な状態に変化していきやすい』。

これは、私たちの身の回りでは、万年筆のインクを水の入ったコップに垂らすと一瞬にして広がっていくことや、机の上を整理整頓していてもいつの間にか乱雑になってしまうことで経験しています。

そして、紀元前11世紀頃の古代中国で活躍した太公望にちなんだ諺〝覆水盆に返らず〟にも表れています。一度盆から溢れた水は、二度と元の状態に戻すことができないという意味です。

エネルギーの量と質

熱力学の第1法則、つまり質量保存則は、エネルギーの〝量〟に対する基本法則です。そして、熱力学の第2法則、つまりエントロピー増大則は、エネルギーの〝質〟に対する基本法則です。

エネルギーの質に関して、エントロピーとは別にエクセルギーという概念があります。これは、ある量のエネルギーがどれほどの仕事をしたかを表す量です。ここでいう仕事とは、例えばモノを動かしたり、回したり、膨らませたりすることです。

エネルギーの質について、考察を深めた学者のひとりに20世紀に活躍した米国の生態学者ハワード・オダムがいました。彼は生態学者でしたから、植物のエネルギー利用についても探求していきます。オダムは、エネルギーの質を議論して、質の低いものから順に高いものへと図13-1のように順序づけています。1973年のことです。

ここでいう太陽エネルギーは、太陽内部の核融合で作られたエネルギーが、はるか距離を離れた地球に〝太陽光〟として届いた際のエネルギーを指しています。

さて、ここにはなぜかわかりませんが、原子力のエネルギー、つまり核エネルギーが含ま

図13-1 オダムによるエネルギーの質の高低順位

電気
石油
石炭
植物
太陽エネルギー

図13-2 核エネルギーの質

高 ▲	核エネルギー
	電気
	石油
	石炭
	植物
低 ▼	太陽エネルギー

れていません。

自然界には4つの力（相互作用）が存在しています。強い順に、強い相互作用＞電磁相互作用＞弱い相互作用＞重力相互作用です。強い相互作用は、核力と呼ばれ、原子核をバラバラにならないように結びつけています。ですから、原子核が分裂する核分裂のエネルギー、つまり核エネルギーは、この強い相互作用の賜物です。電気は自由電子の運動で生まれます。つまり電磁相互作用の賜物です。したがって、核エネルギーをオダムの高低の順位に入れるとするなら、核エネルギーの質が最も高いことになります（図13‐2）。

オダムのエネルギーの質の分類の基準は、エントロピーと同じものです。つまり、よりエントロピーが低い、すなわち状態が揃ってる、モノがより質の高いエネルギーであって、エントロピーの高いモノは質の低いエネルギーなのです。

オダムはエネルギーの質とともに、そのシステムから取り出して利用ができる〝正味のエネルギー〟というものを提唱しました。

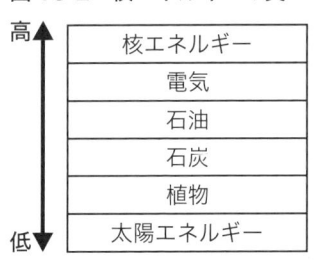

その正味のエネルギーという考え方をさらに発展させて、エネルギーの質の分析を行う指標が〝エネルギー収支比〟という考え方です。

エネルギー収支比―生物絶滅や社会の存亡を支配する指標―

エネルギー収支比は、Energy Returned on Investment（EROI）の訳語であり、投入エネルギーに対して、回収できるエネルギーがどれほどかという比率を表しています。

エネルギー収支比（EROI）
＝（回収エネルギー（E_out））／（投入エネルギー（E_in））

そして、このエネルギー比率は、そのエネルギーを得るためのすべての工程、つまりライフサイクルの要素ごとに分析して合算していきます。

電気というエネルギー製造システムとして発電所を見た場合、もともとのエネルギー資源の獲得（採鉱、運搬、精製など）や、発電設備の製造・建設・保守・解体・廃棄などの各工程でエネルギーを使います。つまり投入エネルギーが必要になります。

このようにして投入されたエネルギーに対して、そのエネルギーシステムからのどれだけのエネルギー、つまり発電所の場合は電気が生産されるか、その倍率を示すのがエネルギー収支比（ＥＲＯＩ）です。

回収エネルギーから投入エネルギーを差し引いたものが、私たちが得る正味のエネルギーです。

エネルギーシステムで言えば、ＥＲＯＩがより大きい方が、そのシステムがより質の高いエネルギーを生み出すという点で優れていると言えるでしょう。

この考え方の原型を示したのがチャールズ・Ａ・Ｓ・ホールという米国の環境科学者で、１９８１年のことでした。

ホールは生態システムのエネルギー収支に関心の中心があり、生態系の進化のメカニズムと正味エネルギーとの関係について考察と分析を深めていきました。

そして、とても重要なことを明らかにしました。

エネルギー収支のマネジメントに失敗すると、その生態系は破綻し、生物は滅びるということです。

これまで地球上に現れた生物の99％が絶滅した理由が、このエネルギー収支と正味エネルギーによって説明できるのではないかというのがホールの考えです。

例えば、ここに1匹のリスがいるとします。リスは生命を維持するために木の実を食べます。その際、木の実を集めるためにも食べて消化するためにもエネルギーを消費します。木の実がリスに与える正味のエネルギーが、そのリスが木の実を集めて食べるために消費するエネルギーよりも少なかったらどうなるでしょうか？　答えは簡単です。そのリスはやがて死ぬしかないでしょう。

このように動物や植物の行動を研究するうえで重要なのは、エネルギー収支がどのような仕組みに支配されているかです。

そして、技術的に複雑な社会でさえも同様にＥＲＯＩによって支配されています。つまり、人間社会もエネルギー収支比（ＥＲＯＩ）に支配されているという点では、何ら違いがないということです。[※1]

さて、エネルギー収支の比率は、「ＥＰＲ（Energy Profit Ratio）」とも呼ばれることもあり、発電システムのＥＰＲについては、日本では電力中央研究所などで研究されてきました。

ＥＰＲはさまざまな方面で研究され、その大雑把な取りまとめは Wikipedia などでも見ることができます。

その特徴は、評価者によってかなり幅のある評価値が出ているということです。一言でいえば、再エネ系の環境学者は原子力に厳しくなるような傾向が、原子力系の学者は原子力の値をやや楽観的に評価しているきらいがありました。

図13-3　発電方式ごとのエネルギー収支比（EROI）の値

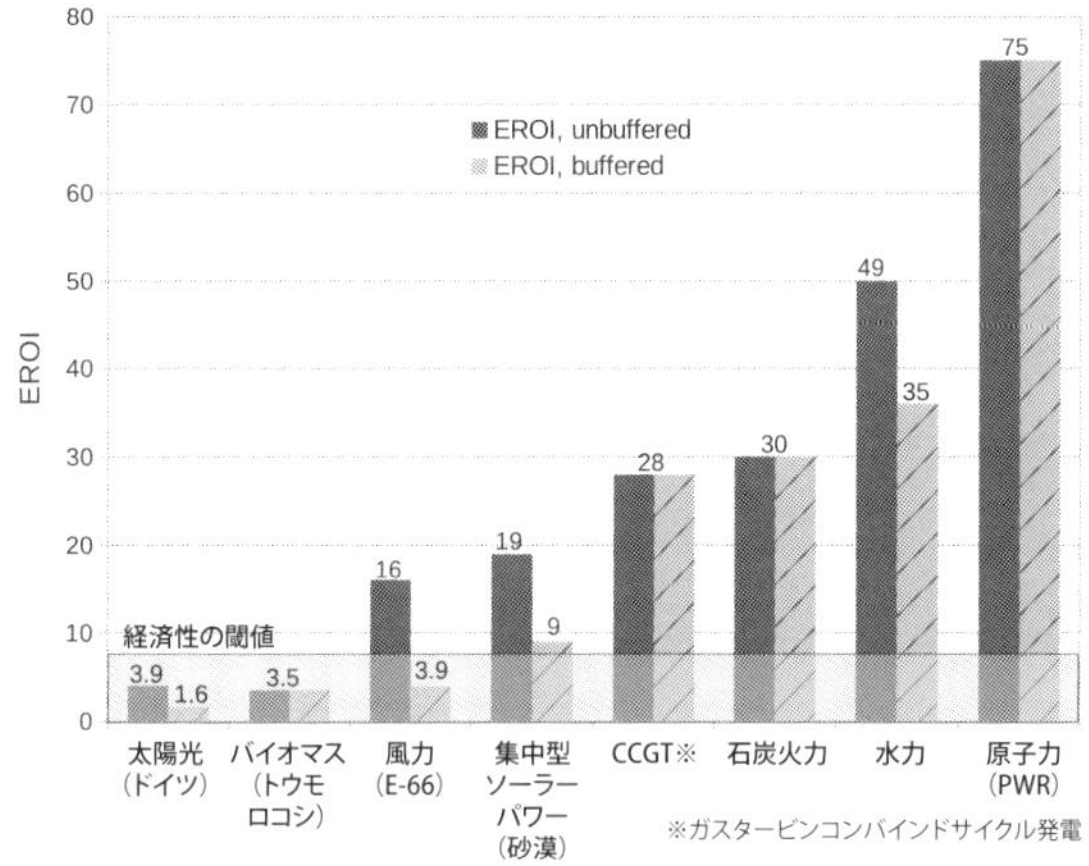

出典：D. Weissbach, et.al., Energy intensities, EROIs, and energy payback times of electricity generating power plants, Energy, 2013, vol. 52, issue C, 210-221

このある種の混乱を解消するために、2013年にドイツのベルリン核物理学研究所のD・ワイスバッハらが、過去の研究例を詳細に分析・レビューしながらEROIを見直し、その結果を論文にして発表しました（Energy誌，Vol. 52, Issue C, pp. 210-221, 2013年）。この図13-3に示されるEROI値は、現在も最も信頼性が高いと考えられます。

この図の興味深いところは、それまでのEPRなどの評価における評価値の不確定な幅を排したという点です。

そして、その結果、エントロピーで見たエネルギーの質の高低と見事に一致したEROI値が出ているということではないでしょうか。

図 13-4　太陽熱発電の仕組み

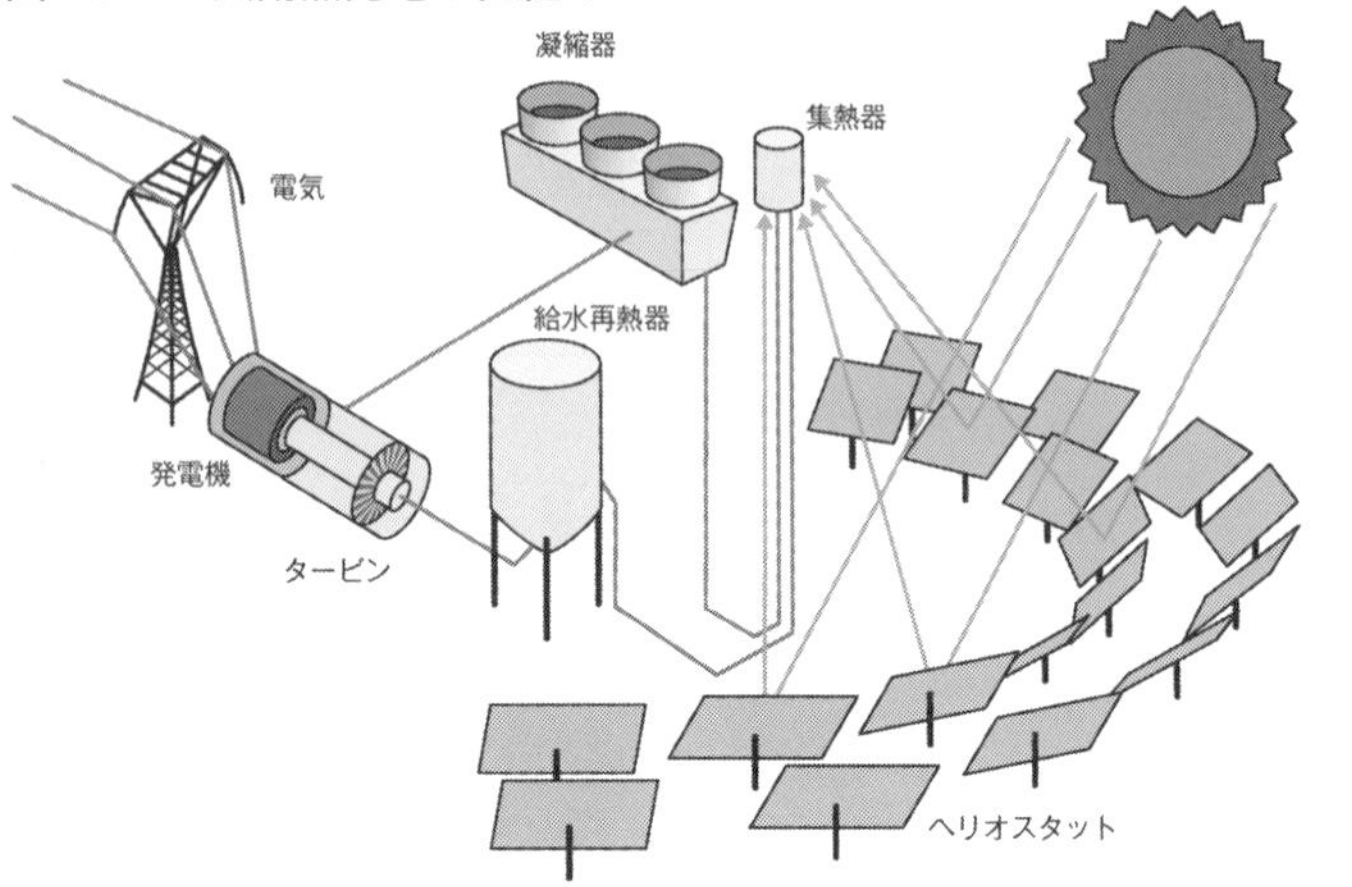

出典：DOE ホームページより NEDO 作成

さて、集中型ソーラーパワーについて少し説明します。その原理は、多数の反射鏡を砂漠などに設置して太陽熱を集中的に集めて、中心部に貯めた水を沸騰させるなどしてタービンを回して発電する仕組みです。ですから、これは太陽光発電ではなく太陽熱発電なのです。

同じ太陽でも太陽〝光〟発電と太陽〝熱〟発電で、なぜこのような差が出てくるのでしょうか。それは反射鏡のお陰なのです。米国ラスベガス近郊にある太陽熱発電所では、1万347台のヘリオスタットという反射鏡を利用して太陽熱を効率よく集めています（図13-4）。反射鏡がいったん散らばった、つまり乱雑になった（エントロピーの高くなった）太陽光の熱を、利用するのに都合のよい整った（つまりエントロピーの低い）状態のエネルギーに変換してくれているのです。

同様のことは、風力発電にもいえます。地球の大気圏内では、太陽のエネルギー（光）を原材料として風が作り出されます。気象や地形や海洋など、さまざまな大気圏内のメカニズムが、偏西風など風況（風の強さや方向など）が綺麗に揃った風を自然に生み出してくれます。したがって、そのような質の良い風のエネルギーだけを選択的に利用してやることができるのです。その結果、風力発電は太陽光発電よりも質の良いものになっているのです。

水力発電も同様です。もとを正せばこれも太陽エネルギーです。図13‐2で見た最も質の悪い、エントロピーの高いエネルギーです。

太陽のエネルギーは、地球大気圏内で水蒸気を作り、雲となってやがて雨を降らせます。雲は水蒸気の散らばったものですが、自然の温度変化によって凝集して雨粒というエネルギーの塊になります。雨のエネルギーは、山河に降り注いでダムに貯められるわけです。一粒一粒の雨のエネルギーは、山河という自然の地形メカニズムによって、さらに凝集され大きなエネルギーの塊、つまり質のよい揃ったエネルギーの塊になるのです。そのような仕組みのおかげで、中規模サイズ以上の水力発電は、図12‐3に示されるように、原子力に次ぐ高い値のＥＲＯＩを実現しているのです。小規模の水力は、このような凝集の仕組みが弱いのでエントロピーの点からは、質のより劣ったものになってしまいます。

図13－3の斜線の入った棒グラフは、蓄電装置の併用を考えた場合の値です。バイオ発電、火力発電、そして原子力発電は、蓄電を必要としないので、値が変わりません。大きく値が変わるのは、太陽光と風力です。これは第10章で説明したことですが、ＥＲＯＩの観点からも蓄電装置が太陽光と風力発電の〝質〟を大きく低下させていることが示されています。

太陽光や風力発電の本質は経済のみならず生態系を破綻させる

さて図13－3は、もうひとつの重要な指摘を私たちにしてくれています。

それは、太陽光発電やバイオ発電は経済的なしきい値（economical threshold）を下回っています。

これは、オダムやホールが関心を持ったエネルギー収支と生態系の破滅、生物の絶滅になぞらえて言えば、太陽光発電やバイオ発電はエネルギー収支の面で破綻していることを示しています。

つまり、太陽光発電やバイオ発電の導入は、導入量を増やせば増やすほど経済的なマイナス効果が積み重なっていき、ひいては人間社会のエネルギー収支、そして経済を破綻に追い込むということを示しているのです。

同時に、このことは人間社会のみならず、地球環境、そして生態系への破綻にまでも伝播していくのです。

現実的な社会実験としては、国家を挙げて実施されてきたドイツのエネルギー大転換(Energiewende)の失敗が、その良い事例でしょう。

エネルギー大転換は、原子力や石炭火力を廃止して、その分を再生可能エネルギーに転換するという政策で、2012年から始まりました。

しかし、それからわずか2年後の2014年に、ドイツ政府は国内の約700万世帯がいわゆる〝エネルギー貧困〟に陥っていることを認めて発表しました。

このエネルギー貧困とは、家計収入の10%以上を光熱費に割いている状態を言います。[※2]

その原因は、再生エネルギー賦課金にあります。2014年に、ドイツでは236億ユーロ(約3兆3700億円)を再エネ賦課金として、太陽光、風力、バイオ発電の助成金に割り当てています。その原資は、ドイツ内の消費者の電気料金に上乗せをして集めたられたわけです。

この再エネ賦課金は、1キロワット時あたり、2008年には1・6円程度でしたが、2014年には約9円と5倍以上に高騰していました。[※3]

その悪影響は、新たに約140万世帯のエネルギー貧困層を生み出すことになったのです。

これこそがドイツのエネルギー政策の根幹であるエネルギー大転換の大失敗を如実に示して

いるのです。

エネルギー収支比の劣悪な自然エネルギー、特に太陽光と風力発電の導入にこだわったために、大量の貧困層を生むという形で社会をむしばんでいったのです。

そのことは、ごく最近ドイツの有力雑誌Spiegelにおいても〝German Failure on the Road to a Renewable Future（再生可能な未来への道におけるドイツの失敗）〟[※4]として、2019年の5月13日に論じられています。

この論文では、エネルギー大転換の大失敗が厳しく断罪されています。〝メルケル首相や関連する大臣、そして役人は無策であり、無能で誰も責任を取ろうとしていない。失敗しましたと肩をすくめるわけにはいかない。それは、近隣諸国にとって道義的に言ってもあり得ない迷惑な話だ〟と断言しています。

それと時を同じくして、隣国であるポーランドの科学者らが声を上げました。ポーランドには、地球温暖化防止と生物圏の劣化防止を目的とする「Fota 4 Climate」という社会主導チームがあります。そのチームに属する生物科学系の学者や環境保護活動家など約100名が2019年5月13日、隣国のドイツで2011年以降、進められている脱原子力政策について再考を促すよう公開書簡を発表したのです。

この公開書簡は、ドイツのメルケル首相やシュタインマイヤー連邦大統領、連邦議会議員、環境保護団体の代表者、およびさまざまな職種の一般ドイツ国民に宛てて発信されています。

その論旨は、地球温暖化にともなう生物圏に対する未曾有の脅威を防ぐためには、再エネの拡大は意味をなさず、原子力の有用性が認められているというものです。

そして、ドイツ国内で十分機能している原子力発電所の早期閉鎖から廃止という誤った判断の見直しを要求しているのです。

ポーランドは、ドイツの北部に隣接しています。ドイツとポーランドは、北部で送電網が繋がっています。ドイツの北部で多量に生産された質の悪い風力発電の余剰電力が、この繋がっている送電網を通じてポーランドに流れ込んできます。言ってみれば、ドイツが作った質の悪い電気を大量に押し売りされているのがポーランドです。迷惑極まりないばかりか、質の悪い電気は停電を引き起こしますので、その被害もバカになりません。

これは倫理的に言っても大きな問題でしょう。ドイツのメルケル首相は2011年3月11日の福島第一原発事故後直ちに、ドイツの原発をこの先どうするかをめぐって「安全なエネルギー供給のための倫理委員会」を招集しました。そして約3カ月後の同年6月6日に、段階的に原発をゼロにすることを決めました。

このドイツの倫理委員会の決定により、ドイツ自身が隣国ポーランドに倫理的に見てもやってはいけないことをしていることになります。なんとも皮肉な話ではないでしょうか。

変動する再エネの太陽光や風力発電は、自然エネルギーとも呼ばれます。何かメカっぽくはなく自然で環境に優しいというのが、自然エネルギーのキャッチフレーズです。しかし、この章で見てきたことは、この自然エネルギーの拡大普及とは、宇宙が始まって以来のエントロピー増大の法則に逆行することを人の工夫と努力で行おうとすることですが、それは徒労だということです。いや、徒労ではすまず、自然エネルギーの普及そのものが、人間社会の経済のみならず、地球環境やその生態系を根本的に破壊するという本質を持っているということです。

これこそが私たちが刮目してみるべき、再エネないしは自然エネルギーの持つパラドックスなのではないでしょうか？

※1 New School of Thought Brings Energy to 'the Dismal Science' New York Times, October 23, 2009.
https://archive.nytimes.com/www.nytimes.com/gwire/2009/10/23/23greenwire-new-school-of-thought-brings-energy-to-the-dis-63367.html?pagewanted=all

※2 ＯＥＣＤの調査によれば、ドイツの平均年収は３７３万円（２０１５年）

※3 https://www.huffingtonpost.jp/bjorn-lomborg/energy-germany_b_5144506.html

※4 Part 1: German Failure on the Road to a Renewable Future
https://www.spiegel.de/international/germany/german-failure-on-the-road-to-a-renewable-future-a-1266586.html
Part 2: How Germany's Energiewende Could Work After All
https://www.spiegel.de/international/germany/german-failure-on-the-road-to-a-renewable-future-a-1266586-2.html

あとがき

原子力の脅威はわかりやすいものです。例えば福島第一原子力発電所で起こったシビアアクシデント（重大事故）については、誰もがその心の中に多かれ少なかれ恐怖のイメージを描いていると思います。

これに比べて、太陽光や風力などの再生可能エネルギー（自然エネルギー）の脅威は、とても見えにくいものです。多くの人々が脅威などないと思っているかもしれません。本書では、見えにくいのですが、その脅威が厳然とあることと、それがどのような脅威であるのかを、多くの人々と共有したいという思いで筆を進めました。

私たちが気づかないうちに、この社会や環境が滅亡してはなりません。

私たち現生人（ホモ・サピエンス・サピエンス［ヒト］[※1]）は、文明の利器と共に進化して来て、それは、この先も続いていくでしょう。新たな道具の発明によって、文明の利器も進歩してきました。それこそがテクノロジーといえるでしょう。

私たち現生人（ヒト）の祖先は数10万年前にアフリカに生まれました。

約6万年前ヒトがアフリカを後にして世界に足を踏み出そうとした頃、ヨーロッパ地域ではすでにホモ・サピエンス・ネアンデルターレンシス（ネアンデルタール人）が縄張りをはっていました。ネアンデルタール人は、私たちの祖先（ヒト）に比べてはるかに屈強だったこともわかっています。ヒトは実に不利な門出をしたのです。

しかし、今世界のどこにもネアンデルタール人を見かけることはありません。ネアンデルタール人は今から約4万年前に滅びたとされています。ヒトの祖先がネアンデルタール人を滅亡させたという証拠や痕跡はありません。むしろ共存していたとさえ言われています。[※2]

ではなぜネアンデルタール人はいなくなってしまったのでしょうか？

実はネアンデルタール人は自滅したのだと私は考えています。なぜでしょうか？

まずネアンデルタール人は、家族単位程度の群で狩猟採取によって暮らしていたようです。屈強で腕力があったので、集団で獲物を仕留める狩りよりも、獲物と一対一で立ち向かい、最後は腕力で仕留めるような狩りを得意としていたようです。

かたやヒトは個体としては非力だったので、自ずと集団で協力して獲物を追い込んで仕留めるスタイルの狩りをしていたと考えられています。

集団の中でテクノロジー（特に狩の道具）と知恵を共有したと考えられています。[※3]

その結果なのか、約5万年前からヒトのテクノロジーと文化は急速に発展したようです。

中村陽子さんによれば、[※4]ネアンデルタール人絶滅の主な要因は、環境の寒冷化と、自分たちの縄張へのヒトの進出が大きかったようです。ヒトは骨で針を作り、寒さをしのぐ毛皮服を作り防寒し、何でも食べ、きゃしゃな体で広範囲を動き回りました。また、投槍器を開発し狩猟技術も高めていきました。一方、屈強なネアンデルタール人は、基礎代謝量だけでのヒトの1・2倍が必要で、動き回るには1・5倍のエネルギーを要したとされています。力は強いけど燃費が悪いので、移動範囲は狭まり獲物も少なかったのです。さらに、ヒトが自分たちの土地にズカズカ入り込んできて、獲物を横取りしていったというのです。

この中村さんの分析を私なりに解釈すると、生き残った私たちの祖先のヒトに比べてネアンデルタール人は、①環境変化への適応性が低かった、②エネルギー効率が悪かった、③テクノロジーに歩み寄れなかった、ということになります。

その結果、餓死、つまり自滅したのです。これは13章で説いた〝餓死するリス〟と同じです。その後、ヒトは狩猟採取に農耕というテクノロジーを加えて、天候に左右されにくく年間で〝平準化〟された食糧需給を可能にし、飢えの恐怖から解放されるとともに余暇を手に入れました。余暇はテクノロジーの改善やカルチャーの発展に充てられることになったのです。

私たちは、はるか昔の私たちの祖先が生きた狩猟採取社会（Society1.0）から、今Society5.0[※5]に向かって発展を続けています。

Society5.0では、サイバー空間（仮想空間）とフィジカル空間（現実空間）の融合によって、一歩進んだエコシステムが構築されます。そして、私たちの生活、生活を支える産業、そして、都市と地方とのあいだに新たな相互関係が築かれることで新たな価値が創成され、それが好ましい循環を生み出します。そのことから、経済発展と社会的課題の解決を両立することができる社会がつくられていくとされています。

モノとモノをつなぐＩｏＴ（Internet of Things）、やシステム間をつなぐＩｏＳ（Internet of Systems）が、Society 5.0 の入り口としてすでに始まっています。これらが今後高度に発展していくなかで、人工知能（ＡＩ）がとても重要な役割を果たしていくことでしょう。[※6]

ＩｏＴ、ＩｏＳ、そしてＡＩは高品質でエネルギー収支比が高い電源が大量に必要になることは間違いありません。どれも〝エネルギー食い〟なのです。ＡＩだけでもこのままいけば２０２５年には世界の総電力の10％を消費するようになるという予測があります。[※7]

そのような社会にあって、原子力は原子力にしかできないエネルギー供給源として重要性を増していくと思っています。なぜなら、原子力は大気汚染や健康被害のもとになるＰＭ２・５や緑の地球を破壊する地球温暖化をより深刻化させる二酸化炭素の発生量が極めて少ないクリーンエネルギー源です。それに加えて、多量の電気を安定して供給できるシステムは原子力をおいてほかにないからです。

私たちは「クリーンな原子力で緑豊かな未来」を目指すべきなのではないでしょうか。

２０１９年11月11日　台北にて　澤田哲生

謝辞

本書を書くにあたっては、多くの方々から知識やデータの提供および内容のチェックに関してご協力をいただきました。小野章昌さん、布施和夫さん、藤野浩一さん、安田正史さん、小竹庄司さん、河田東海夫さん、酒井正美さん、堀雅夫さん、日野稔さん、真鍋勇一郎さん、宇佐美典也さんに感謝申し上げます。

また、推進vs反対という不毛の二項対立を越えるための情報提供、分断と対話、科学者の役割などについては、倉沢麻里江さん、堀青葉さん、岸そよぎさん、小澤杏子さん、畠山粋さん、安藤和泉さん、マイケル瑛美さん、矢座孟之進さん、土屋駿さん、羽仁高滉さん、鮫島朋美さん、古家正暢さん、武藤あおいさん、伊藤芽生さん、大内尚実さん、齋藤優香さん、服部杏菜さん、石井伸弥さん、上野和花さん、野ヶ山康弘さん、そして板東昌子さんから多くの示唆と洞察をいただきました。

そして、原稿全般にわたって一般市民かつフリージャーナリストの観点から、文章と内容について洞察力に富んだフィードバックをいただきました井内千穂さんに心よりお礼申し上げます。

※1 私たち現生人の学名はホモ・サピエンス・サピエンス。ここでは狭義の意味でホモ・サピエンス・サピエンスをヒトと呼ぶ。

※2 安達裕哉「人間は、なぜ1種類しか地球上に存在しないのか？という疑問にせまる」https://blog.tinect.jp/?p=17909

※3 稲垣栄洋『敗者の生命史38億年』（PHP研究所、2019）

※4 中村陽子「ヒトが「ネアンデルタール人」を絶滅させた-ヒトより脳も大きく、ガッシリしていたのに」東洋経済ONLINE 2018/02/18 17:00

※5 狩猟社会（Society 1.0）、農耕社会（Society 2.0）、工業社会（Society 3.0）、情報社会（Society 4.0）に続く第5の社会。

※6 https://www8.cao.go.jp/cstp/society5_0/index.html

※7 Martin Giles「〝世界の消費電力量の10%がAIになる日〟はやってくるか？」MIT Technology Review (2019.08.01)